W0255332

Bert-Wolfgang Schulze

Erlebnisse an Grenzen – Grenzerlebnisse mit der Mathematik

Bert-Wolfgang Schulze
Universität Potsdam
Inst. Mathematik, Abt. Analysis
Potsdam
Deutschland

ISBN 978-3-0348-0361-8   ISBN 978-3-0348-0362-5 (e-Book)
DOI 10.1007/978-3-0348-0362-5
Springer Basel Dordrecht Heidelberg London New York

Die Deutsche Nationalbibliothek verzeichnet diese Publikation in der Deutschen Nationalbibliografie; detaillierte bibliografische Daten sind im Internet über http://dnb.d-nb.de abrufbar.

Einbandgestaltung: deblik, Berlin

Gedruckt auf säurefreiem Papier

Springer Basel ist Teil der Fachverlagsgruppe Springer Science+Business Media
(www.springer.com)

Vorwort

In Deutschland bestehen Erfahrungen mit Grenzen, die im Rückblick so unwirklich erscheinen wie die Perspektive des Betrachters zwischen den Grenzanlagen auf dem Außenumschlag dieses Buches. Ins Bild passen würde noch ein Spalier von Gespenstern; diese jedoch sind jetzt anderweitig tätig. Grenzen ganz anderer Art sind in den Wissenschaften eine alltägliche Erfahrung, auch in der Mathematik, wo der Aufenthalt weniger bedrohlich ist und es hier mehr um Verheißungen und Herausforderungen geht, die mit ungelösten Problemen und dem Erkenntnisfortschritt einhergehen.

Die bis Ende der 1980er Jahre bestehende innerdeutsche Grenze hat die individuellen Biografien von Wissenschaftlern wesentlich beeinflusst, und der Autor gibt in einer Reihe von Episoden einen Eindruck von Entwicklungen aus der Zeit vor sowie nach dem Ende der Teilung. Ausgehend von Elementen der Schulausbildung und dem Studium an einer Universität im Osten Deutschlands wird die Arbeit an einem mathematischen Institut, dem Karl-Weierstrass-Institut der Akademie der Wissenschaften in Berlin, beleuchtet. Dieses Institut hatte mit der politischen Wende sein Ende gefunden, und die Karrieren von betroffenen Wissenschaftlern haben ebenfalls eine Wende erfahren. Die Erlebnisse sind überwiegend in „ich"-Form dargestellt, wobei handelnde Personen mit Namenskürzeln von vier Buchstaben erscheinen, sofern sie zur Illustration von Sachverhalten entweder hinzugefügt sind oder in verfremdeter Form auftreten. Die Darstellung schildert weiterhin die Max-Planck-Arbeitsgruppe *Partielle Differentialgleichungen und Komplexe Analysis* sowie die spätere Arbeit am Institut für Mathematik an der Universität Potsdam.

Vor diesem Hintergrund werden Haltungen unterschiedlicher Gesellschaftssysteme zu einer exakten Wissenschaft wie der Mathematik dargestellt, einschließlich Aspekte von Studium und Ausbildung, Beziehungen zwischen reiner und angewandter Forschung, sowie kontroverse Themen, die es in der Mathematik und über sie gibt, bis hin zur Organisation ihrer Ausübung und dem, was man auch unter Wissenschaftsförderung versteht.

Das Buch besteht aus Teilen von unterschiedlichem Charakter. Streckenweise illustrieren sie die Triebkräfte, Hoffnungen und Schwierigkeiten, die das wissenschaftliche Leben begleiten. Um die allgemeine Verständlichkeit nicht zu beeinträchtigen, wird nur an einer einzigen Stelle – ausgenommen im Anhang – ein „mathematiknaher" Stil verwendet; diese wenigen Seiten, die den Gesamtzusammenhang nicht wesentlich beeinflussen, können vom nichtspezialisierten Leser bei der Lektüre übergangen werden. Die Erfahrungen mit den Grenzen der für Wissenschaftler gesetzten Rahmenbedingungen in unterschiedlichen Gesellschaftssystemen können ohne Zweifel zu unterschiedlichen Schlussfolgerungen führen. Insgesamt ist ein unterhaltsamer Ton gewählt; er soll die in Anspruch genommenen und teilweise ungewöhnlichen Standpunkte als leicht verständlich erscheinen lassen. Die eingefügten Fotos stammen aus dem persönlichen Besitz des Autors.

Geschrieben wurde diese Darstellung in den vergangen Jahren außerhalb meiner Tätigkeit am Institut für Mathematik an der Universität Potsdam an verschiedenen Projekten, der Betreuung von Doktoranden, der Zusammenarbeit mit Gästen, Herausgebertätigkeit, und der Fortführung einer Serie von internationalen Workshops in Kooperation mit Kollegen des In- und Auslands. Ich danke dem Institut für Mathematik in Potsdam für vielfältige und großzügige Unterstützung bei diesen Vorhaben. Herzlicher Dank geht auch an all diejenigen, die mich ermutigt haben, die vorliegende Betrachtung der Mathematik, verwoben mit biographischen Notizen, öffentlich zu machen, und die auch durch zahlreiche kritische Hinweise hilfreich waren, insbesondere die Professoren M. Demuth von der Technischen Universität Clausthal und G. Kneis von der Universität Potsdam. Weiterhin bedanke ich mich bei Frau Dr. A. Mätzener und Herrn Dr. T. Hempfling vom Birkhäuser-Verlag, auch für praktische Beratung und die technischen Verwirklichung dieses Buches.

Vorbemerkung

Die Mathematik wird gelegentlich in unverdienter Weise und böser Verkennung ihrer Lebendigkeit und ihrer überirdischen Schönheit wahrgenommen als eine abgestorbene trostlose Buchhaltung starrer Lehrsätze und schulmeisterliche Ermahnung. Man darf hier mit für Kultur entlohnten Personen fühlen, wenn sie mit der Offenbarung kokettieren, einstens, als sie noch klein waren, die Mathematik eigentlich weder verstanden noch gemocht zu haben. Der Kunst gegenüber werden sich weniger öffentliche Flapsigkeiten erlaubt: früh krümmt sich was ein Bückling werden will. Wer mag es sich schon mit Verpackungskünstlern verscherzen auf Kosten einer womöglichen Teilhabe an der Pracht angezurrter Planen über Bauwerken, die ebenso durch ein Holzgestell ersetzt werden könnten. So ist es mir denn Bedürfnis, Freude und Herausforderung zugleich, die faszinierenden Erscheinungen der Mathematik zum Leuchten zu bringen, wo die Oberfläche jedenfalls nicht der eigentliche Inhalt ist, wenngleich wir auch angeblich im Universum auf einer vierdimensionalen Fläche leben. Dabei konzentriere ich mich auf Erfahrungen und Begleitumstände wissenschaftlicher Betätigung, sowie ihre liebenswürdige Anhängerschaft, wie ich sie in meiner beruflichen Laufbahn wahrgenommen habe. Daneben stelle ich mich mit einigen Eindrücken und Begebenheiten aus meinem Leben vor. Den subjektiven Stil der Darstellung habe ich dem Umstand angepasst, dass Wissenschaftler mindestens so verschroben und besessen sein können wie es der Volksglaube erwartet. Skurrile Querdenkerei gehört durchaus zum Handwerk, und Wissenschaftler fügen sich mit unterschiedlicher Gelassenheit in das Schicksal, sich lächerlich zu machen, wenn sie einen offensichtlichen Sachverhalt zutreffend finden. So mag es in alter Zeit auch den Hofnarren an Fürstenhöfen gegangen sein, denen es der Überlieferung zufolge gestattet war, unliebsame Einsichten darzubieten. Dass unterschiedliche Personen mit dem nämlichen Anspruch zu durchaus gegenteiligen Thesen kommen können, zeigt, dass die Schnittstelle zwischen Wahrnehmung und Realität ein gähnender Abgrund sein kann, wo der demokratisch verfasste Verstand gern den Ausweg sieht, der Wahrheit durch Mehrheitsbeschluss auf den Grund zu kommen, auch wenn am Ende von allem nichts stimmt.

Festliche Einstimmung

Vor grauen Zeiten, als Künste und Wissenschaften noch um ihrer selbst willen geliebt wurden, als Monarchinnen und Monarchen Füllhörner gnädiger Aufmerksamkeit über die zuständigen Musen verschütteten, purzelten nicht nur Veilchengirlanden und rosige Äpfelchen herab, sondern auch Spezereien von praktischem Bezug, u. a. Institutionen wie Akademien und Bibliotheken, sowie mancherlei würdevolle Ämter und Titel der Gelehrsamkeit. Auch kam es vor, dass Städte ihre Universitäten mit Stolz erwähnten – man sprach gar von „Universitätsstädten" – und sich besagte Musen an prächtigen Portalen räkeln durften. Für die Neuzeit sei dankbar vermerkt, dass Universitäten in entlegenen Außenbezirken durchaus noch gelitten sind. Manches hat sich freilich bis auf den heutigen Tag erhalten, auch wenn an die Stelle von auf hohen Simsen balancierenden fetten Putten mit leerem Blick von Idealen durchdrungene Administraten getreten sind.

Wie die Betrachtung über längere Zeiträume zeigt, ist die Haltung der menschlichen Gemeinschaft zu Künsten und Wissenschaften erheblichen Schwankungen unterworfen. Bis in die Neuzeit hinein wechseln sich Phasen der Entfaltung mit Verfall und Niedergang ab. Selbst die Mathematik, eigentlich ein unantastbares kulturelles Gut, sofern es ihre rein geistige Daseinsform betrifft, scheint dem Wechsel der Zeiten unterworfen zu sein. Denn wie die Musik lebt, wenn sie erklingt, so existiert die mathematische Erkenntnis, wenn sie gedacht wird, und über diese Brücke zur Realität, die Vermittlung durch Ausübung, entfaltet sie sich oder muss verstummen, und sie ist an die Strukturen und das Schicksal der Gesellschaft gebunden.

Wenn wir uns später in dieser Betrachtung hauptsächlich auf die Mathematik beziehen, so heißt das nicht, dass andere Bereiche geistiger Betätigung des Menschen nicht gleichermaßen Würdigung verdienen. Jedoch ist schon in vergleichsweise simplen mathematischen Konstrukten die ganze Fülle pulsierenden Lebens a priori enthalten, weshalb das Wort eines unserer Dichterfürsten von der grauen Theorie selbst nur graue Theorie ist. Denken wir nur an die Informiertheit der Mathematik in folgendem umfassenden Sinne. Jede schriftlich niederlegbare Erkenntnis, etwa im Umfang von 200 Aktenkilometern, ist nichts anderes als eine Zeichenkette endlicher Länge, bestehend aus Buchstaben, Noten, oder Koordinaten. Man könnte insbesondere alles im binären Kode verschlüsseln. Wenn wir die Länge in besagter Weise fixieren, so bilden alle denkbaren Variationen eine endliche Menge. Die Anzahl ihrer Elemente war früher den Studenten der Mathematik ab dem ersten Semester bekannt. Es ist offensichtlich, dass jedes in der Vergangenheit jemals geschriebene Buch, einschließlich aller Manuskripte der antiken Bibliothek von Alexandria, sowie jedes, das noch in der Zukunft geschrieben wird, in dieser endlichen Menge enthalten ist, jedenfalls wenn es sich nicht um ein Heldenepos mit so vielen Strophen handelt, dass eine solche Länge überschritten würde; jedoch könnte man dann Unterteilungen definieren, von denen jede für sich in diese Bibliothek passte. Selbiges trifft gleichermaßen auf den Text jeder Fernsehsendung zu, einschließlich aller Seifenopern, die je den Zuschauer faszinierten, wie aller derjenigen, die noch in der Zukunft liegen. Auch wenn es etwas ernüchternd klingt, selbst Beethoven hat mit seinen Sinfonien nur eine geschickte Auswahl von 9 Elementen aus dieser nämlichen Menge getroffen. Auch die gegenwärtigen Erörterungen sind lediglich das Resultat eines Griffs in den Vorrat der schlummernden Infos, die alle a priori vorhanden sind, nicht etwa nur im Ideen-Himmel oder auf dem Ideen-Friedhof, sondern in der Realität einer einzigen materiell vorstellbaren endlichen Menge.

Diese Relativierung des menschlichen Bemühens um bemerkenswerte neue Erkenntnis sollte niemanden entmutigen, denn auch der Schatzsucher erringt ja etwas, wenn er fündig wird, auch wenn der Schatz ohnehin vorher irgendwo verborgen war und mit seiner Entdeckung nichts wirklich Neues geschaffen wurde. Mit anderen Worten, die Mathematik erlaubt es uns, an der Größe von allem und jedem teilzuhaben; ihre bloße Präsenz repräsentiert den Reichtum allen Seins, ob man ihn nun wahrnimmt oder nicht.

Einen reizvollen Gegensatz hierzu bildet die Tatsache, dass die Mathematik auch über das infinitesimal Kleine eine Meinung hat, was natürlich alles ganz klassisch ist und uns u. a. in die Zeit des königlichen Preußens führt. Bekanntlich soll die äußerst scharfsinnige Sophie-Charlotte (Großmutter Friedrichs II) über ihren Gatten, den ersten Preußenkönig, geäußert haben, er sei in kleinen Dingen groß, in großen Dingen klein. In einem Gespräch mit Leibniz, der ihr die Ideen der Infinitesimalrechnung nahebringen wollte, meinte Sophie-Charlotte, man müsse ihr nicht erklären, was das unendlich Kleine ist, schließlich sei sie mit ihrem Gatten bereits über 20 Jahre verheiratet.

Bonmots auf Kosten anderer waren nicht nur in königlichen Kreisen beliebt. Auch Mathematiker, selbst Teilhaber am Glanze der Königin der Wissenschaften, haben sich in dieser Disziplin geübt, u. a. im Entdecken der Schwächen von Kollegen, woraus sich dann ganz wie von selbst die eigene Größe herleitet. Dennoch, typischerweise sind die Mathematiker der ewigen Schönheit ihrer Disziplin verfallen, wirken im Verborgenen und begreifen sich als Diener gegenüber der Mathematik, ihrerseits eine Dienerin der Wissenschaften. Das ist nun freilich, was die böse Welt überhaupt nicht honoriert, graue Mäuse mit ihren mausgrauen Theorien. Zum Repertoire allgemeinverständlicher Grundsatzanalyse gehören auch „Fachidioten", die angeblich alles über nichts wissen, ganz im Unterschied zu Leuten, die nichts über alles wissen.

Nun ist es mit der unschmeichelhaften Sicht von Leuten, die in einem Wissensgebiet arbeiten, durch Leute, die in keinem Wissensgebiet arbeiten, eine schwierige Sache. Es ist ein wenig wie mit der Politik, wo ein jeder, der ansonsten in allen übrigen Dingen unwissend ist, in diesem Felde glänzen und sich eine entscheidende Rolle anmaßen kann[1].

Wie rühmlich ist es doch, wenigstens dieser Schwäche nicht anheimfallen zu wollen. Auch der Leser dieser bescheidenen Anmerkungen darf sich eingeladen fühlen, auf der Seite des Guten und Richtigen zu sein: Letzteres ist der Mathematik bekannt, wenn auch unter Vorgabe diverser Zielparameter und nach der Lektüre längerer Epistel im oben genannten Sinne. Was gut ist, entnimmt man notfalls dem Fernsehen als Komplementärmenge des zusammengeschnipselten Info-Mülls, der uns täglich zugeteilt wird.

Mit dieser festlichen Grundstimmung versehen sind wir bereit, weiteres aus dem verwunschenen Brunnen mathematisch durchwirkter Erkenntnis zu schöpfen und dem Quaken der daselbst lebenden Frösche zu lauschen, von denen mancher ein heimlicher Prinz ist. Es gibt übrigens noch viele andere Bewohner des Märchenwaldes, darunter Prinzessinnen, Riesen, Zwerge, Fieslinge, sowie edle Streiter für das Recht.

---

[1] in freier Anlehnung an ein Wort von Kant über die Philosophie aus der „Kritik der reinen Vernunft", wobei an der reinen Unvernunft nicht weniger zu kritisieren wäre.

Inhaltsverzeichnis

Die Erfindung der Mathematik

Bevor wir uns an der sogenannten Wirklichkeit versuchen, wollen wir noch einige Erscheinungen im Grundsatz beleuchten. Die eingangs erwähnten Musen, die für alle Zuständigkeitsbereiche definiert werden können, wollen wir nach altertümlichem Geschmack vorübergehend mit Göttern identifizieren. Auch die griechische Mythologie fand es angemessen, für alle Bereiche, die irgendwie von Interesse schienen, Verantwortlichkeiten festzulegen, und es ist für das Verständnis der ansonsten irdischen Inhalte bequem, sich vorzustellen, was die entsprechenden Götter von allem hielten. Zunächst müsste nach herkömmlichem Verständnis ein demokratischer Prozess stattfinden, wer eigentlich auf dem Olymp der Größte sein soll. In Konkurrenz stehen, da wir uns hier mit naturwissenschaftlichen Tätigkeitsbereichen befassen, insbesondere die Physik und die Mathematik, ohne andere Werte hier mutwillig zu relativieren. Unter ätherischen Wesen, die selbst nicht genau wissen, was sie sind und wo noch dazu jedes denkt, die erste Wahl zu sein, wird es einen solchen Prozess kaum geben können. Deshalb klammern wir diese heikle Frage aus, und ordnen der Physik das Ressort der Realitätsbezogenheit zu und der Mathematik dasjenige ihrer immateriellen Seele. Als richtige Götter müßten sie eigentlich immer schon da gewesen sein, auch wenn nach entsprechenden kosmologischen Modellen die Physik mit dem Urknall ihren Anfang nahm; wir sehen hier davon ab, zu diskutieren, was man sich sonst noch alles vorstellt, um mit dieser Merkwürdigkeit umzugehen[2]. Die Mathematik hingegen hat nie von sich behauptet, dass ihre Gesetze irgendwann keine Gültigkeit hatten oder diese in Zukunft wieder außer Kraft treten. Auch ist die lächerliche bisherige Lebensspanne des Universums von 13 bis 14 Milliarden Jahren für die Mathematik gar kein Thema. Die in der Mathematik quantifizierten Phänomene sind oft von unendlicher Ausdehnung, zudem unendlich-dimensional, und dies in unendlich vielen unterschiedlichen nicht-äquivalenten Ausprägungen, so dass sich der Mathematiker in

---

[2] der professionellen Griechischen Mytholgie zufolge hatten die Götter eigentlich meist ein nichttriviales CV, d. h. sie waren Nachkommen von jemandem, was anscheinend den „Realitäten" viel eher entsprach.

B.-W. Schulze, *Erlebnisse an Grenzen – Grenzerlebnisse mit der Mathematik,*
DOI 10.1007/978-3-0348-0362-5_1, © Springer Basel 2013

einer ähnlichen Situation befindet wie der Clown im Zirkus, der an jedem Finger Sortimente von Tellern manövriert, nur dass es statt dessen hier Klaviere, Dampfwalzen oder ganze Universen sind.

Die mathematischen Gesetzmäßigkeiten waren offenbar schon immer da; ansonsten müsste man erklären, von welchem Zeitpunkt an[3]. Daher hat die Frage der Entstehung der Mathematik eigentlich eher damit zu tun, was oder wer sie wann wahrgenommen hat. Selbst die „unbelebte" Natur neigt nicht dazu, sich zu verzählen, oder aus gesetzten Rahmenbedingungen die falschen Schlüsse zu ziehen. So dürfte z. B. ein Elektron genau wissen, mit welcher Kraft es sich Artgenossen vom Leibe zu halten hat. Auch ein Körper im Schwerefeld der Erde muss nicht belehrt werden, wie schnell er, einmal auf die schiefe Bahn geraten, herabrollen muss, oder in welche Richtung er zu fallen hat, wobei es nicht darauf ankommt, ob es sich um den NEWTONschen Apfel handelt oder um die Hinterlassenschaften eines Sperlings, die wie von selbst die Reise nach unten antreten. Mit der belebten Natur ist es nicht anders; eine Raupe, die sich an Blättern gütlich tut, weiß naheliegenderweise, wann sie satt ist, sie ist dann mit Quantitäten richtig umgegangen, und sie handelt folgerichtig, wenn sie sich nicht überfrisst, wenn die Füllmenge erreicht ist. Wie komplex die Kette richtiger Schlussfolgerungen ist, kann natürlich bei den verschiedenen Spezies sehr unterschiedlich ausfallen. Es ist viel darüber spekuliert worden, ob Lebewesen einen freien Willen haben oder völlig determiniert sind durch den bestehenden Zustand des Nervensystems und der körperlichen Funktionen, aber für unser Problem ist dies kaum von Belang. Jede richtige Abwägung von Quantitäten der lebenserhaltenden Parameter und die folgerichtigen Schlüsse für das Handeln sind mathematisch auffassbare Erscheinungen. Ob bereits im Tierreich das durch die Umwelt induzierte folgerichtige Reagieren zu abstrakten Denkinhalten führt, mag durch Experimente festgestellt werden können. Mindestens könnte es solche Erscheinungen in Verhaltensmustern geben, wie sie durch die umgebende Natur aufgeprägt wurden. Sie mochten bereits vor Generationen den Bauern auf eigener Scholle aufgefallen sein, wenn ihre Schweine sich ängstigten, wenn sich Vorbereitungen zur Wurstverarbeitung anbahnten. Neulich hieß es im Internet, dass Küken ein ästhetisches Empfinden haben und gegenständliche Kunst viel lieber mögen als abstrakte. Dies erinnert an eine Episode, die sich vor Jahren in der Nähe einer Hühnerfarm in den USA zugetragen haben soll, wo man einen der nahen Säle für ein Rock-Konzert verwendet hatte und am nächsten Morgen die Tiere auf einem Haufen in einer Ecke ihres Geheges verendet aufgefunden wurden.

Insgesamt scheint es, als habe die Natur selbst durch ihre erfahrbaren Abläufe den in und von ihr lebenden Individuen ein immaterielles Wissen eingepflanzt, das es ihnen erlaubt, quantitative und räumliche Gegebenheiten zu erfassen, oder zwischen „früher" und „später" zu unterscheiden, desgleichen zwischen „Existenz" und „Nichtexistenz" von Etwas, und sogar Bestrebungen hervorzurufen, wünschenswer-

---

[3] Wie gesagt, die physikalische Zeit scheint es nur auf einer Halbachse zu geben oder womöglich nur in einem beschränkten Intervall, aber die Mathematik hat kein Problem damit, Halbachsen oder Intervalle in die reelle Achse einzubetten.

te oder befürchtete Sachverhalte aufzuklären. Dabei sind die angedeuteten strukturellen Aspekte sowohl von dem konkreten Kontext als auch von den Individuen völlig unabhängig, so dass in der Entwicklung der Ausdrucksformen, vor allem der Sprache, entsprechende allgemeingültige Bezeichnungen erschienen, wie etwa die Zahlen, zusammen mit den zwischen ihnen bestehenden Beziehungen. Dies ist übrigens eine glänzende Gelegenheit für die oben eingeführten Götter, sich fruchtlose Prioritätsdebatten zu liefern, denn es klingt fast so, als wäre die Mathematik nach der Physik entstanden, oder wenigstens in ihrer engsten Nachbarschaft, wobei kaum zu bestreiten ist, dass $2 + 2 = 4$ schon immer gültig war, unabhängig davon, welche physikalischen Vorgänge beobachtet oder erfahren werden. Oder aber, es wäre einzuräumen, dass die aus der Fülle konkreter Abläufe extrahierten mathematischen Abstraktionen, wenngleich sie naheliegenderweise erst nach der Selbstfindung des Kosmos nach dem Urknall erschienen sein konnten, sozusagen aus sich selbst heraus plötzlich in Zeitrichtung nach hinten losgingen, genauer, auch nach rückwärts universelle Gültigkeit entfalteten und aus dieser Sicht eigentlich schon vorher da waren.

Damit sind wir bei einer ähnlich sonnenklaren Orientierung angekommen, die immer wusste was richtig ist, wie auch ich sie früh erfahren durfte, in einer Welt, die sich nach langem Ringen um historische Gesetzmäßigkeiten gefunden hatte, und die Jugend mit dem Glück einzig wahrer Einsicht beschenkte.

Die Schmetterlinge gehen längst zu Fuß

Bald wird noch die Sonne zugehängt. So sah ich die Lebenssituation in den letzten Jahren meiner Schulzeit, wo ich hätte offen sein sollen für den Glauben, dass Wahrheiten oder deren Gegenteil als solche erkennbar sein müssten. Dennoch, solange die erste Prägung einer in Unschuld ins Leben entlassenen kindlichen Seele anhielt, in diesem Fall die Erstarrung in missbrauchtem Vertrauen durch ein absurdes politisches System, das eine belogene und verhetzte Jugend als eine Hoffnung seiner Zukunft ansah, kam ich mir noch in eine Epoche hineingeboren vor, wo Jahrhunderte alte Irrtümer abgeräumt wurden und eine neue Art Aufklärung eine lichte gesellschaftliche Entwicklung einleiten sollte.

Umso schmerzhafter und auch gefahrvoller gestaltete sich dann mein Absturz in eine Realität ohne derartige Denkbeihilfen. Im östlichen Teil Deutschlands der Nachkriegszeit, der Region meiner Kindheit, gab es nicht allein das Ringen um neue Lebensgrundlagen und klassenkämpferische Orientierungen, sondern auch kleinbürgerliche Relikte und neue Inanspruchnahmen, etwa die Tendenz, Wissenschaften und Künste, sowie insgesamt ein als progressiv erklärtes kulturelles Erbe gelten zu lassen und zu pflegen und bigotte Ehrfurcht zu üben. Dabei wurden Elemente wie die Kirchen oder andere Arten schwer kontrollierbarer Kommunikation keineswegs ignoriert; sie waren einzuordnen und teilweise zu tolerieren, bis sie sich, den vermeintlichen objektiven Gesetzen der gesellschaftlichen Entwicklung folgend, selbst überlebt hatten, es aber unter Umständen nicht schaden konnte, dem Prozess ein wenig nachzuhelfen. Zusammenfassend kann man sagen, dass, was das importierte offizielle Selbstverständnis jener Zeit betrifft, wenigstens im spät-stalinistischen Osten Deutschlands, alles Bemühen von Künsten, Wissenschaften und sonstigem intellektuellen Ausdruck, zunehmend einer einzigen Sache diente oder zu dienen hatte, nämlich der Verherrlichung und Verzierung einer Art Gesellschaftslehre, verwoben mit dem Herrschaftsanspruch der sogenannten Partei der Arbeiterklasse, im Bündnis mit den Bauern und anderen Schichten, im Gewand einer umfassenden Wissenschaftlichen Weltanschauung.

Aus dieser Sicht war der Titel, Königin der Wissenschaften, der eigentlich der Mathematik zusteht, anderweitig vergeben, wenngleich ja die Mathematik auch

B.-W. Schulze, *Erlebnisse an Grenzen – Grenzerlebnisse mit der Mathematik,*
DOI 10.1007/978-3-0348-0362-5_2, © Springer Basel 2013

akzeptiert, Magd der Wissenschaften zu sein, wohingegen die neue Königin mit dem Dienen nichts recht anzufangen wusste. Dies war den Einzeldisziplinen zudiktiert, wo es auch legitim schien, einzelwissenschaftliche Hypothesen, geboren aus gegenstandsfremden Spekulationen, als anzuerkennende Wahrheiten vorwegzunehmen bzw. vorzugeben. Merkwürdigerweise blieben hiervon nicht einmal die exakten Naturwissenschaften gänzlich verschont, wenngleich sie sich in ihren Inhalten für politische Diktate wenig eigneten. Hier wirkten sich Psychoterror und schleichende Deformierung oder Unterminierung unabhängiger Denkansätze mehr indirekt aus, einerseits durch das Verlangen, reaktionäre Reinstformen oder idealistische Verirrungen wissenschaftlicher Betrachtung besser zu unterlassen, andererseits durch systematische Vernichtung von Karrieren, wenn sich heranwachsende Wissenschaftler in der gefahrvollen Lebensphase reifender Einsicht und in Unterschätzung des Zynismus des alles kontrollierenden Machtapparats mit riskantem Verhalten hervortaten.

In meiner Kindheit hatte ich solche Konflikte allerdings nicht auszufechten. Die Ereignisse des ausgehenden zweiten Weltkrieges und der ersten Jahre danach hatte ich nicht bewusst erlebt, und ich bin in behüteten Verhältnissen herangewachsen. Auch war mein Elternhaus in der Holbeinstraße in Erfurt weitgehend von Zerstörungen verschont geblieben, und meinen Eltern gelang es, trotz der materiellen Not der Jahre nach dem Krieg, meinem Bruder und mir eine ähnliche humanistische Bildung zugänglich zu machen, wie sie sie selbst einst erfahren hatten. So hatte ich 12 Jahre Klavier- und Geigenunterricht, bei meinem Bruder waren es Klavier und Cello, woraus sich eine dauerhafte Liebe zur klassischen Musik entwickelte und Interesse für die Biographien der großen Komponisten, wobei ich es später sogar zum Mitglied unseres Schulorchesters brachte. Dabei ist mir das Wort Mozarts im Gedächtnis geblieben, dass die Musik „das Ohr niemalen beleidigen" solle.

Was meine mathematische Entwicklung betraf, so kann ich nicht in Anspruch nehmen, in meiner Kindheit durch besondere Kunststücke aufgefallen zu sein, auch wenn ich die Anzahl der Glasmurmeln, die ich zu meinen Schätzen rechnete, nicht übertrieben groß fand. Auf meine Neugier gegenüber meinem Vater, welches die größte Zahl sei, wurde zurückhaltend reagiert; man hatte andere Sorgen.

Vom Wesen her war ich verträumt und arglos, bereit, jedem zu vertrauen, und ich lebte mit der Vorstellung, andere empfänden ebenso oder beurteilten Dinge wie ich selbst. Dabei hatten ähnlich gelagerte Irrtümer für die Helden klassischer Volksmärchen meist üble Konsequenzen, was aber kein Widerspruch für mich war, schließlich waren die handelnden Personen am Ende aufs trefflichste belehrt. Kleine Irritationen konnten ohnehin nicht ausbleiben, z. B. konnte ich mir keinen Reim auf die richtige Reihenfolge machen, wenn von drei Prinzessinnen die Rede war, eine schöner als die andere. Märchenbücher aus alter Zeit, noch in gothischen Buchstaben, hatten sich erhalten; dazu kamen nun auch Russische Volksmärchen, die zwar nicht klassenkämpferisch waren, aber mindestens ein Gefühl vermittelten, ähnlich wie übrigens die sich verbreitenden Russischen Volkslieder, darunter auch Stalins Lieblingslied „Suliko", dass die siegreichen Völker der Sowjetunion auch eine tiefe Seele hatten. Auch andere Kinderbücher, noch Friedensware, gab es in den häuslichen Beständen, z. B. die illustrierten Abenteuer von Hanni, Fritz und Putzi und dem Raben Kolk. Die nach dem Krieg erblühende sozialistische Jugendliteratur knüpfte an Themen an wie die Erkundung der Polregionen der Erde, Indianergeschichten, oder die großen Entdeckungen der vergangenen Jahrhunderte. Für die späteren Thälmann-Pioniere gab es dann auch noch das speziell für den Aufbau des richtigen Klassenstandpunktes zugeschnittene Genre aus dem Kampf der Arbeiterklasse oder dem Elend der arbeitenden Menschen in vergangenen Epochen, nicht zu vergessen, die kindgerecht arrangierte Nacht des Faschismus mit seinen Verbrechen und als Konsequenz dem zweiten Weltkrieg.

Meine Eltern, obgleich sie nicht mehr der Kirche angehörten, schickten mich ins nahe Evangelische Pfarrhaus zum Religionsunterricht, wo es dann später bis zur Konfirmation weiterging. Auch unseren Pfarrer habe ich nicht vergessen, wie er sich redlich mit uns herumalbernden Kindern mühte, die Biblische Geschichte und das Evangelium zu lehren, und auch gelegentlich darauf zu sprechen kam, was Menschen dazu veranlasst vom Affen abzustammen zu wollen. Es war die Zeit, wo es noch den 8-jährigen Grundschulabschluss gab, wobei sich dann entschied, ob man bis zur zehnten oder zwölften Klasse weiter zur Schule ging, in der zweiten Variante bis zum Abitur. Es gehörte sich, dass man zunächst Mitglied der Jungen Pioniere (JP) wurde („... Pionier nutz die Zeit, sei nicht müßig, ...“), später dann der Freien Deutschen Jugend (FDJ) mit der aufgehenden Sonne in ihrem Wappen; keiner kam auf die Idee, es könne sich um die untergehende Sonne handeln. Im Freizeitangebot waren auch Pionierlager, mit Fahnenappellen am Morgen, Wacheinteilung am Eingang, sportlichen Wettbewerben, Ablegen verschiedener Abzeichen, Wanderungen mit Wimpel und im Gleichschritt[4], Abstrafungen, eher symbolischer Natur, für minimale Vergehen, die natürlich auch gemeldet worden sein mussten, und Auftritten der Lagerleitung auf Holzbühnen mit weithin vernehmlichen Erklärungen, wofür und wogegen man einzutreten hatte. Als Gegenstück zur Konfirmation hatte sich von staatlicher Seite die Bewegung der Jugendweihen entwickelt. In dieser Zeit tat ich, was man mir sagte, und so nahm ich auch an den sogenannten Jugendstunden teil, die neben kulturellen Darbietungen ein materialistisches Weltbild vermittelten. Meine Mutter war Mitglied der Sozialistischen Einheitspartei Deutschlands (SED) geworden, und sie hatte ein Lehrerstudium aufgenommen und abgeschlossen, desgleichen auch später mein Vater, allerdings außerhalb der Partei, trotz mancherlei Ermahnungen. Meine Mutter machte keinen Hehl aus ihrer Hoffnung, dass nach dem entsetzlichen nazistischen Herrschaftssystem ein weltzugewandtes und humanistisches System die neue Zukunft in Deutschland sein werde, und zwar in Gestalt dessen, was die SED begann zu propagieren und was man u. a. in einem Lehrerstudium vorgesetzt bekam, und mit der Überzeugung, dass das Schwert nun erstmalig in der Geschichte dem Guten geweiht sei. Was mich betraf, so nahm ich, wie es in diesem Alter vermutlich normal ist, die verschiedenen Eindrücke zunächst relativ undifferenziert auf. In Anbetracht der Unverträglichkeit verschiedener Konzepte je-

---

[4] ... links, links, links-zwo-drei-vier „Spaniens Himmel breitet seine Sterne über unser'n Schützengräben aus, und der Morgen leuchtet in der Ferne, bald geht es zum neuen Kampf hinaus!“

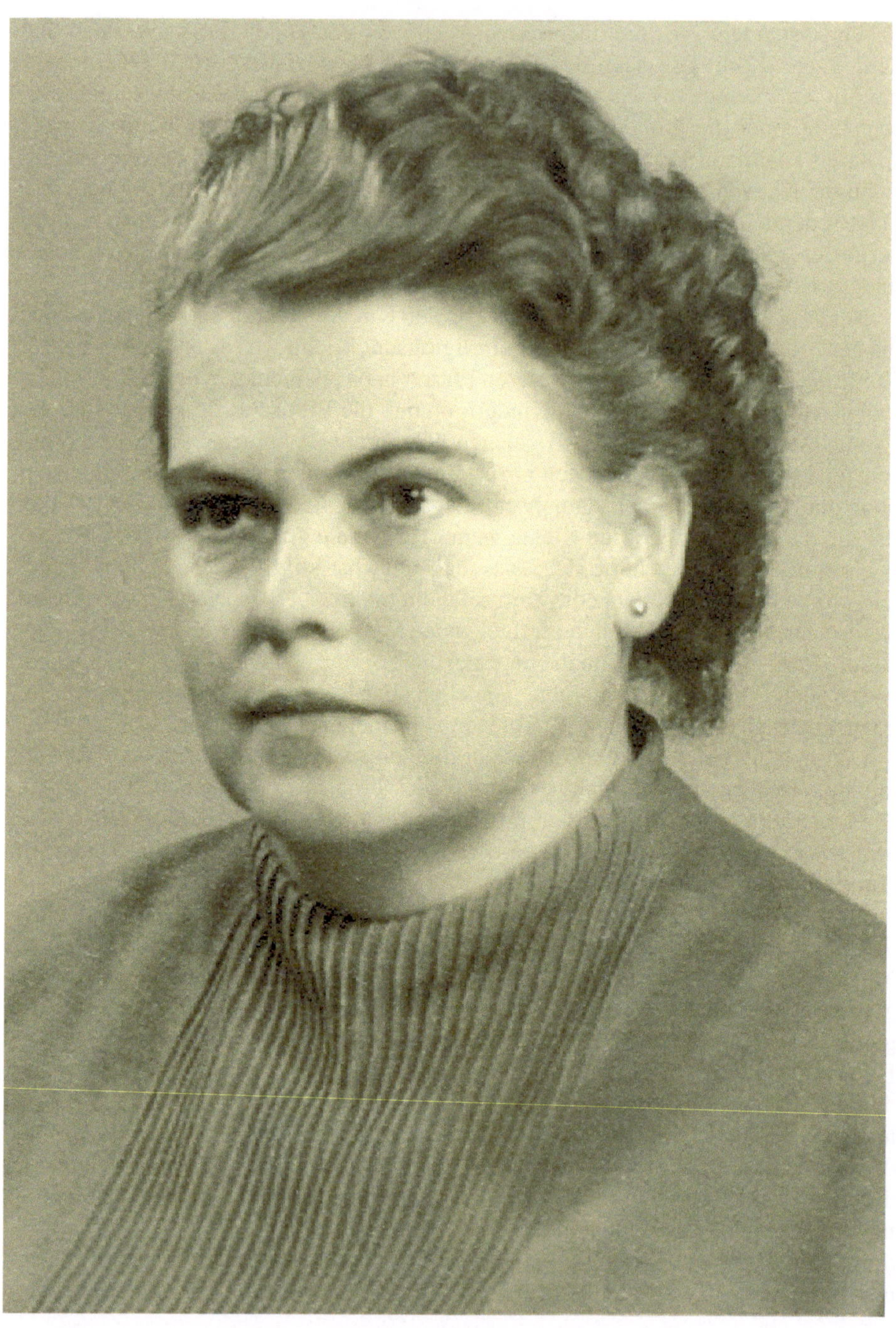

Mutter Ursula Schulze, geb. Seeling, 1956, Erfurt

Vater Albert Schulze, 1956, Erfurt

doch begann sich im Laufe der Zeit mein Innenleben in Regionen unterschiedlicher Überzeugungsmuster zu zerlegen; solche Dinge waren offenbar anderen schon vor mir passiert, nicht nur in hoch literarischen Märchen wie Goethes „Faust". Um es kurz zu machen, meine Grundschulzeit endete in meinen Augen in einer schieren Katastrophe. Denunziert von den Eltern eines Mitschülers und offenbar befeuert von dem Neid auf meine besseren Schulnoten gab es einen beispiellosen Skandal an der Schule, dass ich neben der Jugendweihe auch die Konfirmation erhielt, was übrigens auch unserem Pfarrer bitter aufgestoßen sein mochte, wenngleich ich allenfalls seine nachdenklichen Blicke auf mir ruhen sah. Die Denunziation ging nicht an die Schule, sondern an Funktionäre der Thüringischen Landesverwaltung. In diesem Fall war es offenbar nicht opportun, dass die nach außen hin tolerierte Religionsausübung frontal angegangen wurde, noch dazu gegenüber einem Schüler, und so fanden sich angebliche Unstimmigkeiten bei der Bewertung meiner schulischen Leistungen, was im Effekt dazu führte, dass mir als einzigem des Jahrgangs – womöglich als einzigem meiner Generation – das 8-jährige Abschlusszeugnis verweigert wurde. Ich erhielt es erst Monate später, nachdem die Affäre irgendwie an Schwung verloren hatte und ich mich bereits auf der mit der neunten Klasse beginnenden Oberschule befand.

B.-W. Schulze, 1950, Umgebung von Erfurt

Mutter U. Schulze und Söhne Bert-Wolfgang und Joachim (v. *links* n. *rechts*), 1955, Erfurt

Vater A. Schulze und Söhne Bert-Wolfgang und Joachim (v. *links* n. *rechts*), 1956, Erfurt

B.-W. Schulze, 1960, Vor dem Elternhaus in Erfurt; Abreise ins Ferienlager

Betteln und Hausieren verboten

Diese Botschaft aus versunkenen Jahren vor dem zweiten Weltkrieg war bis lange danach noch an manchem intakt gebliebenen Haus zu sehen, kleine Messingschilder, einem Ambiente angepasst, wo von Bettlern erwartet wurde, dass sie lesen konnten und wo man auch das Messing noch besaß[5]. Der alte Lebensstil war nach dem Krieg noch nicht vergessen, und es war in dieser Zeit vieles darauf abgestellt, wieder in das frühere normale Leben zurückzufinden, obwohl man tatsächlich bettelarm geworden war. Für den politischen Hintergrund interessierte man sich, wenn überhaupt, erst in zweiter Linie. Es war für die Menschen auch in keiner Weise klar erkennbar, welchen Weg die sich formierenden deutschen Teilstaaten in Zukunft gehen würden. Das Entsetzen über die Ereignisse der jüngsten Vergangenheit steckte tief. Die Lebensmittel, die größtenteils rationiert waren durch Lebensmittelkarten, bestehend aus „Marken", die im Laden immer abgeschnitten wurden, reichten hinten und vorne nicht. So waren die Stadtbewohner auf das „Hamstern" angewiesen, d. h. Besuche bei Bauern in der Umgebung, mit Gegenständen von irgendwelchem Wert, die dann für Eier, Milch, und andere sehr kostbare Dinge eingetauscht wurden. Wenn alles nichts half, ging man auch zum Ährenlesen auf abgeerntete Ackerflächen, um noch verbliebene Reste zu finden. Im Hof unseres Hauses, einem 4-stöckigen Mietshaus, hatten wir einige Kaninchen, für die wir immer Gras rupfen gingen. Rückblickend wundere ich mich, weshalb sie niemals nachts entführt worden waren. Das Schlachten war eine üble Angelegenheit, denn wir hatten die Tiere lieb gewonnen, und es war nicht anzuhören, wie sie dann in Panik gerieten. Auch die Felle wurden später weiterverwertet.

Zum Spielen ging ich als Kind manchmal auf den Schutt; hier handelte es sich um die Reste eines Wohnhauses in unserer Straße, wo während des Krieges eine Fliegerbombe alle Bewohner umgebracht hatte. Es kullerte dort auch ein ausgeblichener Wirbelknochen herum, um den ich immer scheu einen Bogen machte, auch wenn ich nicht sicher war, ob er tatsächlich von einem der ehemaligen Hausbe-

---

[5] Wir geben hier in Rückblende weitere Eindrücke aus der Zeit bis Mitte der 50-iger Jahre wieder, teilweise noch aus Berichten von nächsten Angehörigen.

B.-W. Schulze, *Erlebnisse an Grenzen – Grenzerlebnisse mit der Mathematik,*
DOI 10.1007/978-3-0348-0362-5_3, © Springer Basel 2013

wohner stammte. In den letzten Kriegsjahren hatte es zunehmend Bombenalarm gegeben, wo die Leute in den Kellern der Häuser Schutz suchten. Die Kellergänge hatten dünne Trennwände zu den Nachbarhäusern, die für den Notfall einen Fluchtweg boten. In Erfurt hatte es keine flächendeckenden Bombardements gegeben, aber einzelne Treffer hatten doch hässliche Löcher gerissen. In der Nähe des Angers hatte es auch die gothische Barfüßerkirche getroffen, die seitdem nur noch als Ruine besteht. In unserer Straße waren die meisten Glasscheiben zerstört, und die Fenster waren mit Pappe zugenagelt. Meine Mutter, die aus dem Thüringer Wald stammte, kannte einen Ort, wo man Glasscheiben durch Tausch erwerben konnte. Als sie dann mit der Last erfolgreich zu unserer Wohnung zurückkam, bot eine liebe Nachbarin an, das Paket tragen zu helfen, das sie dann plötzlich „versehentlich" losließ, und so musste es zunächst bei den Pappfenstern bleiben. Natürlich legte man Wert darauf, nicht gänzlich die Würde zu verlieren. Raucher behalfen sich u. a. mit Zigarettenkippen von der Straße, und wer etwas auf sich hielt, hatte einen kleinen Spazierstock bei sich, den er im richtigen Moment fallen ließ, um dann unauffällig die Kippe aufzuheben. Es waren hier u. a. die amerikanischen Besatzungssoldaten, in derem Gefolge diese Methode arbeitete. Später kam dann die russische Besatzung nach Thüringen, die zu dieser Zeit aber kaum auf den Straßen in Erscheinung trat. Gerüchteweise sollten auch die getrockneten Stengel irgendwelcher Pflanzen geraucht werden können, etwa die Zweige von wildem Wein, was sich jedoch nicht eingebürgert hatte. Eine Art Nahrungsergänzung für Kinder war übrigens der Nektar verschiedener Blüten, z. B. Flieder oder Taubnessel, aber die Sache war ausgesprochen unergiebig. Nicht viel besser sah es mit Haselnüssen aus, die man zur entsprechenden Jahreszeit an irgendwelchen Büschen fand, und die grundsätzlich entweder grün oder wurmig waren.

In vielen Familien lebten die Frauen mit ihren Kindern allein; die Väter waren entweder aus dem Krieg nicht zurückgekehrt oder hatten auswärts eine Arbeit angenommen. Mein Vater, anfangs völlig erwerbslos, bekam später Arbeit im Bergbau unter Tage, wo es im Erzgebirge um den Abbau von Uran ging. Zeitweise war er auch bei der Demontage beschäftigt; hier wurde der Abbau von Gleisen und Fabrikanlagen betrieben, die dann ebenfalls in Richtung Sowjetunion auf die Reise gingen. Meine Mutter behalf sich mit Abvermieten eines Teils unserer Wohnung, desgleichen mit stundenweiser Arbeit bei Leuten[6], oder auch mit Hamstern.

Die Administration auf lokaler Ebene hatte sich offenbar schnell stabilisiert. Eines der Verwaltungsgebäude in Erfurt war ein sogenanntes Hochhaus mit 8 Stockwerken, allgemein als „Eierkiste" bezeichnet, das aber nicht hässlicher war als andere Neubauten aus dieser Zeit. Es gab auch soziale Dienste, die sich insbesondere um die heranwachsende jüngste Generation kümmerten. So bot man Heim- und Kuraufenthalte für Kinder in traditionellen Erholungsgebieten an, durchaus nicht ausschließlich auf der Ebene der erwähnten Pionierlager. Auf jeweilige Anträge meiner Mutter war ich dann mehrere Male auf diese Weise für einige Wochen ver-

---

[6] heute würde man es „Pflegedienst" nennen.

Mutter U. Schulze und Söhne B.-Wolfgang und Joachim (v. *links* n. *rechts*),
am Elternhaus in der Holbeinstraße in Erfurt, 1944

reist, u. a. in Kühlungsborn an der Ostsee, sowie in Bad Frankenhausen, nahe des
Kyffhäusers, wo der Sage nach der Kaiser BARBAROSSA in einer Höhle sitzt und
schläft und seiner Wiederkehr harrt, um das Vaterland zu retten. Auch machten dort
Geschichten über die Bauernkriege die Runde, die hier in der Nähe ihr Ende gefunden hatten in einer verheerenden Niederlage der aufständischen Bauern, und wo
nach dem finalen Strafgericht Bäche von Blut die Berge herabgeströmt sein sollen.
In dem Heim wurden die Kinder liebevoll umsorgt, und abends, bevor es ans Ein-
schlafen ging, sangen uns die Betreuerinnen alte Volkslieder vor. Später wurde ich
dann für mehrere Jahre zu einem wirklichen Heimkind, während meine Eltern ein
Lehrerstudium an unterschiedlichen Standorten absolvierten. Das Heim, wo auch
Kriegswaisen untergebracht waren, befand sich in der Nähe von Hochheim, einem
Vorort von Erfurt. In „besseren" Zeiten, als hier einst NAPOLEON mit seinen Truppen vorübergezogen war, soll er an einem Gewässer die Ähnlichkeit mit einem Ort
aus seiner Heimat festgestellt haben, und so soll er veranlasst haben, dass Brun-
nenkresse in den sogenannten Klingen angesiedelt wurde. Dieses sehr exklusive
Gemüse gab es dann tatsächlich immer noch in entsprechenden Läden zu kaufen.
Während meine Mutter in Leipzig und an anderen Orten studierte, war mein Vater
in Berlin. Die Grenze zu Westberlin war offen, aber den Studierenden war es verboten, die Westsektoren zu besuchen. Es war immer eine Zitterpartie, wenn sie es

trotzdem heimlich taten. Die Sektorengrenzen konnte man mit der innerstädtischen S-Bahn passieren, die vom Ostteil der Stadt betrieben wurde. Mütterlicherseits hatte ich eine Großtante Frieda in Westberlin, die, obwohl sie selbst in bescheidenen Verhältnissen lebte, gelegentlich ihren Verwandten etwas zusteckte.

Die Umgebung von Erfurt ist ein liebliches Hügelland mit weitläufigen Wäldern. An Wochenenden, wenn meine Eltern während des Studiums Zeit fanden, ging es von dem Heim aus zu Ausflügen hinaus, teils mit Bussen, die wieder fuhren, u. a. zu den „Drei Gleichen", Ritterburgen aus dem Mittelalter, die „Mühlburg", die „Wachsenburg", und die „Burg Gleichen", teilweise als Ruinen erhalten, weiterhin die „Stiefelburg", die noch bewohnbar war und einen Gaststättenbetrieb hatte. In manchen Jahren in dieser Zeit hatte es schlimme Maikäferplagen gegeben, wo man in den Wäldern in dieser Gegend die Maikäfer zu großen Hügeln zusammenscharrte, um sie dann zu entsorgen. Vögel und insbesondere Hühner, die die Käfer im Prinzip interessant finden, konnten in dieser Situation nicht viel tun; bei manchen Bauern soll es Hühnereier mit Maikäfergeschmack gegeben haben.

Die Stadt Erfurt hat eine beeindruckende mittelalterliche Altstadt mit dem Domplatz als zentrales Element, mit dem Dom selbst und der Severi-Kirche. Nicht weit geht es von dort zum Fischmarkt, und zum Wenigemarkt und der Krämerbrücke über die Gera, entstanden neben einer Furt, und zu beiden Seiten vollständig mit bewohnten Häusern bebaut. Den Abschluss bildet die Ägidienkirche mit einem Tor, das „Krämpfertor", durch das man die Brücke dann wieder verläßt. Eine derbe Redensart aus alter Zeit behauptet, dass jemand mit beeindruckender Unterweite einen A... hat wie das Krämpfertor. Ab 1518 lebte auch der Rechenmeister ADAM RIES[7] für einige Jahre in Erfurt, wo zwei seiner Rechenbücher geschrieben und gedruckt wurden. Am barocken Gebäude der Landesregierung ist noch ein Eichmaß der „Preußischen Ruthe" angebracht, die aber nicht im Gebrauch geblieben ist; vermutlich hat sie nichts mit der Rute zu tun, derer sich der Preußenkönig Friedrich Wilhelm I[8] bedient haben soll, wenn er Prinzessinnen oder auch Marktfrauen über angemessenes Verhalten aufklärte. Das Stadtwappen von Erfurt, ein sechsspeichiges Rad auf rotem Hintergrund, ist vom Erzbistum Mainz entlehnt, zu dem Erfurt über 1000 Jahre gehört hatte. Erfurt hat eine LUTHERische Tradition[9]; ein LUTHERdenkmal steht vor der Kaufmannskirche auf dem Anger. Nahe Eisenach auf der Wartburg hatte MARTIN LUTHER die Bibel übersetzt. Dabei war er auch vom Teufel besucht und versucht worden, doch hatte er ihn hinweggescheucht, indem er ein Tintenglas nach ihm schleuderte; der Fleck an der Wand ist noch immer zu sehen, allerdings soll er seitdem immer mal wieder erneuert worden sein. Auch hatte es auf der Wartburg einst eine Heilige gegeben, die HEILIGE ELISABETH, die an die Armen immer Brot verteilte, das sie unter ihrem Mantel mitführte. Jedoch als sie eines Tages von ihrem zürnenden Ehemann und Burgherren gestellt wurde, hatte sich das Brot in Rosen verwandelt, und so konnte sie der Zorn des Mannes

---

[7] A. Ries, 1492 oder 1493–1559.
[8] auch bekannt als Soldatenkönig, regierte 1713–1740, gefolgt von Friedrich I. (dem „Großen").
[9] Martin Luther lebte von 1501 bis 1511 in Erfurt.

Mutter U. Schulze und Sohn B.-Wolfgang, am Elternhaus in Erfurt, 1944

nicht erreichen. Thüringen hat sogar ein berühmtes Gespenst, die Weiße Frau von Orlamünde[10], die angeblich u. a. auch das Haus Hohenzollern verflucht haben soll. Der Reformationstag (Martinstag) war u. a. ein Fest für die Kinder, die abends in der Dämmerung dann mit einer Laterne zum Domplatz spazierten, wo sich eine große Menschenmenge versammelte und wo „Ein feste Burg ist unser Gott …"[11] gemeinsam gesungen wurde. Die Gloriosa, die Hauptglocke des katholischen Erfurter Mariendoms hatte nach meiner Erinnerung andere Prioritäten, aber es gab Gelegenheiten, wo sie weithin über die Stadt ihre gewaltige Stimme erhob. Eine besondere Attraktion zum Martinstag waren die Martinshörnchen, ein Gebäck, das speziell diesem Anlass gewidmet war. Weniger willkommen war, wenn ein Missgeschick die hübschen Laternen in Flammen aufgehen ließ, was bei der schwankenden Konstruktion mit brennender Wachskerze im Inneren leicht geschehen konnte. Jahre später, während einer offiziellen Veranstaltung in der späteren DDR anlässlich eines Jubiläums von MARTIN LUTHER äußerte sich ERICH HONECKER überzeugt, dass LUTHER heute ein Mitglied der Sozialistischen Einheitspartei (SED) wäre.

---

[10] ehemals Gräfin KUNIGUNDE VON ORLAMÜNDE, um 1303–1382, die sich zu Lebzeiten eines schweren Verbrechens hatte zuschulden kommen lassen, und dann als Weiße Frau als Unglücksbote umging.
[11] Ein gute Wehr und Waffen …, ein Kirchenlied von MARTIN LUTHER.

Es gäbe noch manches aus dieser Zeit zu berichten, etwa über die Vehikel, die als Autos auf den Straßen unterwegs waren, u. a. Dreiräder, ein Rad vorn, zwei hinten, oder Motorräder, oft mit klapprigen Beiwagen. Bei den Autos gab es keine elektrischen Blinkleuchten; sollte abgebogen werden, so schnellte ein dunkelpinkfarbener oder gelblicher Richtungsanzeiger aus einer Art Futteral an der betreffenden Seite. Die ersten elektrischen Blinkleuchten kamen den Leuten anfangs etwas albern vor. Von vor dem Krieg hatte man sogar noch die elektrischen Straßenbahnen. Jeder Wagen hatte einen diensthabenden Schaffner, der an der Seite eines Eingangs hockte. Seine Bezahlautomatik war eine echte technologische Sehenswürdigkeit, und die Weiterfahrt signalisierte er durch energisches Zerren an einer Strippe. Zum normalen Straßenbild gehörten auch Pferdewagen, die als Transportmittel eingesetzt wurden. Die nützlichen und gehaltvollen Pferdeäpfel wurden mit Kehrschaufeln eingesammelt, als Dünger für die Gärten hinter den Häusern. Insgesamt war man auch viel mit dem Fahrrad unterwegs. In den Kellern gab es noch als Erinnerungsstücke Abdeckungen für die Fahradbeleuchtung mit einem schmalen Schlitz, damit anfliegenden Bombern bei Alarm keine verräterische Lichtsignale gegeben wurden. Stromsperren und auch Unterbrechungen der Gasversorgung waren an der Tagesordnung. Die Wohnungen hatten hauptsächlich Kohleöfen, und die Kohle für den Winter, die es auf Zuteilung gab, musste in jedem Jahr eingekellert werden. Fielen einige Briketts von den Kohlefuhren auf die Straße, so wurde nicht lange gezögert, sie als herrenloses Gut sicherzustellen. Die Eisenbahn fuhr mit Dampflokomotiven. Der Ausstoß von Ruß war nach heutigen Maßstäben abenteuerlich; wir wohnten relativ weit entfernt vom Erfurter Hauptbahnhof, aber regelmäßig mussten die Rückstände vom Fensterbrett abgekehrt werden. Viele Güter des täglichen Bedarfs wurden privat in den Haushalten hergestellt. Insbesondere wurde auch Kuchen zu Hause gebacken. Da es nicht selten an den richtigen Rohstoffen fehlte, konnte der Kuchen die Konsistenz von Holzbrettern annehmen, die dann mit der Axt zerkleinert werden mussten. Später, als es dann besser wurde, produzierte man manchmal auch Butterkremtorte. Man hatte auch noch nicht vergessen, dass es früher die sogenannten Bismarck-Eichen gab, Torten die einem Eichenbaumstamm nachempfunden waren. Da es im allgemeinen keinen echten Kaffee gab, behalf man sich mit Malzkaffee, der vermutlich wesentlich gesünder ist; wer noch Kenntnisse aus alter Zeit hatte, verwertete Zigorie, die völlig gratis an Wegesrändern wächst und sich als Zusatz für Kaffee(ersatz) eignet. Da es auch keine Kaffeesahne gab, kochten Leute stundenlang normale Milch, bis diese hinreichend eingedickt war; wenn man Pech hatte, endete das Produkt als verklumpte Masse, die sich jedenfalls nicht mehr für den Kaffee eignete. Mein Vater stellte eigenen Wein aus Wildfrüchten her. Hierzu hatten wir einige Weinballons, und wir sammelten immer Hagebutten und Schlehen in der freien Natur in Richtung Hochheim und Willrodaer Forst. Es kam auch die Zeit, wo manchmal Sonntags Essen gegangen wurde in einem der Ausflugslokale. Anfangs mußten auch dort Lebensmittelkarten abgegeben werden, jedoch mit der Zeit lockerte sich die Situation. So kann man sagen, dass in den Nachkriegsjahren das Leben wieder langsam in Gang kam. Glück hatten diejenigen, die nicht ausgebombt waren oder deren Wohnung nicht von der Besatzungsmacht requiriert worden war. Es gab ohnehin viele Leute ohne jegliche Habe, die sogenannten Evakuierten, die versuchten, bei den Leuten durch kleinere Dienstleistungen Geld zu verdienen, etwa Schneiderarbeiten, aber mit der Zeit schienen alle irgendwie unterzukommen und Hoffnung zu fassen für die Zukunft.

Auf den Schwingen der wissenschaftlichen Weltanschauung

Auf die Grundschule folgte die Oberschule; später nannte sich alles Oberschule, von der ersten Klasse an, und ab einer Stufe erweiterte Oberschule. Eine Unterschule ist mir in diesem Zusammenhang nicht in Erinnerung geblieben. Die Konfusion mit Bezeichnungen, in diesem Beispiel eigentlich eher unauffällig und nachgerade harmlos, gehört zu einer oft erörterten Erscheinung, nämlich die Sprache zu deformieren und als Werkzeug einzusetzen, u. a. durch willkürliche Interpretation von Begriffen oder Neuschöpfungen. Die Drift, weg vom allgemein gebräuchlichen Sinnzusammenhang eines Wortes bis hin zur gegenteiligen Bedeutung, z. B. „sozialistische Demokratie", eignete sich trefflich zur Manipulierung durch Benebelung und schaffte Freiräume für Argumentationen, die grundsätzlich alles erklären konnten. Im Dickicht neuer Sprachregelungen ist höhere Einsicht im Regelfall nicht das Naheliegende, dies wäre eher verdächtig, sondern das Absurde, das sich erst dank tieferer Analyse als die Wahrheit offenbart. Mit einem Wort, wenn Menschen durch widersprüchliche Begriffe und Aussagen permanent her und hin gezerrt werden, ihrem Verstand nicht mehr vertrauen dürfen, und wenn sich zudem die Wahrheiten ständig verändern und am Ende nichts mehr besagen, schließlich entwickelt sich ja alles, sind sie bestens zubereitet für die Befüllung mit wünschenswerten Inhalten oder deren späterer Entsorgung. Eine Gefahr für die jeweils herrschende Elite in einem solchen Umfeld dabei ist, selbst zum Opfer zu werden und die der Masse zudiktierte Dummheit zu teilen.

Ein besonders sensibles Feld der Betätigung in einer Gesellschaft war und ist ja immer die Schule, auch im Sozialismus. Wo die formbare Masse vorgeknetet und geöffnet war, stand dem neuen Bildungsideal der sozialistischen Erziehung wenig im Wege. In der Schule gab es natürlich zunächst die klassischen Fächer wie Sprachen, Mathematik, Physik, Chemie, Geschichte, Erdkunde, Literatur, Musik, Sport, usw. Schließlich war die Arbeiterklasse im Bündnis mit den anderen werktätigen Schichten des Volkes die natürliche Erbin alles Guten und Wertvollen in der Geschichte, das sich angeeignet werden sollte, und ich konnte dankbar sein, mitaneignen zu dürfen. Ich besuchte den „neusprachigen Zweig" der Oberschule, mit Französisch und Englisch, und in meinem Fall noch Chinesisch; Russisch war

B.-W. Schulze, *Erlebnisse an Grenzen – Grenzerlebnisse mit der Mathematik,*
DOI 10.1007/978-3-0348-0362-5_4, © Springer Basel 2013

ohnehin Pflichtfach von der fünften Klasse an. Fächer wie Geschichte und Literatur eigneten sich vorzüglich zur Untermalung der Lehren von MARX, ENGELS, LE-NIN, usw., sowie diverser klassischer Philosophen und Ökonomen, die Teil eines als schlüssige Wissenschaft gestylten Ideologie-Komplexes waren, ein eigenständiges Fach unter verschiedenen Bezeichnungen. Daneben gab es noch praxisnahe Erziehung in Gestalt von Tagen in Betrieben der sozialistischen Produktion oder der Landwirtschaft, teilweise mit der Möglichkeit, am Ende einen sogenannten Facharbeiter-Brief zu erwerben. Bei der Fülle an Stoffangebot wurde auch intensiv gelernt. Sollte doch der junge Mensch später einmal ein nützliches Mitglied der Gesellschaft werden, sei es in der sozialistischen Produktion, sei es in den bewaffneten Organen der Arbeiter- und Bauernmacht, oder an einen Platz gestellt, um als Künstler dem Streben des arbeitenden Menschen Ausdruck zu geben, oder durch sportliche Leistungen die Botschaft der Stärke und Überlegenheit des sozialistischen Systems in die Welt zu tragen, als Wissenschaftler die Aneignung der Errungenschaften des Geistes durch die Arbeiterklasse zu verkörpern, dialektisch umgesetzt und für die Praxis zugänglich gemacht, oder als Lehrer das sozialistische Menschenbild zu formen und die Staffel revolutionären Bewusstseins weiterzugeben, oder als Kader in besonders vertrauensvoller Stellung dort zu wirken, wo es für die Sicherheit des sozialistischen Aufbaus und die Ziele der Partei besonders notwendig war.

Wen nicht der Zweifel bereits in diesem jugendlichen Alter heimgesucht hatte oder wen der Einfluss aus reaktionären kleinbürgerlichen oder religiösen häuslichen Verhältnissen nicht von vornherein verdorben hatte, der konnte das frühe Glück der Teilhabe, ja, das Eins sein mit der sozialistischen Vision einer erstmals in der Menschheitsgeschichte sich realisierenden humanistischen und friedlichen Gesellschaftsordnung finden. Transportiert wurde die Idee des Eins Sein mit dem Großen Ganzen und der völkerverbindenden Idee „Proletarier aller Länder vereinigt euch", Seite an Seite mit den befreundeten Völkern der großen Sowjetunion und des sozialistischen Lagers. Eingeschlossen waren das glückliche China („Osten erglüht, China ist jung, Rote Sonne grüßt Mao Tse Tung . . . "), oder das junge Kuba mit Fidel an der Spitze, und wir konnten das Glück erleben, unsere Heimat neu erblühen zu sehen, genauer, den sozialistischen Teil unseres Vaterlandes, wo es nach Klängen von BEETHOVEN gleichsam als Analogon zum Schlusschor „An die Freude" nach Versen von JOHANNES R. BECHER jubilierte „. . . wo sich Geist und Kraft vereinen . . . !!" Auch jubilierte es Losungen auf Maidemonstrationen, die dem Lande Ziel und Richtung gaben, ausgenommen vielleicht denjenigen, die sich gegen das sozialistische System irgendwo zusammenrotteten. So war eben auch die Diktatur des Proletariats erforderlich, Diktatur natürlich in einem gehobenen und veredelten Sinne, und Terror gegenüber den Feinden des sozialistischen Aufbaus, den Leuten von gestern und vorgestern, Saboteuren, Verrätern, Renegaten, und sonstigem Pack. Für den sozialistischen Klassenstandpunkt waren Fehler, Versäumnisse oder Verbrechen der Vergangenheit ebenso unentbehrlich wie die Visionen des anbrechenden neuen Zeitalters der Menschheit, wo es dies alles dann nicht mehr geben sollte, ob es nun die Sklaverei in der Antike oder ihre Wiederentdeckung für die

Neuzeit war, oder Kolonialismus, Rassismus, Eroberungskriege, Ausbeutung, Ungerechtigkeit und Hunger: „... es gibt hinieden Brot genug für alle Menschenkinder ..."[12]. Es musste schon ein krankes Hirn haben, wer all dies in Frage stellte. Wozu um alles in der Welt brauchte man die freie Meinungsäußerung, war doch die Wahrheit durch die Partei- und Staatsführung vertrauensvoll in die Hände ihrer Organe gelegt, die zugleich auch dafür sorgten, dass Schund und Schmutz aus der kapitalistschen Welt vom Volke ferngehalten wurden, das Versammlungsrecht, waren doch die Rechte des Volkes bereits verwirklicht und durch die Partei garantiert, das Streikrecht, wo doch die Arbeiterklasse kaum gegen sich selbst streiken konnte, die Freiheit, die man besser für die Geknechteten und Entrechteten der Welt einforderte, bzw. die es ohnehin in absoluter Form nicht gab; seit wann beklagte sich der Frosch, dass ihm keine Flügel wachsen und er sich in frei in die Lüfte erheben konnte? Oder Privateigentum an Produktionsmitteln, wo doch ohnehin jeder an der völkischen Gemeinschaft (pardon!!, am Volkseigentum) teilhatte. Sollte man denn dulden, dass jemand eine private Bäckerei aufmachte, sich auf Kosten anderer bereicherte und Leute ausbeutete, zumal in einer Zeit auf dem Weg vom „Ich zum Wir"? Oder das Gerede von sogenannten freien Wahlen und parlamentarischer Demokratie, hineingetragen von feindlicher Propaganda. Die Demokratie war ohnehin, den Gesetzen der Dialektik folgend, in neuer Qualität auf höherer Stufe erstanden. Wer dies alles ignorierte gehörte im Grunde psychiatrisch analysiert und weggesperrt, wo dann der Erziehung auch ganz andere Möglichkeiten offenstanden.

Glücklich fühlen durfte sich, wer die Erkenntnis teilte, dass alle Geschichte der Menschheit stattgefunden hatte, um im Kommunismus, der vollkommensten Gesellschaftsform zum Höhepunkt zu kommen, wo sich der Mensch, frei von Ausbeutung und Unterdrückung, entfalten können sollte, geleitet und gelenkt durch die Partei, und ausgestattet mit einer wissenschaftlichen Weltanschauung, frei von bürgerlichen, religiösen, idealistischen, oder sonstigen reaktionären Theorien. Man war sich seiner Sache so sicher, dass man sich in diesem Weltverständnis leichtsinnigerweise eine im Grunde überflüssige winzige Sonderkleinigkeit gegönnt hatte, dass sich nämlich die Theorie an der Praxis messen lassen müsse. Dies musste letztlich zu ganz neuen Varianten der Kontrolle des Menschen durch den Menschen führen, wenn der Klassenfeind, der ja nun nicht schlief, in seiner Propaganda boshafte Beobachtungen über sogenannte Realitäten verbreitete. Mit anderen Worten, die Bäume drohten nicht nur nicht in den Himmel zu wachsen, da wollte man ohnehin nicht hin, sondern zu verdorren an der raffinierten Strategie des Gegners, und keineswegs nur auf ideellem Gebiet. Was also lag näher, hier im gegebenen Fall mit dem eisernen Besen zu kehren, die Leute notfalls zu ihrem Glück zu zwingen, und die Klassenfeinde auch im Inneren zu entlarven und unschädlich zu machen.

Insgesamt glaubte man sich aber gerüstet durch marxistisch-leninistische Glaubensartikel, eingebettet in eine aus verschiedenen Richtungen zusammengestoppelte Philosophie. Ubrigens war man auch nicht verlegen, den Sinn des Lebens zu deklarieren, auch wenn dies ein heikles Thema war und Antworten recht willkürlich

---

[12] HEINRICH HEINE, 1797–1856.

ausfielen, etwa der Arbeiterklasse zu dienen. Die Philosophie, zugeeignet der aufstrebenden Arbeiterklasse, ausgeliehen von klassischen Philosophen und entgrätet von neuzeitlichen Interpreten, war eine schwierig zu vermittelnde Angelegenheit. Einerseits, zu Höherem berufen, mochte die progressive Arbeiterklasse nicht auf die Weihen einer durch Autoritäten legitimierten Philosophie verzichten, wobei u. a. KANT und HEGEL hier als auf der richtigen Augenhöhe mit dem selbstbewußten Proletariat akzeptiert waren, auch wenn sie bei Bedarf als Kinder ihrer Zeit in ihren Grenzen zu relativieren waren. Andererseits war es unvermeidlich, dass man nicht immer wusste, wovon man redete, und die Philosophie zum Nachschnattern befohlener Thesen geriet. Daher hatte die Partei auch diesen Teil der zu vermittelnden Weltanschauung zu regeln und zu beaufsichtigen, bzw. die große Schnatter vorzugeben.

Während meiner Schulzeit hatte ich vier Jahre Chinesisch-Unterricht. Dieser fand in einer aus mehreren Schulen meiner Heimatstadt Erfurt zusammengestellten Klasse auf freiwilliger Basis statt. Es war die Zeit kurz vor und während der Kulturrevolution in China. Dieses neu im Osten erblühende Land des Sozialistischen Weltsystems, vor historisch kurzer Zeit vom Joch des Feudalismus befreit, war ein willkommenes Beispiel für die grundlegende Wende eines Gesellschaftssystems, ähnlich zu Russland, das Jahrzehnte früher, beginnend mit der Großen Oktoberrevolution, einen solchen Weg als erstes beschritten hatte. Uns Schülern, völlig im Glauben an diese einleuchtende Wahrheit erzogen, blieb weitgehend verborgen, dass es bereits zu tiefgreifenden Zerwürfnissen zwischen der Sowjetunion und der Volksrepublik China gekommen war. Jedoch war es uns gegenüber merkwürdig still geworden um Fragen, die sich mit China befaßten. An den Zeitungskiosken konnte man allerdings das illustierte Journal „China im Bild" erwerben, das neben faszinierender Baukunst aus dem Kaiserreich und wunderbaren Landschaften in China auch Einblicke bot, was den modernen Chinesen in dieser Zeit begeisterte, u. a. Hochöfen in ländlichen Gehöften, wo jedermann dringend benötigten Stahl erzeugen konnte, oder Ideen in der Landwirtschaft,mit einer besonderen Methode des Tiefumgrabens der Ackerflächen, mehrere Meter tief, mit ganz neuen Effekten für die Bodenfruchtbarkeit. Man hat später nichts mehr darüber gehört, das dies besonderen Gewinn für die Chinesische Gesellschaft erbrachte. Auch gab es Feldzüge gegen die Heerscharen von Vögeln, die mit ihrer Gefräßigkeit die Menschen um ihre hart erarbeiteten Erträge brachten, und so wurden mit Rasseln und andere Geräusche erzeugendem Gerät die Vögel so lange am Landen gehindert, bis sie erschöpft vom Himmel fielen. Angeblich soll es im Gefolge zu entsetzlichen Fliegenplagen gekommen sein, weshalb man dann wiederum Populationen von importierten Sperlingen ansiedelte. Das Lernen der Chinesischen Sprache selbst gestaltete sich schwierig, nicht allein wegen der komplexen Merkmale in der Schrift und der Aussprache, sondern weil alle paar Monate Listen von auf Geheiß der Chinesischen Staatsführung geänderten und vereinfachten Schriftzeichen erschienen, die fortan in Gültigkeit waren, und übrigens gab es nur undeutliche Hinweise, dass unsere Lehrerin überhaupt selbst Chinesisch sprach. Insgesamt wurde mein Interesse an China geweckt, und ich habe später viele Freunde und Kooperationspartner dort gefunden.

Der Sozialismus und der darauf folgende Kommunismus, wo sich der Sinn aller gelebten Menschheitsgeschichte vollendete, musste zwangsläufig, da er als Endzustand der historischen Entwicklung gesetzmäßig einzutreten hatte, auch die Naturgesetze auf seiner Seite haben. Freilich war der Kommunismus noch nicht in Sicht, auch wenn das bestehende System vom Klassenfeind irrtümlich mit dieser Bezeichnung belegt wurde. Er war eher ein wesenloses Wallen allgemeiner Erwartungen von Freiheit, Gerechtigkeit, Gleichheit, Glückserlebnissen und materiellem Überfluss. Allerdings war die Freiheit als Einsicht in die Notwendigkeit bereits abgehakt. Das Prinzip der Gerechtigkeit bedurfte keiner besonderen Erklärung; hier genügte es zu wissen, was Ungerechtigkeit ist, die, zusammen mit allen übrigen Übeln dieser Welt, dem Klassenfeind vorbehalten war. Die Gleichheit aller Menschen, schon von der Französischen Revolution eindrucksvoll vorgelebt, ließ sich merkwürdigerweise nicht so schlüssig als Naturgesetz verlangen, auch wenn mit der Guillotine die Geschichte ein einprägsames Beispiel gegeben hatte, dass die Häupter von Königen nichts von denen des gemeinen Volkes unterschied. Hinsichtlich der Naturgesetze wäre es naheliegend gewesen, unsere nächsten Verwandten im Tierreich zu konsultieren; jedoch war hierdurch nicht immer ein ideologisches Bekenntnis zu untermauern. Der Pascha einer Affenhorde lässt sich zwar von seinen Bediensteten entlausen, übt aber selbst nicht den gleichen Dienst an den niederrangigen Individuen. Auch die Partei in ihrem Wirken für das Volk hatte ihre Ausnahmen, wenn sie wertvollen Kadern, nicht zu vergessen den Genossen der Partei- und Staatsführung, Privilegien einräumte, die eher der feudalen Epoche entlehnt schienen, wenngleich morbide und gelegentlich von peinlicher Schäbigkeit. Insgesamt war die Wissenschaftliche Weltanschauung nicht eine Wissenschaft, die Welt anzuschauen, kaum jemand befand sich überhaupt in einer solchen Lage, sondern die Parteiwahrheit gleichsam aus dem Zusammenwirken objektiver Gesetzmäßigkeiten herzuleiten. Dies möglichst bezeugt durch Resultate aus den Einzelwissenschaften, denen jedoch allenfalls die Rolle zustand, gelegentlich Stichworte einzuflechten, die aber, da ein Einzelwissenschaftler schwerlich die gesamtgesellschaftliche Übersicht haben konnte, der ordnenden Hand der Partei bedurften. In jedem Fall waren auch an dieser Front der Klassenauseinandersetzungen Kämpfe auszufechten. Besonders befremdlich erschien die Relativitätstheorie, die zwar glücklicherweise niemand aus der breiten Masse verstand, die aber das Odium von geheimnisvollem verborgenen Einblick umgab. Eine Art Urknall und ein naturwissenschaftlich erklärter Schöpfungsakt waren nahezu das letzte, was die atheistische Staatspropaganda gebrauchen konnte; zu dieser Zeit allerdings war davon noch kaum die Rede, aber EINSTEIN als Namen mochte man möglichst nicht völlig ungenutzt in der Ecke stehen lassen. Im Gegenteil, wenn es einzurichten war, wurde auch er für den richtigen Klassenstandpunkt in Anspruch genommen. Von dem Komponisten PAUL DESSAU gab es eine Einstein-Oper, die eine Zeit lang über die Theaterbühnen schepperte: „… die Welt ist rrrrelativ!!" In diesem Stück war auch ein Drachen zugegen, grünbeige geschuppt und von beachtlicher Länge, der mit seinen Ansichten die spröde Materie ein wenig belebte; als Nachspeise war EINSTEIN natürlich nicht vorgesehen.

Bruder Joachim Schulze, Großtante Frieda Lang, B.-W. Schulze (v. *links* n. *rechts*),
um 1963, Berlin, Biesdorf

Es verstand sich, dass Frau Musica mit ihrem ganzen tiefen Selbst dem gesellschaftlichen Fortschritt und dem künftigen Glück der Menschheit zur Verfügung stand, fast wie die Dichtkunst, die sich reich und üppig hinschenkte, um gleichermaßen Freud und Schaffenspein des sozialistischen Aufbaus zu besingen. Zu den Höhepunkten gehörten kostbare Miniaturen in Zeitungen, die zweifellos der Literaturgeschichte künftiger Epochen in Erinnerung bleiben und jedenfalls vor dem Vergessen bewahrt werden sollten. Hierzu sei am Rande erinnert, dass der Klassenfeind, unmittelbar auszumachen als die imperialistisch/reaktionäre Staatsführung des westdeutschen Teilstaates in Bonn, den Titel „Ultra" verliehen bekommen hatte, mit der Assoziation „ultrareaktionär", etc. Es waren mit anderen Worten die Bonner Ultras, die den Erfolgen beim Aufbau der sozialistischen Heimat, der sozialistischen Planwirtschaft, der Kartoffelernte, und vielen anderen Bereichen, neidisch und missgünstig gegenüberstanden. So hieß es dann einprägsam „Die Knolle rollt, der Ultra grollt", oder „Und wenn die Ultras noch so kläffen, wir fahren doch zum Deutschlandtreffen", usw. Auch ganze Gedichte, mitreißend und von tiefem Ernst zugleich, waren darunter, z. B. „Die Klasse gibt uns Kraft und Mut, und Richtung die Partei, mit Walter Ulbricht[13] kämpft sich's gut, voran die Straße frei!" Wer mochte hier noch das Vertrauen verlieren, dass Kunst auch und vor allem Waffe ist, geschmiedet gegen die Feinde der Arbeiter-und Bauernmacht. Mit der Malerei oder der Bildhauerkunst verhielt es sich nicht anders. Entartungen, schon von den Nazis mit dem Bann belegt, wie abstrakte Malerei oder skurrile Plastiken, widersprachen dem Geist der lebensbejahenden revolutionären Arbeiterklasse und waren nicht würdig, in der öffentlichen Wahrnehmung eine Rolle zu spielen. Ich fand diese Sicht der Dinge etwas übertrieben, und obwohl, oder gerade weil, mein Zeichentalent nicht der Erwähnung wert war, produzierte ich für den Eigenbedarf einige abstrakte Gemälde, mit ausdrucksvollen Augen, die durch ein diffuses Gewölk aus Strichen und Farbklecksen schauten. Diese hingen dann mehrere Jahre in meinem Schülerzimmer. Übrigens gab es für gehobenere Ansprüche auch Analysen aus der Geschichte, wie untergehende Kulturen sich mehr und mehr abstrakter Ausdrucksformen bedient hatten, was nun auch für die sterbende und geschichtlich überlebte bürgerliche Gesellschaft zu beobachten sei. Wenn es auf diese Weise schöngeistig wurde, durfte sich der sieghafte junge Kämpfer für die gerechte Sache besonders im Einklang fühlen mit Sinn und Richtung der Geschichte, bewusst gelebt und mitgestaltet, und auf der richtigen Seite der Barrikade.

Trotz all dieser erfreulichen Einsichtnahmen endete die Schulzeit für mich in Konfusion und Sehnsucht nach verlässlicher Orientierung. Kurz zuvor war gerade die Zonengrenze geschlossen worden, und schon damals in meinen jungen Jahren nach dem 13. August 1961 hatte ich den Verdacht, dass eine von der Außenwelt völlig isolierte Gesellschaft in Fäulnis übergehen müsse, wie etwa Früchte in einem abgeschlossenen Gefäß in Verfall und Gestank zugrundegehen. Sofort nach dem Bau der Mauer war zu beobachten, dass man wieder strenggläubiger wurde in der „Zone", was die marxistisch-leninistischen Inhalte der Gesellschaftspolitik

---

[13] Staatsratsvorsitzender.

betraf, nachdem man gelegentlich geglaubt hatte, Perioden von Tauwetter auszumachen, wenigstens in der Terminologie des Klassenfeindes, die über Funk und Fernsehen auch den Osten Deutschlands erreichte. Insgesamt war Ostdeutschland ein exponiertes Mitglied des sozialistischen Lagers, zwar nicht als fröhlichste Baracke anerkannt, diesen Titel durfte Ungarn für sich in Anspruch nehmen, aber in Anbetracht der offenen Grenze vor dem 13. August 1961 und dem unstreitigen unmittelbaren Einfluss westlicher Medien aus dem nahen Westdeutschland, konnte die Staatspropaganda nicht so kühne Purzelbäume schlagen wie anderswo in der Gemeinschaft, und auch der Lebensstandard entwickelte sich zügiger. Allerdings, wie angedeutet, nach dem 13. August konnte sich der doktrinäre Teil der Innenpolitik wieder stärker bemerkbar machen, und so kam es, neben vielen anderen Effekten, dass die Abiturienten nicht direkt ein Universitätsstudium beginnen konnten, sondern ein oder mehrere praktische Jahre abzuleisten hatten, oder eine 3-jährige „freiwillige" Militärzeit. Schließlich sollte sich ja eine sozialistische Intelligenz entwickeln, die verbunden blieb mit den arbeitenden Massen, und nicht erneut eine Schicht bilden mit elitären Allüren; es war schon schlimm genug, dass man Minister von im allgemeinen hörigen Blockparteien auf dem Hals hatte, wie etwa JOHANNES DIECKMANN, die sich über die Banalität von Losungen auf Spruchbändern mokierten und mit ihrem bürgerlichen Gehabe so taten, als sei der revolutionäre Elan nur für andere da. So kam auch ich, bereits vorimmatrikuliert an der Karl-Marx-Universität Leipzig in „Angewandter Geophysik", zu dem angeordneten Bildungserlebnis.

Vom Finden bedeutender Lagerstätten

Ich fand eine Stelle für ein Jahr in einem seismischen Messtrupp des VEB[14] „Geophysik", der sich, neben anderen solcher Trupps, mit der Erdölerkundung befasste. Der Messtrupp ähnelte einem Wanderzirkus. Seine Aufführungen waren Sprengungen in Bohrlöchern zur Erzeugung seismischer Wellen, deren Reflexionen aufgezeichnet wurden von Geophonen, d. h. Horchgeräten, die im Boden ausgelegt waren; die Daten wertete man dann aus. War ein Gebiet abgearbeitet zog der Tross weiter an einen neuen Standort, und wiederum wurde gesprengt, reflektiert, und ausgewertet. So entstanden großflächige Profile der zu untersuchenden Gesteinsschichten, und man stellte sich vor, dass unter Erhebungen von Formationen des Zechstein das Erdöl lagern sollte. Meine Tätigkeit als sogenannter Auswerter bestand darin, Striche längs der auf Papierbahnen festgehaltenen Reflexionsfronten zu malen. Die Aufgabe der amtierenden Geophysiker war, die Tiefe der reflektierenden Gesteinsschichten zu ermitteln. Trotz allem Bemühens entzogen sich die reichen Lagerstätten ihrer Entdeckung. Daher blieb auch offen, ob die DDR[15] von den erhofften Vorkommen mehr gehabt hätte als ohne sie. Ein Beispiel, dass gehobene Schätze nicht immer Glück bedeuten, war das Uran, gefördert im Erzgebirge durch die sogenannte „Wismut" (ein Bergbauunternehmen), das auf Nimmerwiedersehen in Richtung befreundete Sowjetunion verschwand: „Der Friede muss bewaffnet sein".

Die erste Station war Weimar; man wohnte privat zur Untermiete. Ich hatte noch wenig diesbezügliche Erfahrungen, und so hatte ich nichts einzuwenden gegen ein Dachzimmer bei einer Frau mit ihrer kleinen Tochter. Eine ganze Wand des äußerst schmalen Raumes vom Fußboden bis zur Decke wurde von Aquarien eingenommen. Bis in die späte Nacht, fast täglich auf meiner Bettkante sitzend, pflegte die Wirtin Zwiesprache mit den Fischen. Ansonsten war die Wohnung ein Hort von

---

[14] Volkseigener Betrieb.

[15] Deutsche Demokratische Republik; gehässigerweise wurden auch andere Übersetzungen dieser Abkürzung gehandelt, und zwar von Leuten, für die die DDR weder deutsch, demokratisch, noch eine Republik war.

B.-W. Schulze, *Erlebnisse an Grenzen – Grenzerlebnisse mit der Mathematik*, DOI 10.1007/978-3-0348-0362-5_5, © Springer Basel 2013

Geschirr mit Essensresten, eingetrocknet und gut erhalten, in allen Räumen verteilt, vom Fußboden angefangen, auf Gesimsen und Stellflächen, zuzüglich der Badewanne. Der verbleibende Platz war der Schmutzwäsche vorbehalten, über Stühle und sonstige Ablagen verbreitet, hinter die Schränke gestopft oder in Ritzen geknuddelt. Wie es sich gehört, habe mich nicht dafür interessiert, was diesbezüglich in den Schränken und Behältnissen vor sich ging. Auch wenn spezifische Gerüche das Geschehen begleiteten, kann ich nichts nachteiliges über die Frau sagen; sie war gastfreundlich und gutherzig und bot mir gelegentlich eine Kleinigkeit zu Essen oder zu Trinken an. Es traf sich hier vorzüglich, dass das Zimmer Anschluss an die Dachrinne unter dem Fenster hatte.

Nach einer kurzen Station in Apolda bei zwei liebenswürdigen älteren Damen, hoch kompetent in klassischer Kochkunst, zu den Hauptattraktionen gehörten Thüringer Klöße, ging es im Winter 1962/63 nach Querfurt, wo ich dann bis zum Ende meiner Tätigkeit beim VEB Geophysik blieb. Auch hier war das Wohnen voller neuer Erfahrungen. Es war während des bitterkalten Winters 1962/63. Das Zimmer befand sich über einer Toreinfahrt, und vom Fußboden her schien es Frischluftzufuhr zu geben. Die Fenster, kurz zuvor dick gestrichen, waren nicht zu schließen. Neben einem Eisenofen hatte ich noch einen kleinen Gaskocher, weiterhin Wasser in der Schüssel, der Anschluss war draußen im Flur, und ein Art Regentonne für gebrauchtes Wasser. Bei der Kälte war alles hart gefroren, u. a. Brot, Äpfel, Getränke, Zahncreme, usw. Das Plumsklo unten im Hof hinter einer Brettertür war eher ungemütlich und nicht nur nachts etwas zugig, und so kam es, dass ich die Regentonne auch für solche Zwecke einsetzte. Ich hatte nicht sofort bedacht, wie das Leeren der Tonne vor sich gehen sollte, und als es unvermeidlich wurde, bestand der Inhalt aus einem riesigen Eisblock. Ich sah keinen anderen Weg, als die Tonne auf den Gaskocher zu wuchten, sie von unten her zu erwärmen, um die Suppe dann, gut durchgerührt, im Becken im Flur verschwinden zu lassen. Nach angemessener Vorwärmphase allerdings ließ das System ein deutliches Knistern und Knacken vernehmen, und ich wurde der weiteren Mühe enthoben, indem der Sud plötzlich unten durch einen Riss entwich, sich im Zimmer verteilte und schließlich im Fußboden verschwand. Es half auch nicht mehr viel, dass ich mit einer Schüssel herzustürzte, um das Schlimmste zu verhindern. Glücklicherweise blieb meine Missetat unentdeckt; jedenfalls sind keine Beschwerden bei mir eingegangen, dass drunten in der Durchfahrt jemand Zeuge des Vorgangs geworden wäre. Auch hatte die Sache insofern sein Gutes, als ich eine Lehrstunde erlebte, dass zwischen einem kühnen theoretischen Entwurf und dem praktischen Verlauf noch gewisse Nuancierungen liegen können.

Meine Tätigkeit bei dem seismischen Messtrupp beschränkte sich nicht ausschließlich auf den Strich, gemalt längs der Reflexionsfronten. Ich nahm auch gelegentlich an der praktischen Durchführung teil, u. a. beim Auslegen oder Einsammeln der Geophone, oder beim Bereitlegen des Sprengstoffs bei den Bohrlöchern. Der Sprengstoff in Gestalt dicker Würste in Wachspapier, steckte auf Holzstielen und war versehen mit elektrischen Zündern in einer Tunke aus Nitroglycerin; diese wurden dann über die Schulter gelegt zum Bohrloch transportiert, wobei die Anschlussdräte lustig herunterbaumelten und sich gern im Gebüsch verhakten, wenn es durch Unterholz ging. Man durfte hier nicht überängstlich sein. Was die theoretische Auswertung der Messungen anging, so gab es durchaus Gelegenheit mit den Geophysikern zu sprechen. Die Prozedur war simpel; es waren die Daten in gewisse von großen sowjetischen Gelehrten entwickelte Formeln einzusetzen, um zu den gewünschten Tiefenprofilen zu kommen. Was meinen Eindruck gegenüber den Mitgliedern des Trupps anging, so bin ich wohl unbewusst nicht so linientreu erschienen, wie es von einem frisch gebackenen Abiturienten mit lupenreiner ideologischer Erziehung erwartet werden konnte. Jedenfalls fasste einer der Geophysiker das Vertrauen, mir zur Lektüre den Roman von GEORGE ORWELL „Die Farm der Tiere" zu überlassen. Im Anbetracht der Tatsache, dass – wie ich allerdings zu diesem Zeitpunkt nicht ahnte – buchstäblich jeder Arbeitsplatz verwanzt sein konnte, zumal hier, wo mit angeblich hoch vertraulichem Kartenmaterial der Region gearbeitet wurde, Kopien der aktuellen Messtischblätter, war eine solche Kommunikation ein erhebliches Risiko für alle beteiligten. Ich habe das Buch jedenfalls buchstäblich verschlungen. Die Episode blieb mir auch deshalb in Erinnerung, weil ich in meiner darauffolgenden Laufbahn selten der Offenheit zwischen Menschen begegnet bin, die es erlaubte, festzustellen, wen man überhaupt vor sich hatte, und denjenigen, die sich nicht verschlossen, wäre ich besser aus dem Wege gegangen. Insgesamt war ich aber noch viel zu jung und zu arglos, um das ganze Ausmaß von Lüge und Schmutz in den zwischenmenschlichen Beziehungen zu ahnen, das ein System von Unterdrückung und Bespitzelung nach sich zieht.

Das Jahr in der sogenannten Praxis, fern dem behüteten Umfeld des Elternhauses, war gleichzeitig eine wohltuende Unterbrechung der pausenlosen Zudringlichkeiten der praktizierenden Schulideologie und ihres Bekenntnisverlangens, über Klassenstandpunkte und gesellschaftliche Konstrukte und ihre ökonomischen, historischen, philosphischen, naturwissenschaftlichen, weltpolitischen und revolutionstheoretischen Untermauerungen. Freilich hatte diese Dichte an Zudröhnung eine möglicherweise völlig untypische Sensisibilisierung für derartige Fragestellungen erzeugt, mit unbewussten Nachwirkungen, ähnlich der Verselbstständigung von psychischen Verletzungen, mit immer neuen Zyklen von peinigenden Reflexionen über unübersehbare Reibungspunkte mit der Realität, und dabei weitgehend isoliert, infolge der bereits ausgemachten Gefahr von Verrat und Denunziation. Es war unter diesen Verhältnissen von erheblicher Bedeutung, dass es Rundfunk und Fernsehen aus westlichen Kanälen gab, desgleichen die BBC, wo Informationen und Analysen aus ganz anderen Quellen und Beweggründen zu empfangen waren. Natürlich war dem DDR-Regime diese Einflussnahme mehr als unwillkommen, und so wurde versucht, den Empfang von Sendungen westlicher Medien durch Absägen von Antennen auf Privathäusern zu verhindern. Weiterhin war es verboten, Inhalte aus solchen Sendungen weiterzugeben oder zu diskutieren.

Damit ist ein wenig das Klima jener Zeit beleuchtet, wo ich mich anschickte, ein Studium an einer sozialistischen Universität zu beginnen, was ein Privileg war: „Ich durfte studieren".

Studium in Denunzenheim

Für ein Studium in „Angewandter Geophysik" hatte ich mich bereits vor dem
„praktischen Jahr" im Anschluss an das Abitur beworben, obwohl ich damals
keinerlei Vorstellung von den eigentlichen Inhalten oder dem Beruf selbst hatte. Letzteres war nun allerdings klar geworden. Zu Beginn des Studiums an der
Karl-Marx-Universität Leipzig sah ich aber noch nicht voraus, ob sich andere Möglichkeiten ergeben könnten. Ein Studienplatz unter den herrschenden Bedingungen
war nicht selbstverständlich. Das bevorzugte Kriterium „Arbeiter- und Bauernkind"
traf auf mich in keiner Weise zu, und so setzte ich nicht aufs Spiel, was ich zunächst
sicher zu haben glaubte.

Gewohnt habe ich zur Untermiete, zunächst etwas abgelegen in der Angerstra-
ße, nahe eines kleinen Opernhauses. Das Institut für Geophysik befand sich in der
Talstraße, ganz in der Nähe zum Mathematischen Institut, nicht weit vom Stadt-
zentrum entfernt, dem Karl-Marx-Platz mit dem Augustinum, der Ruine eines der
früheren Zentralgebäude der Universität Leipzig, daneben die Universitätskirche,
die die Zerstörungen des Krieges offenbar überstanden hatte, dem Mende-Brunnen,
eine Art Nymphenbad, einst gestiftet von einer wohlhabenden Bürgerin der Stadt,
die mit einer Herberge freundlicher Damen viel Gutes getan hatte, und einem neu-
en Opernhaus, zur Ehre einer klassischen Leipziger Musiktradition, zu der auch das
Gewandthausorchester gehörte. Nahe auch der Markt mit seinem historischen Rat-
haus, die Thomaskirche mit dem Grabmal von JOHANN SEBASTIAN BACH und
einem BACH-Denkmal davor, weiterhin die Handelsbörse, die Nikolaikirche, und
nicht zuletzt Auerbachs Keller, ein Restaurant, das schon in GOETHES Faust eine
Rolle gespielt hatte. Am Eingang waren lebensgroße in Schwarz gehaltene Figuren von Faust und Mephisto aufgestellt. Mephisto wies in ausdrucksvoller Geste in
Richtung der von ihm empfohlenen Wunder der Welt. Auch im Lokal selbst erin-
nerten Bilder an die ruhmreiche Tradition. Leipzig erschien mir als eine lebhafte
und interessante Stadt, mit liebenswürdigen Bewohnern. Was konnte ich mehr verlangen vom Ort eines Studiums unter den gegebenen Verhältnissen.

Zum Studium der Angewandten Geophysik gehörten in den ersten Jahren neben
dem fachspezifischen Teil auch Vorlesungen in Mathematik und Physik. Diese wur-

B.-W. Schulze, *Erlebnisse an Grenzen – Grenzerlebnisse mit der Mathematik,*
DOI 10.1007/978-3-0348-0362-5_6, © Springer Basel 2013

den gemeinsam mit den Studenten der Mathematik und Physik in ihren jeweiligen Instituten besucht; auch in den dazugehörigen Prüfungen gab es keine Unterschiede. Ähnliches galt für das Lehrerstudium mit den Nebenfächern Mathematik oder Physik sowie sowie andere Studiengänge. Insbesondere absolvierten wir die Grundkurse des Mathematikstudiums, und zwar je 4 Semester Analysis und Analytische Geometrie. Mit den Physikern gab es jeweils ein Semester Experimentalphysik, Mechanik, Elektrodynamik und Quantenmechanik. Dieses System hatte den Vorteil, dass die Fachrichtung auch gewechselt werden konnte, obwohl dies nicht die Regel war. Trotz sehr interessanter Details des Geophysik-Studiums, das u. a. mein Hobby verstärkt hatte, Steine und Mineralien zu sammeln, stand für mich nach 3 Semestern fest, dass mich die Mathematik als Studienfach weitaus mehr interessierte. So setzte ich schließlich mein Studium in Mathematik fort, wobei ich verschiedene Kurse und Prüfungen nachzuholen hatte. Der Wechsel war nicht ganz einfach, weil ich offenbar nicht der einzige Geophysik-Student war, der mit einem solchen Anliegen kam, und das Geophysikalische Institut konnte schwerlich allen diesen Wünschen zustimmen. Jedenfalls hatte ich Glück, und so konnte ich mich von da an voll auf die Mathematik konzentrieren. Wie es vermutlich jedem Studenten der Mathematik geht, fand ich den Unterschied zur Schulmathematik schlicht atemberaubend; darin lag auch ein Reiz, diese Herausforderung zu bestehen. Im Anbetracht meiner inneren Konflikte mit vielem, was in der „normalen Welt" bis dato auf mich eingestürmt war, sah ich in der Mathematik ein Refugium, wo die Wahrheiten und Strukturen, obgleich nur in der abstrakten Phantasie des Mathematikers vorhanden, nicht nur eingebildet waren und den denkenden menschlichen Verstand jedenfalls nicht in diesem unerträglichen Maße beleidigten.

Die Mathematik in Leipzig ist stolz auf eine lange Tradition; bedeutende Mathematiker wie FELIX KLEIN, SOPHUS LIE, FELIX HAUSDORFF, OTTO HÖLDER, PAUL KOEBE, LEON LICHTENSTEIN, ERNST HÖLDER, BARTEL LEENDERT VAN DER WARDEN, EBERHARD HOPF, ERICH KÄHLER, und viele andere haben in der Vergangenheit Leipzig zu einem wichtigen Standort der Mathematik gemacht. Auch noch Jahrzehnte nach dem zweiten Weltkrieg, in einer Zeit, wo es den Wissenschaften aus verschiedenen Gründen nicht besonders gut ging, lebte das Bewusstsein dieses geistigen Erbes fort. Auch wenn ich späterhin keinerlei Bindungen mit Leipzig aufrecht erhielt, auf die Gründe werde ich noch zurückkommen, so habe ich doch allein durch die erfahrene Ausbildung das Gefühl vermittelt bekommen, dass hier an die hohen Ansprüche und Ideale vergangener Epochen, derer man sich noch so lebhaft erinnerte, angeknüpft wurde. Die Rückverweise selbst, die allerdings für mein Empfinden allzu häufig durch die Institutsflure raunten, mochten auch eine Mahnung sein, dass ein solcher Standard immer neu errungen werden muss. Dieser Teil der Geschichte kann leicht vergessen werden, und bedauerlicheroder manchmal auch glücklicherweise hat das Schicksal einer vergangenen Kultur kaum Auswirkungen auf die Gegenwart. Mir als Neuankömmling in der Mathematik in den Anfangssemestern standen solche Urteile natürlich nicht zu; ich hatte ehrfürchtig zu bestaunen, was geboten wurde. Auch hatten die Studenten vor den Professoren noch Respekt, und im Regelfall traute man sich gar nicht in ihre Nähe, um womöglich eine Frage zu stellen. Die Zeit der Studentenrevolten, hauptsächlich in den westlichen Ländern ausgetragen, lag noch in der Zukunft, und es schien mir jedenfalls unbestreitbar, dass ein gewisses Maß gelebter Hochachtung, sowohl gegenüber den Wissenschaften im allgemeinen als auch ihren Repräsentanten ein formierendes und stabilisierendes Element im Gefüge der Wissenschaftsausübung darstellte. Mit einem Wort, ich hatte gegen den akademischen Mummenschanz nicht nur wenig einzuwenden, sondern glaubte auch, dass gelegentlich als antiquiert und lächerlich erscheinende Äußerlichkeiten, wie Respekt vor der Leistung, Leben des wissenschaftlichen Ethos, Verantwortungsgefühl und Hingabe, unverzichtbare Aspekte im akademischen Leben sind. Auch hatte ich Flausen dergestalt, dass die Universitäten neben der Lehre auch eine universelle kulturelle Funktion hätten, sozusagen als ein Gefäß des wissenschaftlichen zivilisatorischen Wissens der Zeit, mit Wissenschaftlern, deren Existenzberechtigung nicht ständig hinterfragt wird, und die nicht ständig Entschuldigungen drechseln müssen, wenn sie sich zu ihrer Wissenschaft bekennen. So etwas konnte nur einem sehr unerfahrenen jungen Studenten einfallen, der zu viel über edle Ritter geschmökert hatte. Es war, da ich während des Studiums andere Sorgen hatte, auch nur ein diffuses Gefühl latenter Bedrohung der universitären Lern- und Wissenschaftsidylle, und mir war zu dieser Zeit die Unversöhnlichkeit der Fronten gegenüber dem Geist von wissenschaftlichem Bestreben aus eigener Erfahrung überhaupt noch nicht begegnet, ganz zu schweigen von der vormundschaftlichen Aufsicht der Partei der Arbeiterklasse, die die Wissenschaftler belauerte, ob eine Erkenntnis sich als unmittelbare Produktivkraft einsetzen ließ. Im Studium ging es durchaus noch um das Lernen und Erkennen an sich, so wie man dem arglosen Baby, das bis dahin nur Gutes erfahren hatte, den Teddy noch eine Weile lässt und mit dem Kasperle herumhampelt, bevor andere Seiten aufgezogen werden.

Neben den erwähnten Anfängervorlesungen enthielt das Studium der Mathematik auch Algebra, Technisches Zeichnen, und in den fortgeschritteneren Semestern Vorlesungen in komplexer Funktionentheorie, zweisemestrig, einschließlich elliptische Funktionen und analytische Zahlentheorie, Differentialgeometrie, Funktionalananalysis, Numerische Mathematik, Programmieren auf dem ZRA 1[16], Wahrscheinlichkeitstheorie, gewöhnliche Differentialgleichungen, LIEsche Gruppen, Mengentheorie und mathematische Logik, partielle Differentialgleichungen, sowie speziellere Vorlesungen, wie hyperbolische Differentialgleichungen, oder Topologie. Daneben war es den Mathematikstudenten möglich, auch verschiedene Seminare sowie weitere Vorlesungen aus dem Studium für Physiker zu besuchen.

Auch für andere Aspekte einer ausgewogenen Ausbildung blieb Zeit, genauer für die weitere Fundierung des marxistisch-leninistischen Weltbildes in Gestalt von Vorlesungen, wo es ebenfalls Prüfungen mit Benotungen gab, die neben allem übrigen für das zu erreichende Diplomzeugnis eine Rolle spielten. Schließlich gab es mehrwöchige Arbeitseinsätze in den Semesterferien, u. a. im Sommer in

---

[16] einer Rechenmaschine, deren Corpus aus Galerien von Schränken bestand im Umfang mehrerer mittelgroßer Säle.

der Kartoffelernte. Die Knolle rollen zu lassen und den sozialistischen Landwirt in seinem unermüdlichen Wirken zu unterstützen war vermutlich eine substantielle Hilfe, hatte aber nebenher einen disziplinierenden Effekt. Auch die Beobachtung der Studenten in solch einer außeruniversitären Situation mochte von Wert sein für die spätere Auslese von Kadern. Die Mitgliedschaft in der FDJ besagte nicht viel, nahezu jeder Student war hier erfasst. Allerdings gab es immer auch eine Parteigruppe, die weitaus exklusiver war. Die Mitglieder waren zum Schweigen verpflichtet in Angelegenheiten, die die Gruppe auf ihren regelmäßigen Versammlungen zu verhandeln hatte. Hierzu hatte ich keinen Zutritt, auch wenn ich einige Male aufgefordert worden war, zur Partei zu stoßen; in dieser Form klang es dynamisch und kämpferisch. Ein Ernteeinsatz wäre die rechte Gelegenheit gewesen, da ja die Begeisterung für die gemeisterte Herausforderung oder ein Erfolg im sozialistischen Wettbewerb, etwa in Gestalt der Verleihung eines Wimpels an das Kollektiv, wie von selbst in die Reihen der Partei hätte führen sollen. Auch hätten sich solche Höhepunkte im Brigade-Tagebuch gut gemacht. Seit den Studientagen war meine Reaktion auf solche ehrenvolle Anfragen gewesen, dass mir die fachliche Arbeit keine Zeit für weitergehende Aktivitäten lässt.

Ich hatte während des Studiums schnell bemerkt, dass man weitaus mehr erfahren sollte über die Mathematik, als es das reguläre Studium hergab. Unsere Hochschullehrer taten zwar ihr möglichstes, aber vieles blieb skizzenhaft oder überhaupt unberücksichtigt. So entschloss ich mich eines Tages, für die Mitstudenten ein Seminar über Distributionentheorie anzubieten, was dann tatsächlich eine gewisse Zeit stattfand. Auch seitens wissenschaftlicher Assistenten wurden Seminare angeregt und abgehalten, eins davon von Vors, einem zukünftigen stellvertretenden Mitglied des ZK[17] der SED über das anspruchsvolle Thema „Philosophie in den Naturwissenschaften". Man hatte sich hier tatsächlich mit wesentlichen Fragen der mathematischen Logik auseinandergesetzt, unter anderem mit den Antinomien der Mengenlehre, das Werk von GEORG CANTOR, Unendlichkeitsbegriffe und Mächtigkeiten von Mengen, das Auswahlaxiom, sowie die berühmte Kontinuumshypothese, eines der großen seinerzeit ungelösten Rätsel der modernen Mathematik. Da es den jungen ambitionierten Kadern an Selbstbewußtsein nicht mangelte, schließlich war man Vorkämpfer einer neuen Gesellschaftsepoche, gab es keine Halbheiten in diesem schwierigen Metier, man wollte alles ganz genau wissen und leidenschaftlich diskutieren, wogegen auch nichts einzuwenden war, und jedenfalls atmete das Seminar den Geist von Aufklärung und vorwärtstürmendem Elan, der in einem durchaus merkwürdigen Gegensatz zum Zuschnitt dieses philosophischen Teils der Mathematik stand[18]. Auch die Kunde bemerkenswerter Episoden aus der Geschichte des Instituts lebte fort. Die Mathematik hatte trotz ihrer Schönheit und

---

[17] Zentralkomitee.

[18] G. CANTOR, 1845–1918, der Begründer der Mengenlehre hatte seine Unendlichkeitsbegriffe mit hochkarätigen religiösen Denkern diskutiert, die sich aus ganz anderen Beweggründen mit der „Unendlichkeit" befassten, und CANTOR selbst sah in der ihrerseits unendlichen Abfolge seiner Mächtigkeiten von Mengen einen Widerschein der Stufen zum Thron Gottes.

ihres unermesslichen Reichtums an Ideen und Strukturen zu allen ihren Zeiten das Problem, sich dem nicht spezialisierten akademischen und allgemeinen Publikum verständlich zu machen. So hatte, wie Dr. Ohde[19] berichtete, KÄHLER einst den wohlgemeinten Plan gefasst, eine Vorlesungsreihe „Mathematik" für Hörer aller Fakultäten zu halten. Dem hohen Anspruch angemessen fand die Veranstaltung in einem der größten verfügbaren Hörsäle statt, vor einer beeindruckenden Zahl von Zuhörern. Die Fortsetzung war gleichermaßen beeindruckend; zugegen war neben dem Vortragenden selbst noch sein Assistent Ohde. Auch spezielle Vorlesungen in der Mathematikausbildung mündeten gelegentlich in Veranstaltungen für ein bis zwei Personen, die meist allerdings fortgeführt wurden, solange sich der Vortragende nicht allein mit sich selbst befand. Nichtsdestoweniger durfte sich der an der Hochschule Lehrende und Forschende von Zeit zu Zeit der Aufmerksamkeit von Enthusiasten aus dem Volk erfreuen, u. a. dann, wenn sich ein gebildeter Laie mit der Lösung eines durch die Mathematik als unlösbar erkannten Problems befasste. Wo sonst konnte man auch ewigen Ruhm gewinnen als mit der Beantwortung einer Frage, der die von Berufs wegen kompetentesten Spezialisten nicht gewachsen waren? Freilich, wie häufig im Glück der Erkenntnis, mochte dies auch mit schwerer seelischer Pein einhergehen, die Früchte des Bemühens könnten bei der Prüfung durch neidische Fachleute gestohlen werden. Mindestens in diesem Punkt kann man aber jeden zukünften Streiter im Ringen um unvergängliches Wissen trösten, wenngleich ich während meiner Studienzeit naheliegenderweise noch wenig in dieser Richtung gehört hatte: Wer in der Wissenschaft etwas stehlen will, hält sich an die Leistung von Kollegen, was viel ergiebiger ist, nicht von Laien; jedoch gilt dies ohnehin als die Ausnahme. Allerdings hörte ich ungewollt während meiner Studienzeit einen aufgeregten Disput zwischen Prof. Unte und einer mir nicht bekannten Person im Sekretariat des Instituts für Mathematik, wo es offenbar um die Inanspruchnahme eines durch Unte erzielten Resultats durch einen anderen Mathematiker ging. Die Relevanz solcher Vorgänge ist mir erst viel später klar geworden. Ich habe Prof. Unte außerordentlich respektiert; ihm verdanke ich durch seine Vorlesungen, dass ich mich während des Studiums für die Mathematik begeisterte und ich dann als Studienfach wählte. Ich war irritiert und konnte es kaum glauben, dass eine solche Persönlichkeit mit derartigen Niedrigkeiten konfrontiert war. Prof. Unte war es auch, der uns Studenten eine Episode aus dem Leben des Instituts schilderte. Hier ging es nicht um ein unlösbares Problem, sondern die Konstruktion mit einem elementaren Satz erlaubter Schritte, hier mit Zirkel und Lineal, eines regelmäßigen Viel-Ecks. Man weiß seit langem, dass dies nur für wenige Eckenzahlen überhaupt möglich ist. Nun betrat eines Tages ein begeisterter Jünger dieser Kunst das Institut und gab bekannt, dass er die Konstruktion eines 257-Ecks auf dem Papier mit Zirkel und Lineal ausgeführt habe, in der Erwartung verdienter Ehre. Auf die Bitte des zuständigen Mathematikers, er möge seine Unterlagen präsentieren, wies der An-

---

[19] ehemals Assistent von KÄHLER, nach dem die nämlichen Mannigfaltigkeiten benannt sind, der nach dem zweiten Weltkrieg noch in Leipzig war, später dann jedoch seinen Wirkungskreis in westliche Richtung verlagert hatte.

kömmling aus dem Fenster auf eine riesige Wagenladung beschriebenen Papiers, wo sich die Lösung befinden sollte. Es ist nicht überliefert, welche freudige Erwartung diejenigen beseelte, die sich dann mit der Lektüre dieses spannenden Kapitels von heutzutage klassischer Mathematik zu befassen hatten.

Die Stadt Leipzig als traditionsreicher Ort von Handel, Gewerbe und Kultur hatte für ihre Bürger und Besucher, und auch für bildungshungrige Studenten, einiges zu bieten. Obwohl Jahrzehnte poststalinistischer DDR-Diktatur zu einer Stimmung allgemeiner Mattigkeit und Resignation geführt hatten, gab es dennoch zahlreiche Inseln lokaler Abkoppelung von der allgemeinen Tristesse, wo sich noch Tatkraft, Talent und Phantasie ausleben konnten. Insbesondere war die Existenz des Thomanerchors offenbar nicht in Frage gestellt. Es fanden wöchentlich an Sonnabenden in der Thomaskirche die Motetten statt, erweiterte Gottesdienste mit barocker Kirchenmusik, dem Thomanerchor, und Orgelkonzerten, wo ich regelmäßig hinging, desgleichen um die Weihnachtszeit zu den Aufführungen des Weihnachtsoratoriums. Auch klassische Musik und die Oper waren toleriert, das Opernhaus sogar in blütenweißem Steine aufgeführt. Jedoch in einer Atmosphäre von Parteischolastik, die über allem wie eine bleierne Decke lastete, konnte ich mir nicht recht vorstellen, dass etwa die Grundtendenz des „Freischütz" von CARL MARIA VON WEBER als ideologisch besonders wertvoll einzuordnen war, und so mochte es mit den meisten Opern von Meistern des Barock, der Klassik, oder der Romantik aussehen, „Fidelio" von LUDWIG VAN BEETHOVEN vielleicht ausgenommen; dieser Stoff bot sich geradezu an, die Gespenster vergangener Gesellschaftsepochen anzuprangern. Nicht nur die Oper, auch öffentliche Konzerte, u. a. im Gohliser Schlösschen oder in der Handelsbörse habe ich öfter besucht. Sogar der seinerzeitige Kultur-Minister der DDR HANS PISCHNER war einmal als Künstler bei einem Cembalo-Konzert im Gohliser Schlösschen zu erleben. Wie schon erwähnt, war die progressive Arbeiterklasse zusammen mit ihren Repräsentanten der Bildung keineswegs abhold; das „Neue Deutschland" hatte sogar eine Beilage „Die Gebildete Nation", und hohe Funktionäre oder Parteikader in diversen Ämtern, wie z. B. KARL EDUARD VON SCHNITZLER[20], hängten sich Professorentitel an, um die Öffentlichkeit zu beeindrucken. Sogar WALTER ULBRICHT hatte eine Zeit lang die humanistische Bildung für sich entdeckt und das gern gebrauchte Wort „Wem nützt es?" allgemeinverständlich in „Quo vadis?" übersetzt. Allerdings wurde ihm dieser gutgemeinte Ausflug in die Antike allenfalls durch heitere Aufmerksamkeit gedankt. Jedenfalls fand das Leipziger Kabarett „Pfeffermühle" die Sache unangemessen spaßig, und kurz darauf verschwand diese Nummer vom Programm. Es hatte für mich einmal eine Gelegenheit gegeben, die Ideenschmiede der „Pfeffermühle" zu besuchen. Entwürfe und Manuskripte wurden dort mit äußerstem Feingefühl hantiert. Es gab keinerlei nachweisbare Korrekturen in den Manuskripten; stattdessen bestanden die Entwürfe aus Stapeln von Papier, wo zahllose Änderungen sauber Wort für Wort mit der Schere ausgeschnitten waren. Schlimm soll es übrigens einem Professor ergangen sein, der gegenüber seinen Studenten behaup-

---

[20] von westlichen Medien auch als „Sudel-Ede" kommuniziert.

B.-W. Sch., 1967, Student in Leipzig

tet hatte, „Leute mit Spitzbart sind Spitzbuben"[21]; da kam dann der eiserne Besen zu Ehren. In jedem Fall galt WALTER ULBRICHT als Respektsperson, und Widerworte, wenn auch noch so verschämt, konnten leicht als Majestätsbeleidigung ausgelegt werden. Bei einem seiner Besuche in Leipzig führte der Weg auch über den Karl-Marx-Platz, wo u. a. eine unterirdische öffentliche Toilette aufmerksame Betrachtung auf sich zog. Am nächsten Tag fanden die Leipziger an dieser Stelle nur noch einen kleinen Schutthügel vor, der dann ebenfalls schnell eingeebnet wurde. Ob dies auf höhere Weisung geschah, ist nicht sicher überliefert; jedoch hätten es redlicher Bürgersinn und vorauseilender Gehorsam in jedem Fall geboten, das Antlitz von KARL MARX makellos zu halten und keinen Sinnzusammenhang mit einer Kloake zu erlauben.

Mein Studium der Mathematik in Leipzig verlief insgesamt unspektakulär, bis zu jenem Tag, da ich die Obrigkeit leichtsinnig herausforderte, gefolgt von Relegation mit Hausverbot an der Universität und sonstigen Aufmerksamkeiten. Zunächst jedoch studierte ich ganz unauffällig, aber mit Feuereifer Mathematik, und gab mein gesamtes Geld, das trotz eines Leistungsstipendiums bescheiden bemessen war, für Bücher in Mathematik und Physik aus. Da von vielen wichtigen Monografien, die international auf den Markt kamen, Übersetzungen ins Russische zu erwerben waren[22], das Copyright hatte für die Sowjetunion und die befreundeten sozialistischen Staaten keine herausragende Bedeutung, war ich auf dem Laufenden und glaubte sehr bald zu ahnen, was die Mathematik als Wissenschaft bedeutete. Dies beflügelte meine Anstrengungen, und ich habe buchstäblich von früh bis abends mit wachsender Intensität gearbeitet. Dazu kamen auch Veranstaltungen, die um keinen Preis versäumt werden durften. Eines Tages war WERNER HEISENBERG zu einem Gastvortrag an die Universität Leipzig eingeladen. Einer der riesigen Hörsäle des Physikalischen Instituts war bis auf den letzten Platz gefüllt, und man saß auch auf den Gängen zwischen den Sitzreihen und den Gesimsen an den Seiten des Hörsaals. Auch ich gehörte zu den Zuhörern. HEISENBERG äußerte in seinem Vortrag u. a. die Vorstellung, dass das Raum-Zeit-Kontinuum vermutlich gar kein Kontinuum sei, sondern, etwas salopp übersetzt, eine Art Griesbrei aus kleinsten Raum-Zeit-Portionen, die durch natürliche Vorgänge nicht mehr unterboten werden. Aus heutiger Sicht klingen solche Hypothesen zwar nahezu alltäglich, Betrachtungen dieser Art durchziehen regelmäßig die populärwissenschaftlichen Publikationen, aber in den 60-iger Jahren des 20. Jahrhunderts waren sie etwas besonderes, auch wenn die Quantentheorie schon seit langem Teil des Physikstudiums war. Bei Raum und Zeit hatten auch die Mathematiker viel zur Konsolidierung des Bildes eines Kontinuums beigetragen. RIEMANNsche und pseudo-RIEMANNsche Geometrien gehören zum Rüstzeug der allgemeinen Relativitätstheorie, und diese wiederum knüpft sehr stark an die klassische Analysis an und das, was man unter glatten Mannigfaltigkeiten versteht. Für mich klang es unwillkommen, dass das

---

[21] Walter Ulbricht, der Staatsratsvorsitzende, hatte einen Spitzbart und wurde gelegentlich nach diesem bezeichnet.

[22] vertrieben über die sogenannten „Novye knigi".

makellose Gebilde des mathematischen Kontinuums, um dessen begriffliche Klarheit so lange gerungen worden war, in der Natur womöglich nicht einmal in der lokalen Struktur von Raum und Zeit verwirklicht ist, wer oder was immer unter „Natur" zu verstehen ist. Wie schon angedeutet, erschienen Neuerungen in den exakten Naturwissenschaften der SED-Propaganda hochgradig verdächtig. Zunächst machte es sich immer gut, von der Verantwortung des Wissenschaftlers zu schwadronieren; es konnte nicht schaden, einen latenten Schuldkomplex zu kultivieren, der sich aus der Entwicklung der Atomwaffen herleitete, als eine der Konsequenzen unverantwortlichen Umgangs mit naturwissenschaftlichen Erkenntnissen, auch wenn unter den Bedingungen der Unmündigkeit des Bürgers und der Strafbarkeit öffentlichen Auftretens mit nichtautorisieren Meinungen keinerlei Bewegungsfreiheit bestand, irgendeiner Verantwortung gerecht zu werden. Weiterhin gab es auch ständig Details, die das lupenreine Weltverständnis des Kämpfers für die Rechte der Arbeiterklasse irritieren konnte. Die Quantenmechanik, im Grunde völlig unverständlich für die breite Masse und höchsten etwas für Kenner der Materie, war z. B. philosophisch nicht recht einzuordnen; seit wann konnten schließlich Ort und Impuls nicht gleichzeitig mit beliebiger Genauigkeit gemessen werden, wo die Welt doch erkennbar war! In jedem Fall bedurfte es professioneller marxistischer Philosophen, die dem naturwissenschaftlichen Fortschritt folgend, die richtigen Auslegungen lieferten. So gab es für uns Studenten, die schmeichelhafterweise ernst genug genommen wurden, zu derartigen Fragen ansprechbar zu sein, obligatorische Philosophie-Vorlesungen, wo das Weltverständnis entsprechend justiert wurde. Etwa die Rotverschiebung des Spektums entfernter Galaxien konnte nicht so einfach hingenommen werden; wo kam man hin, wenn am Ende – oder genauer am Anfang – der Urknall stand! Der sich für uns wortgewaltig und kenntnisreich darstellende Philosoph, ein Herr Dr. KANNEGIESSER, wusste die Rotverschiebung damit zu erklären, dass eben halt das Licht einen Alterungsprozess erleide wenn es so lange und weit unterwegs war. Für mich lag der Erkenntniszuwachs bei solchen Auftritten nicht darin, ob eine solche Deutung berechtigt war oder nicht, sondern in der Tatsache, dass das herrschende System mit Misstrauen und Furcht die Naturwissenschaften verfolgte, als eine mögliche Quelle neuer Argumente für politische oder religiöse Gegner. Trotz des erwähnten Respekts gegenüber den Studenten, wenn man diese Scharaden so interpretieren wollte, hatte man nach meinem Eindruck die Studenten unterschätzt. Mir jedenfalls kam die Sache vor wie die Indoktrination einer Schar von Wasserflöhen durch den Oberfloh in einem Futterbassin für ein Aquarium, etwa über die Frage, wie es in den Weltmeeren zugeht.

Die Mathematik in der Phase des ersten Kennenlernens erlebte ich wie in einem Rausch. Die Tiefe der Analysis faszinierte mich ebenso wie die Schönheit der Algebra oder der Geometrie. Zusammenhänge mit den Naturwissenschaften und philosophischen Fragen kamen hinzu, und so stellte ich mir vor, nach Abschluss des Studiums als Mathematiker wissenschaftlich zu arbeiten. Es war mir allerdings noch völlig unklar, ob und wo in diesen Wissensgebieten überhaupt noch Neues zu entdecken war, auch wenn schließlich all die Reichtümer an mathematischem und physikalischem Wissen, die sich in den Büchern meiner inzwischen beträchtlich angewachsenen Bibliothek fanden, das Resultat zielgerichteter jahrzehntelanger Arbeit sein mussten. Es war natürlich nicht möglich gewesen, die ganze Spannweite und Fülle dieses Materials auch nur ansatzweise zu erfassen, was höchstens noch den Wunsch bestärkte, immer mehr darüber zu erfahren. Das Studium wurde für mich immer mehr eine Begleiterscheinung, schließlich konnte ich neues Wissen weitaus schneller durch eigenständiges Arbeiten erschließen. Am Institut für Mathematik gab es auch einige Assistenten, die als herausragende Talente galten und deren Arbeiten und erste Erfolge einen Ansporn darstellten. So kam für mich die Zeit, bestimmte Prüfungen vorzeitig abzulegen, um vielleicht bereits eine Art wissenschaftliche Betreuung und Mitarbeit im Institut zu erreichen. Auch versuchte ich, mehr über Persönlichkeiten der naturwissenschaftlichen Forschung zu erfahren; Biographien und Darstellungen zur Geschichte der Mathematik lagen zur Genüge vor, aber gelegentlich kam es auch zu persönlichen Eindrücken, etwa anläßlich der Ehrenpromotion von S. L. SOBOLEV[23] an der Hochschule für Architektur in Weimar, wo ich eigens hingefahren war. Natürlich drehte es sich u. a. um SOBOLEV-Räume, die seit Jahren schon in das funktionalanalytische Rüstzeug in partiellen Differentialgleichungen eingeflossen waren. Weiterhin besuchte ich Sitzungen und Forumsdiskussionen der Sächsischen Akademie der Wissenschaften Leopoldina, wo eines Tages B. VAN DER WARDEN[24] auftrat und sich als Philosoph offenbarte, mit Thesen über einen sogenannten Vitalismus, den er in einer kontroversen Diskussion leidenschaftlich vertrat.

Diese Zeit intensiver Arbeit wurde jedoch begleitet durch zunehmende Erbitterung über die endlosen Zudringlichkeiten und das permanente Bekenntnisverlangens der herrschenden Ideologie, mit Versammlungen, sogenannter gesellschaftlicher Arbeit, Arbeitseinsätzen, Marxismus-Leninismus-Kursen und sie begleitende Prüfungen, Kontrollen der Anwesenheit zu den Jubelfeiern des Systems, möglichst im „Blauhemd" der FDJ, was ich immer vermied[25] und vieles mehr. Auch die auf- und abschwellende Propaganda in den Medien erschien mir mit den Jahren immer unerträglicher. Dazu kam das Bewusstsein, in einem Gefängnis zu leben, ohne jede Hoffnung, einmal selbst über das eigene Leben entscheiden zu können. Für mich gab es auch kaum ein Ventil in Gestalt einer Vertrauensperson, der ich meinen Kummer offenbaren konnte. Mein Elternhaus kam hierfür nicht in Betracht; Diskussionen dieser Art waren dort völlig undenkbar. Ich erreichte einen Zustand von Verzweiflung, aus dem ich keinen Ausweg sah; wie betäubt ging ich manchmal durch Straßen und Parks und rannte im Geiste gegen diesen Druck von Arroganz der Macht, Dummheit, Lüge, Vergewaltigung und Verhöhnung der Opfer an. Da mir eine Art grimmiger Humor dennoch geblieben war, begann ich eine „dichterische" Ader zu entwickeln und mir das Unglück in grotesken Versen und anderen Skizzen von der Seele zu schreiben, jedoch nicht in der Absicht, sie irgendwie öffentlich zu machen. Dies hätte auch schwerlich gelingen können.

---

[23] S.L. SOBOLEV, 1908–1989.
[24] B. VAN DER WARDEN, 1903–1996.
[25] der Braunhemdenlook war naheliegenderweise weniger gefragt.

Einer der harmloseren Späße war ein Gedicht unter dem Pseudonym „Edgar Piefke", Zirkel schreibender Arbeiter, mit dem Titel „Das Bild in der Kantine". Hier ging es in Ich-Form und in der MAJAKOWSKIschen Treppentechnik, die ich natürlich in der Schule aufmerksam in mich aufgenommen hatte, um einen Arbeiter in einem Volkseigenen Kombinat, der immer dann, wenn er die Kantine betritt und ihn dann von oben her über dem Eingang das Bild des Staatsratsvorsitzenden grüßt, mit dem Nebenbemerken „Ich werde viel gegrüßt in unserem Betrieb, denn Brigadier bin ich", Kraft schöpft für die kommende Schicht. Ein anderes Produkt künstlerischer Eingebung war eine düstere Elegie, die als raunender Sprechgesang aufgeführt werden können sollte, oder wahlweise als Schunkelorgie: „Das Volk in diesem Gefängnis ist wie der Trank in einer engen Flasche vor dem lüsternen Maul eines mächtigen Harlekins", etc. Neben mancherlei anderen Werken, u. a. einem „Lob der Partei" „... sie schenkte den Regen, die grünende Saat, und gab uns die Freude zurück ...", oder einer moralisierenden Betrachtung über die Traueradressen für abgelebte Repräsentanten des Systems, „... ich hör' sie dröhnen, die gemieteten Halunken ...", gab es auch eines, das unvollendet blieb, unter dem Titel „Die Insel". Die Grundidee war, das „Kommunistische Manifest" von Karl Marx in eine Groteske in fünffüßigen Jamben umzudichten, auch mit der Option, es als mitreißendes Volksstück aufzuführen, sogar mit Regieanweisungen. Die vielschichtigen Verse sind mir abhanden gekommen, was mit Umständen zusammenhängt, auf die ich noch zurückkomme. Jedenfalls waren Kernsätze aus dem „Kommunistischen Manifest" mit der Geschichte einer Robinsonade verwoben, wo Schiffbrüchige sich auf einer Insel einrichten und sich gleichsam aus einem jungfräulichen gesellschaftlichen Ökosystem ganz wie von selbst eine sozialistische Gesellschaft herausbildet, mit allem was das Volk liebt, wie Parteischulen, Manifestationen mit wehenden Bannern, etc.

Der das gesamte Leben dominierende ideologische Mief isolierte die Menschen untereinander; nach meinem Empfinden führte nicht nur ich ein Doppelleben. Es konnte aber keine Rede davon sein, jedenfalls nicht sichtbar für mich, dass sich irgendein Widerstand formierte. Dazu hätte es eines Minimums an Öffentlichkeit bedurft, diese aber schien es nicht einmal in kleinstem Kreis zu geben. Wo es einen bescheidenen Ansatz in der Vergangenheit gegeben hatte, waren die Betroffenen mit harten Repressalien verfolgt worden. Einer der uns bekannten Fälle war ein Assistent Opre am Institut für Mathematik, der sich in der Öffentlichkeit in systemkritischer Weise geäußert hatte. Von einem anderen Kommilitonen Vors war er dann als Klassenfeind entlarvt worden und vom Studium relegiert. Normalerweise hatten solche Vorkommnisse das Ende der Karriere zur Folge; in diesem Fall jedoch gab es nach einigen Jahren eine glückliche Wendung der Dinge, und Opre wurde wieder am Mathematischen Institut zugelassen. Während der Zeit meines eigenen Studiums absolvierte er eine Habilitationsaspirantur, misstrauisch beäugt zwar von dem amtierenden Parteisekretär Ente, jedoch letzten Endes erfolgreich und mit einer Zukunft als Mathematiker an der Universität. Einen nicht geringen Anteil hieran hatte nach Gerüchten einer der bekanntesten Professoren Bect des Mathematischen Instituts, der Opre bei der Integration in die Forschung offenbar behilflich gewesen und damit seinerseits ein erhebliches Risiko eingegangen war. In der Stimmungslage, die mich heimgesucht hatte, kam für mich eine weitere Mitgliedschaft in der sozialistischen Jugendorganisation FDJ nicht mehr in Frage, und ich trat mit einer öffentlichen Erklärung an der Wandzeitung des Instituts aus. Was folgte war ein merkwürdiges wochenlanges Schweigen der sogenannten Organe. Die FDJ hatte nicht die Bedeutung der Partei, der man viel eher mit Leib und Seele verpflichtet war und wo ein Austritt unweigerlich drastische Konsequenzen hatte. Solche Fälle gab es, ihre Anzahl konnte man nicht einmal vermuten. Im Grunde genommen war die Sache eine Bagatelle; ich hatte nur das demokratische Recht in Anspruch genommen, die Mitgliedschaft in einer Massenorganisation zu beenden. Im Nachhinein betrachtet gab es wohl in der Tat keinen Grund für eine Reaktion; meine Austrittserklärung bezog sich ausschließlich auf meine zeitliche Belastung mit dem Studium, und es gab schließlich Kaderakten mit Vermerken, durch die ein Werktätiger ein Leben lang in unterschiedlichster Weise nach Belieben schikaniert werden konnte, jenseits irgendeiner direkten Verfolgung.

Einer meiner Kommilitonen Müls, noch aus dem Geophysikstudium, schien ähnlich zu denken wie ich; er war Mitglied in der Jungen Gemeinde der Evangelischen Kirche und kam aus einem Elternhaus, das offenbar keine Heimstadt der offiziellen Staatsdoktrin war. Die übrigen Kommilitonen gaben sich durchaus unterschiedlich orientiert, von linksfanatisch bis gleichgültig oder zurückgezogen, aber das gegenseitige Misstrauen war allgegenwärtig, wenn auch nicht immer sofort augenfällig. Es war verinnerlicht und zum Bestandteil des Lebens geworden. Einer der Mathematikstudenten meines Jahrgangs war aus der Bundesrepublik zugereist; er stellte sich als geistig biegsam und differenziert argumentierend dar, und er war Mitglied der SED, was nun allerdings auf viele Leute zutraf. Er sollte noch eine Rolle für mich spielen und sei daher mit Übso bezeichnet. Wie vermutlich jeder Insasse der DDR empfing auch ich Radiosendungen aus dem Westen, jedoch weitgehend verborgen unter dem Mantel der Verschwiegenheit. Eine dieser Sendungen befasste sich mit Funktionären der Deutschen Kommunistischen Partei während des zweiten Weltkriegs in der Sowjetunion, zu denen auch WALTER ULBRICHT gehört hatte, und dem nachgesagt wurde, dass er Genossen an das Stalinistische Terrorsystem verraten habe. Solche Meldungen mochten durchaus gläubige Anhänger des Machtapparats der DDR verunsichert haben. Für denjenigen, der bereits mit diesem System fertig war, konnten sie kaum noch eine Rolle spielen. Letzteres traf für mich aber nicht ganz zu, denn wo hätte sich mein zukünftiges Leben abspielen können? Ich setzte mich wieder und wieder mit der ausweglosen Situation auseinander, und es gab Zeiten wo meine Gedanken um nichts anderes kreisten. So kam es, dass ich, entgegen aller Vorsicht, gegenüber Übso die betreffende Sendung erwähnte. Es folgte nun, was kommen musste. Übso hatte nichts eiligeres zu tun, als diesen „Fall" vor der Parteiversammlung des Instituts zur Sprache zu bringen, mit welcher Art redaktionelle Bearbeitung habe ich nie erfahren, aber die Geschichte muss doch etwas aufgepolstert gewesen sein, denn es erfolgten Meldungen an die zentralen Organe der Partei der Universität und vermutlich noch an vornehmere Adressen. Die Sache wurde zu einem Skandal, schließlich hatte ich den Staatsratsvorsitzenden des Verrats an seinen Genossen bezichtigt, der sich nun auch unter den Studenten, zunächst des mathematischen Instituts und schließlich immer weiter in der Universität ausbreitete. Einen größeren Resonanzboden hätten sich die gewissenhaften Autoren jener Radiosendung kaum wünschen können, und wohl auch die Obrigkeit hat das so gesehen. So scheint der letztendliche Verlauf der Geschichte zu zeigen, dass auch in Glaubensfragen Übereifer selten belohnt wird. Das änderte jedoch nichts daran, dass für mich das Unglück seinen Lauf nahm. Ich wurde, ohne dass mit mir überhaupt gesprochen wurde, umgehend vom Studium suspendiert, und ohne Stipendium war mir auch die Lebensgrundlage entzogen. Es war gegen Ende des vierten Studienjahres. Am Vortag hatte ich noch vorzeitig eine Physikprüfung abgelegt, und ich dachte schon über die Diplomarbeit nach. Nachdem ich also auf der Straße stand – meine Eltern hatte ich in die Angelegenheit erst viel später eingeweiht – blieben für mich zwei Dinge zu regeln: Fortsetzung meiner Arbeit in der Mathematik, sowie eine Grundlage zum Leben. Da ich ohnehin schon lange auf das Selbststudium vertraut hatte, war die erste Frage automatisch entschieden. Ansonsten begann ich nun zunächst meinen armseligen Besitz zu verkaufen, u. a. meine Briefmarkensammlung, Wecker, und sonstige Kleinigkeiten aus meiner Studentenbude. Dies konnte natürlich nicht lange reichen, und so verdingte ich mich als Tagelöhner bei der Deutschen Post, d. h. ich erschien täglich am Morgen zum Austragen von Briefen. Von den bescheidenen Einkünften konnte ich mich einigermaßen über Wasser halten; die Miete für mein Zimmer war niedrig. Eines Tages fand ich im Briefkasten einen Umschlag ohne Absender mit einer kleinen Summe Geld. Von offiziellen Wohltätern konnte die Unterstützung kaum gekommen sein, dazu war der Betrag zu bescheiden; so glaubte ich, dass die Kommilitonen für mich gesammelt hätten; es verbot sich aber von selbst, der Sache auf den Grund zu gehen, und, wie ich später erkannte, war der Vorgang auch irgendwie ruchbar geworden. In der Universität erschien ich gelegentlich noch zu Seminaren, was dann ein Ende fand, als mir der Parteisekretär Ente erklärte, dass ich Hausverbot hätte. Auch suchte ich gelegentlich ehemalige Kommilitonen sowie Mitarbeiter des Instituts auf, um die Lage zu sondieren und festzustellen, was genau gegen mich vorlag. Diese Art Vorstellungen erregten offenbar den Unmut irgendwelcher Funktionsträger, deren Identität ich nicht recht einordnen konnte, und mir wurde bedeutet, solche Aktionen zu unterlassen. Nach einigen Monaten fand dann ein sogenanntes Disziplinarverfahren gegen mich statt, das mit einer Verwarnung endete. Mir wurde der Studentenausweis zurückgegeben, und das Studium konnte ich in der Folgezeit regulär beenden. Die Frage, am Mathematischen Institut später vielleicht zu einer Stelle als wissenschaftlicher Mitarbeiter zu kommen, stellte sich für mich nicht mehr. Ich dachte nicht daran, mich überhaupt zu bewerben, da ich fest entschlossen war, woanders mein Glück zu suchen. Dem Studenten Übso ist die Denunziation eines Kommilitonen merkwürdigerweise nicht gedankt worden. Er ist mangels fachlicher Eignung seinerseits vom Studium relegiert worden. Details zu diesem Vorgang habe ich nicht erfahren.

Zurück an der Universität versuchte ich zur Normalität zurückzukehren. Die Freude am Studium selbst war verflogen[26], aber es war wichtig, noch das Diplom in Mathematik zu machen. Hier war Professor Bect so freundlich, mich anzunehmen und die Arbeit zu betreuen. Ich erhielt ein Thema aus der Analysis der partiellen Differentialgleichungen, und ich hatte mich mit einer Arbeit von K. O. FRIEDRICHS zu beschäftigen über positiv symmetrische Systeme. Diese Klasse von Systemen partieller Differentialgleichungen erster Ordnung enthält als Spezialfall die symmetrisch hyperbolischen Systeme, zu denen auch die MAX-WELLschen Gleichungen gehören, die für die Ausbreitung elektromagnetischer Wellen zuständig sind. Daneben gehörten aber auch parabolische und elliptische Gleichungen dazu, weiterhin Gleichungen vom gemischten Typ, insbesondere die TRICOMI-Gleichung, transformiert in ein System erster Ordnung, zusammen mit den jeweiligen adäquaten Rand- bzw. Anfangsbedingungen. Gleichungen vom gemischten Typ treten bei der Untersuchung des Grenzbereichs von Überschall- zu Unterschallströmungen auf und sind wegen ihrer Entartung in dieser Zwischenzone von besonderer mathematischer Schwierigkeit. Die Arbeit von FRIEDRICHS enthielt eine sehr elegante Methode, die verschiedenen Typen einschließlich der Entartung einheitlich zu behandeln und gleichzeitig auch einen Rahmen zu bilden für die klassischen einfacheren Rand- oder Anfangswertprobleme für elliptische sowie hyperbolische Gleichungen. Meine Aufgabe bestand u. a. darin, diese Erwartung zu bestätigen und explizit zu machen. Nachdem ich bei dieser Gelegenheit erste schmerzliche Erfahrungen mit der Begrenztheit meines mathematischen Wissens im Umgang mit einer neu publizierten Errungenschaft der Forschung gemacht hatte und ich auch keinerlei Hilfe in irgendwelchen Details in Anspruch nahm, ging es nach einer gewissen Periode gut voran. Ich verbreiterte meine Recherchen in der Literatur zu vorgelagerten Arbeiten, u. a. von FRIEDRICHS über symmetrisch-hyperbolische Systeme, von FRIEDRICHS und LAX über bestimmte speziellere Untersuchungen, desgleichen von SARASON, MORAWETZ, und vielen anderen, und letztlich kam ich zu einer Diplomarbeit, mit der ich dann meinen Abschluss in Mathematik bestreiten konnte. Am Ende hatte ich so viel interessantes und nach meinem Eindruck neues Material gesammelt, dass ich begann, ein kleines Buch über dieses Thema zu schreiben. Nachdem jedoch das Studium beendet war, hatte ich neue Probleme, denn ich musste mich um eine berufliche Existenz kümmern, und dieses Buch ist nicht beendet worden.

Ich kann nicht behaupten, dass ich nun belehrt war, besser keinerlei eigene Meinung über das Herrschaftssystem der DDR zu haben. Jedoch war es geraten, noch weitaus vorsichtiger zu werden. Während der Zeit meiner Suspendierung vom Studium und die gesamte Zeit danach hatte ich den Eindruck, permanent bespitzelt zu werden. Abends stand ständig eine Person in der Nähe des Eingangs meines

---

[26] auch wenn zu dieser Zeit gerade eine gern gesehene FDJ-Initiative für allgemeine Heiterkeit sorgte, wo Studentengruppen im Blauhemd ganz spontan bei öffentlichen Gelegenheiten systembejubelnde Lieder aufführten und, wie man hörte, auch die deutschen Studenten im sozialistischen Ausland unsäglich lächerlich machten.

Hauses, in dieser Zeit wohnte ich in der Hans-Poeche-Straße; verließ ich ein Gebäude, wo immer ich mich gerade befand, fuhr in der Nähe mit Getöse ein Auto an. Selbst meiner Mutter, die gelegentlich zu Besuch kam und die nichts von dem Verdacht ahnte, fiel diese Erscheinung auf. Ich legte mir eine umfangreiche Sammlung entsprechender Nummernschilder an, konnte aber keine Regelmäßigkeiten entdecken; offenbar handelte sich stets um unterschiedliche Wagen. Es war das Jahr der Studentenrevolten in westlichen Ländern. Was immer dort die Motive waren, für Ostdeutschland trafen sie nicht zu. U. a. die faschistische Vergangenheit galt als aufgearbeitet, und Proteste von Studenten waren ohnehin in diesem Ausmaß schwer vorstellbar. Auch artikulierte sich nicht der Eindruck, dass der Stalinismus ein linksfaschistisches System sei. Sogar heute gilt ja eine solche Definition im offiziellen Sprachgebrauch als unschicklich, wohingegen man in der Einordnung rechtsgerichteter Parteien glaubt, wenig falsch machen zu können. Eine Ausnahmeerscheinung hinsichtlich Meinungsäußerung der Bevölkerung waren die Protestdemonstrationen gegen die Sprengung der historischen Universitätskirche in Leizig. Sie war baulich unversehrt, im Gegensatz zu dem benachbarten Augustinum am Karl-Marx-Platz, das seit den Zerstörungen des zweiten Weltkriegs eine Ruine war. Der gesamte Komplex sollte einem Universitätsneubau weichen, tat es schließlich auch, aber das tagelange Bohren der Sprenglöcher in die Mauern der Universitätskirche und der erwartete Abriss entfachten Trauer und Empörung bei den Leipzigern. Es hieß, um die Kirche zu retten, habe Schweden angeboten, das ganze Gebäude käuflich zu erwerben, ich glaube sogar, Stein für Stein zu versetzen; bei der manischen Gier des DDR-Regimes nach Devisen war es ein Phänomen, dass ein derartiges Angebot ausgeschlagen wurde. Jedenfalls sind die Proteste der Bevölkerung auf dem Karl-Marx-Platz, der schwarz von Menschen war, darunter auch viele Studenten, das einzige Beispiel öffentlicher Meinungsäußerung, das ich aus eigener Anschauung erlebte, ausgenommen einige Menschenaufläufe später dann in Berlin im Zusammenhang mit dem Untergang der DDR. Die Menge wurde auch pausenlos von allen Seiten fotografiert, und viel später, als ich bereits an der Akademie der Wissenschaften arbeitete, äußerte mein dortiger Arbeitsgruppenleiter Herr Dr. Akap, dass auch meine Anwesenheit ein Problem bei meiner Einstellung dargstellt hätte.

So schien es in der Tat zu sein. Gegen Ende des Studiums hatte ich mich an der Akademie der Wissenschaften in Berlin als wissenschaftlicher Mitarbeiter beworben. Eines Tages erschienen zwei Vertreter der Kaderabteilung; ihre genaue Herkunft ist mir unbekannt geblieben, sie könnten auch aus der Leipziger Dependance gekommen sein. Als sie auftauchten, war ich zufällig nicht zu Hause. Es gab für sie offenbar auch keinen Grund erneut zu erscheinen, denn sie waren von dem oben genannten Kommilitonen Müls aus der Geophysik, der mit mir im selben Haus wohnte, abgefangen worden. Dieser nun hatte offenbar erschöpfend über mich Auskunft gegeben, und damit hatte sich meine Bewerbung an der Akademie erledigt. Ein anderer Versuch, eine wissenschaftliche Laufbahn anzutreten, führte mich zur Universität Halle, wo ich mich bei dem dortigen Funktionentheoretiker Prof. Tüte vorstellte. Ehrlicherweise informierte ich ihn, dass ich in Leipzig ein Problem mit einer weitererzählten westlichen Radiosendung gehabt hatte. Er missverstand mich zunächst dahingehend, ich hätte in einem westlichen Sender selbst irgendeinen Auftritt gehabt. Jedenfalls wurde auch hieraus nichts; nach dem Ende der DDR wurde gemunkelt, dass Tüte inoffizieller Mitarbeiter (IM) der Stasi[27] gewesen war. Es ist in diesem Punkt hinzuzufügen, dass in dem allgemeinen Klima von Bespitzelung und Denunziation buchstäblich jeder ein Mitglied dieser Zunft sein konnte. Allgemein ist nach meinem Eindruck das ganze Ausmaß der Kontrolle quantitativ unterschätzt worden, wenigstens von den „normalen" Menschen. Effizient schien auch zu sein, dass ansonsten unbescholtenen Bürgern, wenn sie infolge eines missliebigen Verhaltens zu demontieren oder zu zersetzen waren, gezielt persönliche, am besten als allgemein ehrenrührig empfundene, Mängel nachgesagt wurden. Den ehernen Regeln der Verleumdung zufolge reichte es, den Samen auszubringen, der dann ohne weiteres Zutun reiche Früchte tragen konnte. Ob ich mir den Vorzug solcher Aufmerksamkeit verdient habe, kann ich nicht wirklich beurteilen. Das Glück jedenfalls, dass in den weiteren Jahrzehnten bis zum heutigen Tag persönliche oder wissenschaftliche Kontakte nach Leipzig weitgehend ausblieben, mag ich mir aus dieser Sicht durchaus teilen mit denjenigen Schicksalsgefärten, denen die Vorgänge der damaligen Zeit noch in Erinnerung sind.

Der Neubau für die Universität am Karl-Marx-Platz, dem u. a. die historische Universitätskirche hatte weichen müssen, wurde nach einiger Zeit fertiggestellt. Einer der Eingänge war mit einem opulenten Metallrelief verziert, später als „die Brosche" bezeichnet, auf der die glückliche sozialistische Intelligenz neuer Erkenntnis und neuen Siegen entgegenstrebte.

Nach dem Ende meines Studiums blieb mir nun nichts anderes übrig, als meine Zukunft vertrauensvoll in die Hände der Kadervermittlung der Universität Leipzig zu legen. Es schien ohne Bedeutung zu sein, was genau für mich in Frage kam, und so erhielt ich eine Stelle in VEB „Bauelemente und Faserbaustoffe" mit dem Sitz in Leipzig. Obwohl ich einen Posten in einem Büro für Operationsforschung hatte und dort an der Einführung der sogenannten Datenverarbeitung mitarbeitete, hatte ich reichlich Gelegenheit, assoziierte Produktionsbetriebe zu besuchen, die an unterschiedlichen Standorten über die DDR verteilt waren. „Bauelemente" hieß u. a., dass man Platten aus Asbest-Beton herstellte, ein vielseitig einsetzbares Material, nicht nur für Dächer und Wandverkleidungen. Auch Schulen und Kindergärten waren schnell und effizient aus diesem praktischen Werkstoff hochzuziehen. Weiterhin profitierten Wohnbereiche und Versorgungseinrichtungen der Plattenbauten von diesem segensreichen Werkstoff, mit feuerfesten Gebrauchsgenständen, wie Untersetzern für heiße Gefäße von Speisen und Getränken in Küchen und Büros. Ich wurde oft und gern mit den Arbeitsbedingungen der Werktätigen in den Produktionsstätten bekanntgemacht. Es war eine harte und unerfreuliche Arbeit, in scheunenartigen Werkhallen Berge von pulverisiertem Asbest in Behältnisse zu schaufeln. Aber es stand ja das Qualitätsprodukt am Ende und die Erfüllung, ebenfalls etwas nützliches zum Erfolg des Betriebes beigetragen zu haben. So verbrachte

---

[27] eingebürgerte Kurzform für „Staatsicherheit", womit das Ministerium gleichnamiger Bezeichnung gemeint war, das als Inbegriff der staatlichen Kontrolle in der DDR galt.

ich nach dem Studium der Mathematik ein weiteres Jahr in Leipzig, dem ich lieber früher als später den Rücken gekehrt hätte. Während dieser Zeit bewarb ich mich ein weiteres Mal an der Akademie der Wissenschaften, diesmal erfolgreich, und so begann meine Tätigkeit als wissenschaftlicher Mitarbeiter am Institut für Reine Mathematik in Berlin, dem späteren Karl-Weierstrass-Institut.

Das Karl-Weierstrass-Institut in Berlin

Das Institut für Reine Mathematik der Deutschen Akademie der Wissenschaften in Berlin[28] gehörte zu einem Verband wissenschaftlicher Forschungsinstitute, zugeordnet einer Gelehrtenakademie, deren Gründung in Berlin auf GOTTFRIED WILHELM LEIBNIZ[29] zurückgeht. Hier schien sich erstmalig mein Traum von wissenschaftlicher Forschung auf einem interessanten Gebiet der Mathematik zu verwirklichen, frei von immerwährender Bevormundung oder unmittelbaren Gefahren. Das Institut befand sich auf einem Campus der Akademie in Berlin Adlershof, dort, wo heute die Humboldt-Universität angesiedelt ist, gegenüber dem Gebiet des der Stasi unterstellten Wachregiments von Berlin, vom S-Bahnhof aus hinter dem Gelände des Fernsehfunks. In den ersten Jahren wohnte ich in Adlershof, und zwar in der Volkswohlstraße, einer Querstraße der Dörpfeldstraße, ziemlich weit hinten, wo sich auch die Gemeinschaftsstraße befand sowie die Genossenschaftsstraße. ANNA SEGHERS[30], eine der bekannten Schriftstellerinnen der DDR, wohnte ebenfalls in der Volkswohlstraße. Auffälligste Besonderheit von Berlin war die Teilung der Stadt in Ost- und West-Berlin. Seit dem Mauerbau 1961 war die Grenze mitten durch Berlin völlig dicht. An vielen Stellen der Innenstadt war die Welt an der Mauer plötzlich zu Ende, u. a. am Brandenburger Tor oder der Friedrichstraße. Teilweise waren die Grenzanlagen zu einer sozialistischen Grenze ausgebaut, mit schmucken Wachtürmen, geharkten Streifen Niemandsland, immer sauber gepflegt, Stacheldraht, und vielerlei Accessoirs, hinter denen sich die Bevölkerung vor dem Klassenfeind sicher und geborgen fühlen konnte. Mit Minenfeldern oder Selbstschussanlagen machte der Bürger normalerweise keine Erfahrungen, denn die vorgelagerten Sicherungsanlagen ließen keinen Zutritt zu. Wie es Hunden, Katzen oder Igeln ergangen ist, die vielleicht zufällig in die Nähe kamen, ist nicht überliefert. Es gab verhältnismäßig wenig gewaltsame Zwischenfälle an der Grenze. Sollten sie dennoch vorkommen, so fühlte sich mindestens eine Seite, entweder die

---

[28] später umbenannt in „Akademie der Wissenschaften der DDR".

[29] G. W. LEIBNIZ, 1646–1716.

[30] ANNA SEGHERS, 1900–1983.

B.-W. Schulze, *Erlebnisse an Grenzen – Grenzerlebnisse mit der Mathematik,*
DOI 10.1007/978-3-0348-0362-5_7, © Springer Basel 2013

östliche oder die westliche Berichterstattung, veranlasst, Details bekanntzugeben. Die Leute, die sich nicht gerade mit der Absicht trugen, das Land zu verlassen, d. h. sogenannte Republikflucht zu begehen, hatten irgendwie gelernt, mit diesen Verhältnissen zu leben. Trotz meiner üblen Erfahrungen mit dem autoritären Herrschaftssystem in der DDR, das buchstäblich die Dummheit domestiziert hatte und diese als Bekenntnis auch von seinen Bürgern verlangte, habe ich selbst zu keinem Zeitpunkt ernsthaft an einen solchen Schritt gedacht. Mein Vater war vor einigen Jahren gestorben, und meine Mutter konnte ich nicht allein zurücklassen. Aber auch grundsätzlich schien mir der Rückzug nicht der richtige Weg zu sein, auch wenn ich unsäglich darunter litt, wie das DDR-Regime die Kultur des Landes verwüstete und die Träume seiner Jugend mit Füßen trat. Die Hoffnung freilich, daran könne sich je etwas ändern, war mehr als vage. Die Erfahrung jedes einzelnen war auch unterschiedlich; es konnte Menschen noch weitaus härter treffen als mich, und es war mehr als verständlich, wenn jemand für sich die Entscheidung traf, das Land, in dem man sich lebendig begraben fühlte, zu verlassen. Zweifellos gab es aber auch Insassen der DDR, die die Knechtschaft liebten.

Die Stimmung in Berlin war unterschwellig dominiert von der Grenzlage der Stadt und der Frage, was die Menschen hier eigentlich hielt, wenn schon nicht Liebe zum Sozialismus oder ein privater Grund, so eben die Mauer. Ich selbst war im Begriff, ein neues Refugium in der Mathematik zu finden, eine Entrückung, weg vom Gewäsch sozialistischer Glaubensartikel, in eine andere geistige Daseinsform. Der Anfang war zwar bescheiden, doch vieles schien ab jetzt an mir selbst zu liegen, und ich hatte die Zeit, das Beste aus der Situation zu machen. Bei meiner Bewerbung hatte ich mich bei einem Dr. Akap vorgestellt. Dieser sah sich selbst als Opfer widriger Umstände des Lebens, und dank eines Professors Natz hatte er seinerzeit selbst eine Stelle an der Akademie der Wissenschaften gefunden. Als ehemaliger KZ-Insasse galt Professor Natz als Opfer des Nazi-Regimes und konnte als solches auch unorthodoxe Vorschläge beeinflussen. Auch schien es hier mit dem Unterkommen etwas einfacher zu sein, da es keine direkte Ausbildung von Studenten gab und daher kein schädlicher Einfluss von Lehrkräften ausgehen konnte, deren Linientreue fraglich war. Unter Vermittlung von Akap war meine Bewerbung nun offenbar unterstützt worden, und nach der Einstellung gehörte ich zur Forschungsgruppe von Akap. Mitglieder waren noch die Herren Bins und Widn, sowie im weiteren Umfeld Jens und Grig. Die Inhalte der Forschungsbestrebungen in der Gruppe drehten sich um die Potentialtheorie, und ich hatte den besten Willen, mich zunächst auf dieses Feld zu konzentrieren. Akap hatte sich allgemein zum Ziel gesetzt, die hauptsächlich für elliptische Differentialgleichungen zweiter Ordnung zuständige Potentialtheorie auf Gleichungen höherer Ordnung auszudehnen. Die Potentialtheorie mehr „herkömmlichen" Zuschnitts war zu dieser Zeit von einer axiomatischen Betrachtungsweise beherrscht, verbunden mit den Namen M. BRELOT und H. BAUER. Diese war in ihrem Wirkungskreis sehr erfolgreich. Bis zum heutigen Tag werden bestimmte Prinzipien, u. a. Sub- und Super-Lösungen, bei nichtlinearen Gleichungen eingesetzt. Die axiomatische Potentialtheorie hatte auch international eine Reihe von Anhängern; insbesondere gab es eine rumänische und eine tschechische Schule. Einen ausdrücklichen Gegensatz hierzu bildeten die Bestrebungen von Akap, die Grundannahmen des axiomatischen Zugangs, die bei den meisten (linearen) partiellen Differentialgleichungen ohnehin nicht anwendbar sind, durch andere Prinzipien zu ersetzen, hauptsächlich basierend auf Fundamentallösungen und Faltungen mit Distributionen als Verallgemeinerung der Potentiale von Maßen bezüglich des Newtonschen Kerns. Dabei sollten aber Kapazitätsbegriffe, sowie eine Verallgemeinerung des Balyage-Prinzips, basierend auf a priori Abschätzungen, weiterhin eine Rolle spielen. Auch haben harmonische Funktionen sowie die Lösungen anderer elliptischer Differentialgleichungen interessante Approximationseigenschaften, die wert waren, in allgemeinerem Kontext verfolgt zu werden. Schließlich gab es auch verschiedene Typen inverser Probleme, die mit den Grundlagen der auf dem NEWTONschen Kern basierenden Potentialtheorie eng zusammenhängen, etwa die Frage, inwieweit es gelingt, aus dem außerhalb eines Körpers gemessenen Gavitationspotiential einer Massenverteilung, z. B. im Erdinneren, auf die Massenverteilung selbst zu schließen. Besonderer Aufmerksamkeit erfreuten sich Systeme von Mengen der Kapazität Null und ihr Zusammenhang mit stetigen Potentialen. Mengensysteme unterschiedlichster Ausprägung sollten in Zukunft eine wichtige Rolle spielen, u. a. diverse Nullmengensysteme, und so wurden in den Werken von Akap schon mal vorsorglich zahlreiche Mengensysteme bereitgestellt, unter der Bezeichnung „A", versehen mit allerlei Indizes. Für mich kam es darauf an, die verschiedenen Aspekte der Potentialtheorie zu verstehen, insbesondere diejenigen, die noch nicht so klar hervortraten, und eine Dissertation zu beginnen. Herr Akap verwendete beträchtliche Energie in die Propagierung der potentialtheoretischen Untersuchung der gewöhnlichen Differentialgleichung $u' = 0$ mit der HEAVISIDE-Funktion als Fundamentallösung. Solche anspruchsvolle Orientierungen fanden weithin heiteres Interesse, und sie reihten sich ein in andere Höhepunkte wissenschaftlichen Beginnens. Dabei waren in der Forschungsgruppe schöne Resultate erzielt worden, z. B. von Widn, der das DIRICHLET-Problem für elliptische Differentialgleichungen höherer Ordnung untersucht hatte, basierend auf Abschätzungen in Normen gleichmäßiger Konvergenz und eindeutiger Lösbarkeit. Dies erlaubte die Formulierung eines Balayage-Prinzips, hier angewendet auf Distributionen innerhalb des betrachteten Gebietes, und lieferte verschiedene Eigenschaften, die analog zu denen in Fall zweiter Ordnung waren. Leider lagen keinerlei a priori Abschätzungen ähnlicher Natur für nichtglatte Gebiete vor, eines der wesentlichen Merkmale des Falls zweiter Ordnung. Diese hätten auf dem Begriff von WHITNEY-TAYLOR-Feldern basieren sollen; hierzu hatte Widn auch Untersuchungen angestellt, aber bis dato gab es keinen Erfolg, ebensowenig zu der Frage von irregulären Randpunkten im Fall höherer Ordnung. Das Problem von Abschätzungen in Normen gleichmäßiger Konvergenz für elliptische Gleichungen höherer Ordnung in nichtglatten Gebieten scheint nach wie vor offen zu sein. Andere Randwert-Theorien zeigen, dass in nichtglatten Randpunkten auch andere Arten von Regularität vorliegen können, etwa Asymptotiken, die sich von der TAYLOR-Asymptotik grundlegend unterscheiden, was aber nicht grundsätzlich gegen eine detaillierte potentialtheoretische Auswertung des Verhaltens von Lösungen in nichtregulären Randpunkten spricht. Meine Dissertation, eingereicht und verteidigt an der Universität Rostock, befasste sich mit Potentialen von Maßen bezüglich einer Fundamentallösung der Wellengleichung und einer neuen expliziten Konstruktion von Lösungen des DIRICHLET Problems bei der Wellengleichung in zwei Dimensionen und in Gebieten mit spezifischen Rändern. Das DIRICHLET-Problem für die Wellengleichung ist zuvor und sowie auch später bis in die jüngste Zeit von anderen Autoren unter unterschiedlichsten Aspekten untersucht worden. Die Resultate sind dann in zwei Artikeln in einer Publikationsserie der Akademie der Wissenschaften erschienen. Mit Widn hatte sich im Verlauf der weiteren Jahre ein enges wissenschaftliches Verhältnis entwickelt. In Anbetracht der Möglichkeit, dass das Konzept der Potentialtheorie auf der Grundlage von Fundamentallösungen für elliptische Gleichungen höherer Ordnung eine weitere interessante Entwicklung nimmt, beschlossen wir den erreichten Stand des Zugangs in einer Monografie darzustellen, die dann im Akademie-Verlag[31] publiziert worden ist, parallel in Lizenz vom Birkäuser Verlag. Von meiner Seite definierte dies gleichzeitig den Abschluss meiner aktiven Teilnahme an diesem Problemkomplex. Zuvor hatte ich noch eine Habilitationsschrift verfasst, die wiederum an der Universität Rostock verteidigt wurde und mit dem sogenannten Grad „Doktor der Wissenschaften" abschloss, einem Titel, der die vormals bestehende Habilitation abgelöst hatte, nach einer der verheerenden Hochschulreformen in der DDR. Im Jahr 1969 fand in Berlin, organisiert durch die Forschungsgruppe von Akap eine internationale Tagung über „Elliptische Gleichungen" statt. An dieser nahmen herausragende Vertreter der internationalen Analysis teil, u. a. K. O. FRIEDRICHS, L. HÖRMANDER, O. A. LADYZHENSKAJA, auch J. SJÖSTRAND, ein Schüler von HÖRMANDER. Mit FRIEDRICHS hatte ich ausgiebig Gelegenheit, über seine Arbeit zu diskutieren, die einige Jahre zuvor auch der Mittelpunkt meiner Diplomarbeit gewesen war. FRIEDRICHS hatte später die DDR nochmals besucht, und ich war dann als „Fan" zu seinen Vorträgen gereist, die er an anderen Universitäten gehalten hatte, u. a. in Dresden. HÖRMANDER hatte zu der Berliner Tagung einen Vortrag über den Index hypoelliptischer Operatoren gehalten. Dieser stand auch im Zusammenhang mit den zur damaligen Zeit neuen spektakulären Entwicklungen der Index-Theorie elliptischer Operatoren, die sich hauptsächlich um das ATIYAH-SINGER-Theorem drehten. Bereits in den ersten Jahren meiner Tätigkeit an der Akademie der Wissenschaften begann ich Interesse in Richtung allgemeinere Randwert-Theorie, globale Analysis und Pseudo-Differentialoperatoren zu entwickeln.

Die Jahre nach meinem Eintritt in das Akademie-Institut waren eine Phase des Machtwechsels in der Leitung. Die älteren Wissenschaftler wie Prof. Eich, Shot, Natz, die nach dem Krieg noch die Institutsgründung selbst mit gefördert hatten, traten zunehmend in den Hintergrund, was Begehrlichkeiten bei anderen Mitgliedern weckte. Ich hatte naturgemäß wenig Einblick in diese Vorgänge; auch machte ich mir gänzlich andere Gedanken. Die Regentschaft von Prof. Shot im Institut in

---

[31] Der verantwortliche Lektor im Akademie-Verlag war ein Dr. R. HÖPPNER, später nach der politischen Wende in Deutschland Ministerpräsident des Neuen Bundeslandes Sachsen-Anhalt.

B.-W. Sch., 1979, Ostseebad Binz

Adlershof habe ich allerdings noch miterlebt, und es war u. a. mein Arbeitsgruppenleiter Akap, der sich als zukünftiger Direktor ins Gespräch zu bringen trachtete. Da dieses zwanglos und wie von selbst geschehen sollte, musste es zu zufälligen Kontakten kommen, wo sich die Spannweite der Persönlichkeit von Akap spontan und eindrucksvoll entfalten konnte. Die Szenen, die sich abspielten, mögen in ähnlicher Form tausendfach in den Gängen vergangener Herrschaftssitze stattgefunden haben, wenn auch hier in der bescheidenen Kulisse einer besseren Baracke, wo sich der Adlershofer Teil des mathematischen Instituts befand. So suchte Akap die schicksalhaften Begegnungen, indem er Stunden und halbe Tage am Institutsaushang des Flures vor dem Eingang ausharrte, um Prof. Shot, wenn dieser aus irgendeinem Grund vorüberzog, in wichtiger Mission und voll Sorge und Verantwortung getragen, anzusprechen. Wenn diese Interventionen Gnade gefunden hatten, so blieben sie jedenfalls ohne sichtbare Auswirkungen. Allerdings konsolidierte sich auf diese Weise die Liste der Feinde eines später im Verbund der Mathematisch-Naturwissenschaftlichen Institute im fernen Berlin aufgehenden neuen Sterns am Akademie-Himmel, einem Prof. Thes, der dort seinerseits in die Anwartschaft einer Leitungsfunktion aufstieg. Dieser war ebenfalls eine Neuerwerbung an der Akademie, ehemals von der Universität Jena über gewisse Zwischenstationen nach Berlin gekommen. Er hatte von vornherein die Statur, durch sein dominantes Auftreten andere Mitbewerber aus dem Feld zu schlagen und gleichzeitig den Machtverfall der bisherigen Leitung zu begleiten und zu beschleunigen. Unter den Konkurrenten des Leitungspostens in Adlershof war auch der damalige Stellvertreter, ein Algebraiker, Dr. Hohn, der in völliger Fehleinschätzung der Lage ebenfalls Hoffnungen hegte. Während sich Akap vordergründig in blumigen Formulierungen übte, entwickelte Hohn deutlich mehr Energie. Später in öffentlichen Veranstaltungen des Instituts war er als rasender Rächer zu erleben, wo es, soweit ich es selbst miterlebte, um eher zeitlose Themen ging wie Verantwortungslosigkeit und Unfähigkeit von Thes. Was Akap betrifft, so darf man annehmen, dass er Gerechtigkeit gegenüber jedermann geübt hätte. Die Hinterhältigkeiten waren an keine politischen Inhalte gebunden; sei es, dass ein ehemaliger Fachkollege aus Dresden, der Funktionalanalytiker Prof. Lbeg, nachgesagt bekam, eine enge Verwandte habe in einem privaten Massagesalon einem behinderten jungen Mann mit ungewöhnlichen Sexpraktiken ein frühes Ende bereitet, sei es, dass Kollegen mit Äußerungen auffällig geworden wären, die nun schonungslos auszuwerten seien. Es war für jeden und von jedem etwas dabei, und dass ich später nicht erneut ein Opfer solchen Eifers wurde, mag allein daran gelegen haben, dass in diesem Fall die Information auch gerade denjenigen erreichte, Prof. Thes als verantwortlichen Vorgesetzen, der vormals selbst aus dieser Richtung angegriffen worden war. Dass in der höchsten wissenschaftlichen Einrichtung des Landes eben jene feine Klinge geführt wurde, wie sie selbst in klassischen Opern besungen wird, und zwar ahnungslose Mitmenschen, wenn es sich machen lässt, aus dem Dunkel und von hinten aufzuspießen, gehört zu den schönen Eindrücken, die ich von Anbeginn empfangen durfte, um sie hinfort dem Schatz meiner Erfahrungen hinzuzufügen.

Meine weitere Entwicklung an der Deutschen Akademie der Wissenschaften hängt zusammen mit der besonderen Situation, in der sich die Mathematik an dieser Einrichtung befand und die auch ein Spiegelbild allgemeinerer Erscheinungen war, die Lage der Mathematik im Nachkriegsdeutschland. Für mich ging es insbesondere um die Analysis, jenen Teil der Mathematik, der im Unterschied zur Geometrie, die es bereits in der Antike gab, eine Errungenschaft der Neuzeit ist, geprägt durch das Wirken von NEWTON, LEIBNIZ, EULER, und vielen anderen. Heute zählt man die Differentialgleichungstheorie und die Funktionalanalysis zu den Kerngebieten, weiterhin die komplexe Analysis, die Spektraltheorie, und viele neue Gebiete, die sich durch Integration verschiedener Einzeldisziplinen entwickelt haben, in Wechselbeziehungen mit der Algebra, der Geometrie, der Topologie, oder der Zahlentheorie. Auf Grund ihrer vielen Anwendungen, hauptsächlich in den Naturwissenschaften, der Ökonomie, und vielerlei technischen Disziplinen, ist sie bis zum heutigen Tag ein zentraler Bestandteil der Mathematik. Sogar einzelne (partielle) Differentialgleichungen, bilden den Hintergrund ganzer eigenständiger Forschungsgebiete und dazugehöriger Institutionen, etwa Gleichungen der Stömungsmechanik, der Materialwissenschaften, der Geophysik, der Kosmologie, der Quantenphysik, oder der Evolution von Klimamodellen. Die Akademie-Institute dürften mit der Idee gegründet worden sein, die wichtigsten Teilgebiete der Mathematik durch entsprechende Forschungsprofile zu vertreten, desgleichen ausgewählte Anwendungen. Die Grundkonzeption entsprach einer ähnlichen Vorstellung, wie man

B.-W. Sch., 1976, Weihnachten in Erfurt

sie von einem Orchester hat, das neben Zimbeln und Trompeten die Ausdrucksfähigkeit auch der übrigen Instrumente braucht, wenn es nicht nur monotones Hupen produzieren soll. Die Liste solcher Bekenntnisse, wie sie auch dem Pförtner des Instituts eingeleuchtet hätten, ist noch weitaus länger, z. B. dass die Forschungseinrichtungen etwas erforschen sollen, dass Früchte in der Regel fruchtbaren Boden erfordern, dass man normalerweise nur erntet, wo zuvor gesät worden ist, oder dass das Saatgut nicht anderweitig konsumiert werden darf. Wir werden noch Freude an der Palette bohrender Hinterfragungen von höheren und niederen Warten aus haben, die zu gegenteiligen bzw. ganz unerwarteten Schlüssen führen. Dass das Karl-Weierstrass-Institut schließlich mit der politischen Wende in Deutschland unterging und später dann eine merkwürdige Auferstehung erlebte, frei von überflüssigen Flausen von Forschung an sich, hängt natürlich nicht damit zusammen, dass Einrichtungen dieser Art einer inneren Evolution folgend dazu neigen, sich am Ende selbst in Frage zu stellen.

Nachdem Dr. Widn bereits eine Professur in Rostock angenommen hatte, wurde Dr. Akap nach längerem Bemühen von Prof. Thes als Professor nach Halle vermittelt. Damit löste sich seine Forschungsgruppe am Akademie-Institut endgültig auf. Jedoch wohnte Akap weiterhin in Berlin, und er erschien von Zeit zu Zeit, um mit wichtigen Anmerkungen dienlich zu sein. Ich hatte zuvor schon über eine neue Orientierung nachgedacht, vor allem im Angesicht des nach meinem Eindruck desolaten Zustands der Analysis an diesem Institut. Es galt als allgemein bekannt, dass wichtige Schulen der Mathematik, speziell auch der Analysis, bereits vor 1945 und späterhin nach dem Krieg aus unterschiedlichen Gründen aus Deutschland verschwunden waren, vertrieben, ausgewandert, oder demoralisiert, einschließlich die durch sie getragene wissenschaftliche Kultur und die Potentiale für zukünftige Entwicklungen. Bekanntlich denkt die Wissenschaft in Jahrzehnten, wenn nicht in Jahrhunderten. Was sie erschafft, erfordert lange Phasen des Heranreifens, was sie verliert, kann für Generationen vernichtet sein. Die Arbeit in Berlin hielt ich für einen völligen Neubeginn; vermutlich war ich im Unrecht, denn eine solche Haltung wurde nicht allgemein geteilt, weder in Berlin, noch an anderen Hochschulstandorten. Ein Prof. Spiz aus Jena, vormals tätig an der Akademie, gab in regelmäßigen Saisonberichten die überragende Bedeutung seiner Resultate bekannt. Es war ermutigend und erfreulich zugleich, wenn respektierliche Leistungen als Ansporn und Vorbild gerühmt werden konnten. Für den Kenner und Bewunderer atmeten solche Szenen auch etwas von ländlicher Harmonie, wenn nach reicher Ernte der lichtdurchflutete Hain erfüllt war vom Schnattern des Ganters und dem Zirpen der Grille, wo der Schnitter nach getanem Werk auf seine Hippe gelehnt dem Abschied der alles Leben spendenden Sonne nachsinnt.

Nachdem ich fachlich in Berlin auf mich allein gestellt war, lernte ich die Situation zu schätzen, ohne den Zwang von Vorgaben oder Richtungsentscheidungen anderer ein neues Arbeitsgebiet wählen zu können. Durch Informationen von Tagungen, persönliche Begegnungen und systematische umfangreiche Literatur-Recherchen versuchte ich, ein für mich selbst glaubwürdiges und realistisches Fundament zu finden. Neue Ideen und spektakuläre Entwicklungen waren auf dem internationalen „Wissenschaftmarkt" leicht zu erkennen. Insbesondere hatte ein neues Zusammenwirken von Analysis, Topologie, algebraischer Geometrie, K-Theorie, Homotopietheorie, zur Index-Theorie geführt, insbesondere zu dem Atiyah-Singer-Theorem, die Berechnung des analytischen Fredholm-Index elliptischer (Pseudo-) Differentialoperatoren auf der Basis rein toplogischer Daten, erzeugt aus den stabilen Homotopie-Klassen elliptischer Hauptsymbole. Eine andere Quelle neuer Ideen, ebenfalls charakterisiert durch Beteiligung unterschiedlicher Gebiete der Mathematik und der Physik, war die mikrolokale Analysis mit ihren Beziehungen zur HAMILTON-Mechanik[32], symplektischen Geometrie, Differentialtopologie, Quantenmechanik, semi-klassischen Asymptotik, woraus u. a. die Pseudo-Differential- und FOURIER-Integral-Operatoren hervorgingen, als ein mächtiges Instrument zur Lösung partieller Differentialgleichungen, zum Verständnis der Ausbreitung und Reflexion von Singularitäten, und zur Formulierung von Lösbarkeit in neuen Klassen von „verallgemeinerten Funktionen". Als primäres Ziel strebte ich eine aktive Forschungsgruppe am Akademie-Institut an, wo diese Ideen und neuen Werkzeuge heimisch werden sollten, mit einem systematischen Seminar, mit Tagungen und Schulen, einem Gästeprogramm, sowie der Betreuung von Nachwuchswissenschaftlern. Die Institutsleitung in Gestalt von Prof. Thes unterstützte diese Be-

---

[32] W.R. HAMILTON, Mathematiker und Physiker, 105-1865.

strebungen, u. a. durch die Einstellung von Doktoranden, die dann unter meiner Betreuung arbeiten konnten.

Es begann mit zwei Doktoranden, den Herren Tall und Räpl, und zusammen mit weiteren Instituts-Kollegen begann sich die Arbeitsgruppe „Partielle Differentialgleichungen" im Institutsteil „Reine Mathematik" aufzubauen. Daneben bestanden Gruppen in „Zahlentheorie", „Komplexer Analysis", „Mathematischer Logik", und „Mathematischer Physik". Im Institutsteil „Angewandte Mathematik", das seinen Sitz in der Mohrenstraße in Berlin hatte, war ebenfalls eine Analysis-Gruppe aktiv, daneben weitere Grupppen in unterschiedlichen Gebieten der angewandten Mathematik und der Mechanik. Durch meine Vorgeschichte kann ich nicht von mir sagen, dass ich in der Berliner Tradition verwurzelt war oder herausragende Repräsentanten besonders kannte. Für die Inhalte, die ich zu verfolgen hoffte, fand ich keine Berührungspunkte, und so blieb ich weitgehend unbeeinflusst von den lokalen Gegebenheiten. In anderen europäischen Standorten fanden die zum damaligen Zeitpunkt neuen Entwicklungen der globalen und der mikrolokalen Analysis Eingang in die Universitätsausbildung und die Forschung. Es gab Vorlesungen über Pseudo-Differentialoperatoren und FOURIER-Integraloperatoren in Moskau, Warschau, Sofia, Bukarest, desgleichen sich verstärkende Forschungsaktivitäten. Starke Zentren gab es in Schweden, Frankreich, USA, Japan, Italien, von wo in unterschiedlicher Weise wichtige Entwicklungsimpulse ausgingen, die weltweit zu einer Revolution der Analysis der – zunächst hauptsächlich linearen – Differentialgleichungstheorie führten. Mit diesen wenigen Worten ist nur unvollständig beschrieben, welche Wirkung die mikrolokale Analysis auf die moderne Mathematik hatte, einschließlich ihre Anwendungen in der Theoretischen Physik mit einem neuen vertieften Verständnis von Quantisierung, semiklassischer Asymptotik, Spektralproblemen, und vielem mehr. Eine ähnliche katalytische Wirkung auf die moderne Mathematik übte die Index-Theorie aus, wo es auch tiefe Wechselbeziehungen zu den übrigen schon erwähnten Gebieten gab. Es ist hier nicht der Ort, die Dynamik dieser Entwicklungen zu dokumentieren; auch möchte ich vermeiden, die Hauptrepräsentanten aufzuzählen. Eine solche Chronik wäre niemals vollständig und für den Nichtspezialisten kaum von Interesse. Es war auch die kollektive Leistung von vielen Mathematikern und Physikern, die nach Jahrzehnten internationaler Entwicklung unterschiedliche, z. T. weit auseinanderliegende Gebiete, zu weitreichenden und neuen starken Theorien zusammenführten. Die Fortschritte manifestierten sich in zahlreichen internationalen Aktivitäten, wo auch junge Mathematiker durch Teilnahme an Schulen und Programmen teilnehmen konnten. Die meisten dieser Möglichkeiten waren dem osteuropäischen Raum weitgehend verschlossen. Jedoch hatte Warschau das „Banach"-Institut, wo über viele Jahre Ausbildungssemester mit den herausragendsten internationalen Vertretern der jeweiligen Disziplinen stattfanden, kombiniert mit entsprechenden Tagungen[33]. Diese

---

[33] S. BANACH, 1892–1945, polnischer Mathematiker, der als Begründer der modernen Funktionalanalysis gilt; nach ihm sind die „BANACH-Räume" benannt.

Nichte Andrea Schulze, B.-W. Sch. (v. *links* n. *rechts*), 1976, Weihnachten in Erfurt

fanden im Zusammenwirken mit Akademie-Instituten anderer osteuropäischer Länder statt, und so nahm auch ich an mehreren dieser Semester als Mitorganisator teil.

Die Akademie-Abkommen zwischen den osteuropäischen Ländern ermöglichten auch Besuche in Bukarest, Sofia und Moskau. Die starken Forschungsanstrengungen in Bucharest und Sofia in unterschiedlichen Gebieten der mikrolokalen Analysis und der hiermit zusammenhängenden Differentialgleichungstheorie, mit Hyperfunktionen, Wellenfrontmengen, Ausbreitung von Singularitäten etc., standen in einem auffälligen Gegensatz zu der Resonanz, die diese neuen Errungenschaften der Analysis in Deutschland fanden. Ende der 1970iger Jahre fand in Sofia eine große internationale Tagung zur mikrolokalen Analysis statt. Die bulgarische Regierung hatte diese Tagung großzügig unterstützt, sogar mit Polizeieskorte für die Reisebusse während der Exkursion, jedoch in der irrtümlichen Annahme, das Thema hätte mit der Mikroelektronik zu tun, zu dieser Zeit eine wichtige Schlüsselvokabel für technische Innovation im Zusammenhang mit der Halbleitertechnik. Auf einen solchen Irrtum wäre man in Deutschland nicht gekommen; es gab schlicht keine Forschung in mikrolokaler Analysis, wenigstens nicht in breiterem Umfang.

Meine Stellung am Akademie-Institut war permanent, ohne Lehrverpflichtung, obwohl ich aus eigenem Antrieb von Zeit zu Zeit an verschiedenen Universitäten Spezialvorlesungen hielt, insbesondere in Rostock, Berlin und Leipzig. Es gab niemanden an diesem Insitut, dem gegenüber ich in fachlicher Hinsicht verpflichtet war. Der Institutsdirektor Prof. Thes hatte mir, ebenso wie einigen anderen Mitarbeitern des Instituts, diese Freiheiten ausdrücklich eingeräumt, natürlich in der Erwartung, dass sich dadurch neue mathematische Schwerpunkte und entsprechende Forschungsgruppen am Institut aufbauten. Die einzigen inhaltlichen Orientierungen bezog ich aus der sorgfältige Beobachtung von neuen Entwicklungen sowohl in östlichen wie westlichen Forschungsinstitutionen, hauptsächlich Universitäten, oder aus Tagungen und neuen Publikationen. Daneben konnte ich von Zeit zu Zeit internationale Gäste einladen und Workshops oder größere internationale Tagungen organisieren bzw. mitorganisieren.

Meine erste internationale Tagung, wo mir, wegen des Ausfalls des zunächst eingesetzten Tagungsleiters, die Hauptverantwortung zufiel, war eine Tagung über Partielle Differentialgleichungen in Kühlungsborn, einem sehr vornehmen Badeort aus alter Zeit an der Ostsee. Jahre zuvor hatte ich dort einmal im Haus „Quisisana" gewohnt, de facto einem Kinderheim, das möglicherweise von ehemals bougeoisen Besitzern requiriert worden war. Zu den Teilnehmern gehörte auch der polnische Mathematiker K. MAURIN, in dessen Vortrag es um die Freiheitsgrade in physikalischen Systemen ging: „... jeder von Ihnen weiß, was Freiheit ist, ... "). Es versteht sich, dass solche Projektionen mathematischer Fachbegriffe in die politische Realität nicht misszuverstehen waren, aber es war nicht die Grenze überschritten, ab der ein Sprecher befürchten musste, von der Bühne gezerrt zu werden. Ansonsten ging alles ganz zahm zu; man war schon viel zu selbstzensiert, als dass man sich angesichts der teils anonymen Aufpasser unbotmäßige Freiheiten erlaubt hätte.

Auch im engeren Kollegen- oder Bekanntenkreis war es normalerweise geboten, nicht unnötig mit eigenen Ansichten aufzufallen. Verräterisch konnten aber durchaus auch unbeabsichtigte Vorgänge sein. Eines Tages im Büro rief mich eine Freundin aus Erfurt an. Sie gehörte zu den wenigen Menschen, denen ich anvertraut hatte, wo ich die verfänglichen Texte aus meiner Studentenzeit verwahrt hatte, und zwar zu Hause in einer verschlossenen Dokumentenkassette. Zu meinem Entsetzen kam sie plötzlich darauf zu sprechen, und ich konnte nichts anderes tun als die Verbindung sofort zu unterbrechen. Dennoch glaubte ich nicht wirklich daran, dass meine bitterbösen Notizen über die sozialistische Ordnung jetzt offizieller Betrachtung unterzogen würden. Zu Hause angekommen stellte sich jedoch heraus, dass die Blätter aus der Kassette verschwunden waren. Ich hatte noch Kopien anderswo versteckt; diese waren unberührt geblieben, aber ich fragte mich, wo ich sie nun lassen könnte. Vernichten wollte ich sie aus sentimentalen Gründen nicht. Außerdem war das Unglück ohnehin geschehen, und ich bangte nun den nächsten Tagen entgegen, was aus der Angelegenheit werden würde. Maßnahmen gegen meine Person hätten allerdings bedeutet, dass die Stasi einen Einbruch bei mir offen hätte zugeben müssen. Gegenüber einem Kollegen Jens, dem ich noch am ehesten vertraute, offenbarte ich meinen Verdacht und meine Ängste. Er mochte nicht glauben, dass ein unwichtiger und unauffälliger Bürger auf eine solche Weise die Aufmerksamkeit der Staatsmacht auf sich ziehen könnte. Jedoch fand er sich bereit, die Kopien in Verwahrung zu nehmen, damit sie nicht mehr bei mir gefunden werden könnten.

Schwägerin Beate Schulze, Nichte Andrea, B.-W. Sch., Mutter Ursula Schulze
(v. *links* n. *rechts*), 1978, bei Erfurt

Im Grunde war mein Ansinnen ihm gegenüber eine Zumutung. In jedem Fall ruhten die Dinge in dieser Form, und ich konnte rätseln, warum ich unbehelligt blieb.

Nach einiger Zeit, und zwar zwischen Promotion und Habilitation, erhielt ich den Einberufungsbefehl zum Dienst von 18 Monaten in der Nationalen Volksarmee (NVA). Dies passierte natürlich im Regelfall allen männlichen DDR-Insassen, und es mochte hingenommen werden müssen, sobald der Jahrgang eben dran war. In meinem Fall war es aber ein wenig anders. Ein gütiges Schicksal hatte geduldig auf den letzten gesetzlich möglichen Einberufungstermin gewartet, es durfte noch im Kalenderjahr des 27. Geburtstages sein, und ich erhielt die ehrenvolle Zuteilung zu einem sogenannten ersten Regiment in Brandenburg, wo die Ausbildung besonders schikanös und der Ton eine Note rauhbeiniger war, als anderswo. Naheliegenderweise konnte ich mein Glück kaum fassen, dass mir die Erfahrung vergönnt war, aus dem allgemeinen Knast heraus, wo man sich ja ohnehin befand, mit dem „Loch" Bekanntschaft zu machen, in der Sprachregelung aus dem Genre der Knast-Romanzen. Gerechterweise ist wiederum zu bemerken, dass ich diese obszöne Reduzierung auf den viehischen Teil der menschlichen Existenz, frei von absurder neuraler Betätigung, insofern nicht voll auslotete, als es noch die eigentlichen Armee-Gefängnisse gab, wohin es leicht gehen konnte, wenn es Bedarf an Weichspülung eines aufsässigen Charakters gab. Es hieß, einen solchen Locus gäbe in Schwedt an der Oder, und dass diejenigen, die wiederkehrten, von auffällig folgsamem Betragen waren. Die Rüffel, die ich erhielt, waren diesbezüglich von minderem Gewicht, wenn mir verboten wurde, wärend der Polit-Schulung Mathematik zu machen, wenngleich ich dies immer wieder heimlich versuchte. Meine russischsprachigen mathematischen Monografien, die ich in meinem Spind hatte, hätten mir eigentlich Pluspunkte einbringen sollen, waren wir doch als Zweigvolk der großen Sowjetunion auch zur Liebe ihr gegenüber angehalten, und immerhin hatte ich die original nachgedruckten Titelblätter der Ausgaben aus westlichen Verlagen, u. a. Springer, sorgfältig herausgetrennt, um dem Eindruck der Verbreitung feindlicher Propaganda in der Armee vorzubeugen. Aber es ging eben nicht gerecht zu; die Einheit, in der ich diente, bestand aus Personen mit einem sogenannten kaderpolitischen Rucksack, wie man sich rücksichtsvoll, aber durchaus offen ausdrückte, und es kam niemand auf die Idee, zu erwarten, dass sich hier schwärmerische Gefühle entwickelten. Was der sogenannte Armee-Dienst in dieser speziellen ersten Kompanie wirklich bezweckte, ist mir verborgen geblieben; um die Delinquenten umzubringen, hätte es direktere Methoden gegegeben. Es war aus dieser Sicht jedenfalls in keiner Weise effizient; nur zwei Mitglieder unserer Kompanie sind in den ersten Monaten unter merkwürdigen Umständen ums Leben gekommen. Bei einem dieser haarsträubenden Manöver mit Picknik im Freien und romantischem Zelten sollte ich vor Begeisterung Kandidat der SED werden, mit der späteren Option der Mitgliedschaft; diese Würde wurde nicht so einfach weggeschenkt, man musste sie sich erdienen. Jedoch fand ich Ausreden, um es nicht zum Äußersten kommen zu lassen. Später bin ich an einen anderen Standort versetzt worden, auf eine Eingabe hin, wo ich mein Herz vertrauensvoll irgendwelchen oberen Chargen darbrachte und argumentierte, dass ein promovierter Mathematiker dem gesellschaftlichen Anliegen in einer anspruchsvolleren Position besser dienlich sein könnte. Offenbar hatte ich in dieser heiklen Frage den richtigen Ton getroffen, und die Versetzung brachte mich an einen Ort, wo es den Umständen entspechend gesittet zuging. Insofern ist der obengenannte Eindruck der eindimensionalen Abstrafung etwas zu relativieren; selbst für Armee-Verhältnisse konnten die Lebensumstände vielschichtig sein. Eines Vorweihnachtsabends in der Kaserne in einem besonderen Aufenthaltsraum hatten sich zwei höhere Dienstgrade mit ihren Frauen eingefunden, wo ich die Ehre hatte, zusammen mit einigen anderen Insassen den Kaffee zu servieren. Nicht dass wir irgendwie mit eingeladen gewesen wären; wir befanden uns in einem Nebenraum, und jedesmal, wenn Kaffee einzuschenken war, ertönte ein Glöcklein, wir eilten herzu und taten unseren Dienst, um uns anschließend wieder diskret zurückzuziehen. Lehrjahre sind eben keine Herrenjahre, und übrigens hätte sich mein Mitgefühl geregt, wenn ich die Herrschaft nicht zufriedengestellt hätte.

Die Bezeichnungen der Institute an der Deutschen Akademie der Wissenschaften, wo ich meine Arbeitsstelle hatte, haben verschiedene Male gewechselt, so dass ich selbst nicht mehr zusammenbekam, wann ich eigentlich wozu gehörte. Anfangs war es das Institut für Reine Mathematik im Verbund der Mathematisch-Naturwissenschaftlichen Institute. Dabei gab es auch ein Zentralinstitut für Ma-

Schwägerin Beate, Nichten Andrea und Katja Schulze, B.-W. Sch., Mutter Ursula Schulze
(v. *links* n. *rechts*), 03.09.1984, Erfurt

thematik und Mechanik. Später gehörte das Institut für Reine Mathematik zu einem
Institutskomplex Mathematik. Ein lieber Kollege aus der Komplexen Analysis Prof.
Weis, der sich für mich der Mühe unterzogen hat, die komplexen Gegebenheiten
zu recherchieren, hatte seinerzeit eine Sonderdruckanforderung erhalten, gerichtet an das Institut für „Komplexe Mathematik". Die Mechanik hatte sich eines
Tages abgespalten, und man war seitdem am Institut für Mathematik an der Deutschen Akademie der Wissenschaften. Letztere wandelte sich dann in „Akademie
der Wissenschaften der DDR", man wollte auch auf wissenschaftlicher Ebene möglichst wenig mit dem Klassenfeind zu tun haben, und es erging die Order, auf
keinen Fall mehr die Briefköpfe mit „Deutsche …" zu verwenden, was vermutlich jede Einrichtung nach einer Umbenennung so gehalten hätte. Jedoch boshafte
Anmerkungen fanden, dass man nunmehr allen Adressaten, die Briefe mit der früheren Bezeichnung erhalten hatten, eine Aufforderung schicken sollte, die „Deutsche …"-Briefköpfe abzuschneiden.

Eine einheitliche Institusbezeichnung ist in dieser Erzählung schwer durchzuhalten. Das Institut legte sich in späteren Jahren die Bezeichnung „Karl-Weierstrass-
Institut" zu, die bis zum „Schluss" im Gebrauch war. Dies soll hier der Einfachheit
halber beibehalten werden, auch wenn sich einige Begebenheiten teilweise auf andere Perioden beziehen. Bei der letzteren Namensgebung ging es u. a. auch um die
Findung und spätere Durchsetzung der entsprechenden Bezugsperson. Zunächst

hatte der Direktor Prof. Thes den Ehrennamen „Erhard-Schmidt-Institut" ins Gespräch gebracht[34]. Der Zahlentheoretiker Prof. Erbs brachte die beziehungsreiche Version „Kummer-Institut" auf[35]. Ich selbst kam dann später mit dem Vorschlag „Karl-Weierstrass-Institut"[36], was schließlich von Thes aufgegriffen worden war und von ihm gegen diverse Widerstände durch die Instanzen des Genehmigungsverfahrens gebracht wurde. Diese Namensverleihung ging einher mit dem von Thes verfolgten Bestreben einer deutlichen Anhebung der wissenschaftlichen Ausstrahlung des Instituts. Im Laufe der Zeit hatte sich ein erheblicher Rechtfertigungsdruck aufgebaut; dabei reichte es in keiner Weise, mathematische Forschung auf dem entsprechenden Niveau zu betreiben. Von der Mathematik, wie den Wissenschaften im allgemeinen, wurde erwartet, eine Rolle als unmittelbare Produktivkraft in der Gesellschaft zu spielen. Auch wenn sich der Anteil der Angewandten Mathematik im Institut immer mehr vergrößerte und die „rein disziplinäre" Forschung zunehmend als Hobby-Wissenschaft betrachtet wurde und Kräfte abgeben musste, war ein solches Vorhaben von vornherein zum Scheitern verurteilt. Die Situation wurde von der in Bedrängnis geratenen Minderheit mit verschiedenen Vergleichen beschrieben, etwa, dass ein Zug nicht dadurch schneller wird, dass man die Lokomotive einspart, oder es nicht dadurch mehr Lebensmittel gibt, dass man die Rolle des Ackerbodens leugnet, der nicht unmittelbar zu Brot verbacken werden kann. Obwohl, wie diese Vergleiche zeigen, die Struktur des Missverständnisses um die Rolle der Wissenschaften völlig trivial erscheint, ist diese Auseinandersetzung offenbar permanent und systemübergreifend. Sie fand und findet bis zum heutigen Tag auf vielen Ebenen statt, und sie scheint überall dort zur Auflösung erfolgreicher Modelle der Wissenschaftsorganisation zu führen, wo den aktiv tätigen Wissenschaftlern die Selbstbestimmung entzogen und Entscheidungsbefugnisse in ein Dickicht übergeordneter Verwaltungs- und Kommissionsstrukturen ausgelagert werden. Dieser Prozess ist insofern eine Einbahnstraße, als er offenbar irreversibel ist. Dass er zugleich eine Sackgasse ist, wurde an der Akademie nicht verifiziert, weil das Institut schließlich mit der politischen Wende in Deutschland ein Ende fand. Die Anliegen einer Wissenschaft, namentlich der Mathematik, lassen sich schwer als wissenschaftspolitische Programme formulieren, die Nichtfachleute überzeugen, insbesondere diejenigen, die für die Finanzierung zuständig sind. Außerdem bedurfte es nicht immer der Skepsis irgendwelcher Verwaltungen, um den Mittelzufluss für die Wissenschaften unnötig einzuschränken. In jeder Struktur finden sich stets Einblick habende Bedenkenträger, für alles und jedes, die das System von innen heraus aufweichen. Solange die ehrwürdigen Herren aus den Gründungsjahren an der Spitze der Akademie noch eine Stimme hatten, wurde von der Multivalenz der Mathematik geredet, um ihre universelle Rolle für unterschiedlichste Belange anderer Wissenschaften und Lebensbereiche zu betonen, die nur durch Grundlagenforschung sicher bedient werden könnten. Dem stand das verdienstvolle Wirken der

---

[34] E. SCHMIDT, 1876–1959.
[35] E. E. KUMMER, 1810–1893.
[36] K. WEIERSTRASS, 1815–1897.

Vorkämpfer sogenannter angewandter Disziplinen entgegen, die vernehmlich blieben, solange es noch Reste von Grundlagenforschung gab. Die Nachfrage, worin denn die produktive Seite der Anwendungen der Mathematik bestand, ging meist folgerichtig an die Adresse der Reinen Mathematik, denn die Angewandte Mathematik produzierte ja bereits. Boshafte Anmerkungen konnten durchaus auch aus erlauchtesten theoretischen Kreisen kommen, etwa dem Relativitätstheoretiker Prof. Telf, demzufolge die Mathematik ohnehin nur der tautologische Teil der Naturerkenntnis sei. Natürlich waren und sind solche esoterischen Einblicke in der Auseinandersetzung zwischen Gut und Böse nicht die Regel. Man konnte viel einfacher darauf kommen, dass die Wissenschaften, die uns angeblich die moderne Zivilisation bis dato beschert haben, nun endlich einmal mehr für den Alltag tun müssten, statt immerzu irgendwelche allgemeine Gesetzmäßigkeiten zu ergründen, wo das elektrische Licht ja nun schon erfunden war. Ich selbst fühlte mich in meiner wissenschaftlichen Orientierung zur Grundlagenforschung hingezogen, in meinem Fall der Analysis, die jedenfalls nicht darin gipfelte, etwa Möhren im Institutsvorgarten zu kultivieren, jedoch durchaus noch etwas von Diesseitigkeit hatte, verglichen mit anderen mathematischen Disziplinen, bei denen die Strukturen eher nicht von dieser Welt sind und dennoch unverzichtbar. Am leichtesten und effizientesten ist eine Argumentation gegen die Grundlagenforschung immer dann, wenn man von der Sache nichts versteht. So können beim Thema Fachidiotentum und Elfenbeinturm schon die Studenten der Anfänger-Semester mitreden. Das hat auch den Vorteil von Kontinuität aus der Schulzeit, wo sich nicht selten gefragt wird, wofür man eigentlich den ganzen Schrott lernt. Man muss dann nicht weiter umdenken; später reicht es zu fragen, wofür forscht man in den Grundlagenwissenschaften, und was muss man die Studenten in der Ausbildung damit behelligen. In jedem Fall ist es nicht abwegig, sich frühzeitig vorzustellen, dass weltfremde Wissenschaftler an der kurzen Leine gehalten werden müssen, am besten entmachtet oder entmündigt, in jedem Falle aber unter ein Patronat gestellt, das erklärt, was geglaubt zu werden hat. Zumindest befindet man sich in einer humanistischen Tradition, die behauptet, Kunst geht nach Brot; ähnlich die Wissenschaft, wer das Geld gibt, ist Verkünder und Bewahrer der Gundkompetenz, nach dem sich das wissenschaftliche Geschehen zu richten hat. Im übrigen leben Künstler und Wissenschaftler gleichermaßen mit dem Odium, dass der Genius die Knute und das Darben braucht, um wirklich schöpferisch zu sein; umgekehrt wäre zu schließen, dass Pfründe und unbotmäßiger Luxus die Sitten verderben und von zu Geldverwertungsmaschinen umfunktionierten Forschungseinheiten eher nicht die fundamentalen neuen Erkenntnisse zu erwarten sind. Ich komme später noch ein wenig auf diese ungemein fruchtbringende Diskussion zurück.

Mutter Ursula Schulze, 03.09.1991, Erfurt

B.-W. Sch., 1991, Berlin, Studierstube in Untermiete

B.-W. Sch., 1976, Berlin

B.-W. Sch. und Bruder Joachim (v. *links* n. *rechts*), 1991, Erfurt

B.-W. Sch. und Bruder Joachim (v. *links* n. *rechts*), 1984, Erfurt

Bruder Joachim, Mutter Ursula Schulze, B.-W. Sch., Nichten Andrea und Katja Schulze
(v. *links* n. *rechts*), 1996, Erfurt

Das Kader-Ballett

Kader zu sein in einem sozialistischen Betrieb, auch einer wissenschaftlichen Einrichtung, war keine herausgehobene Besonderheit. Jeder Mitarbeiter war Kader, definiert duch eine Kaderakte, die in der Kaderabteilung ruhte, und wo die guten wie die bösen Taten vermerkt werden konnten. Natürlich gab es unterschiedliche Kategorien, offizielle und inoffizielle, u. a. die Parteikader mit ihrer Parteigruppe und einem spezifischen Partei-Leben, das dem gewöhnlichen Kader verschlossen war, sowie ein Geflecht besonders vertrauenswürdiger Mitarbeiter, die weitgehend unerkannt aus dem Schatten heraus agierten, die Kaderstimmung belauschten und dafür sorgten, dass die Partei das Ohr an der Masse hatte. Was die übrigen Beschäftigten betraf, so gab es durchaus einiges zu beobachten und zu berichten. Es war insbesondere ohne Zweifel interessant, ob ein Mitarbeiter an den Mai-Demonstrationen teilnahm, was natürlich nur von Wert war, wenn man am Ort des Geschehens auch gesehen wurde. Nicht nur die werktätigen Massen hatten ihre Verbundenheit mit den Zielen der Arbeiter-und Bauernmacht zu demonstrieren, sondern auch die mit der Arbeiterklasse verbündeten Schichten, wie die sozialistische Intelligenz, die Künstler, usw. Jeder war gehalten, Gutes zu tun auf seine Weise und aus festlichem Anlass seine Leistung auf den Gabentisch der Partei- und Staatsführung zu legen. Wer es nicht tat, ließ indirekt einen Blick in seine Seele zu, auch ohne eine explizite Meinungsäußerung. Aufgeschlossenheit oder Verstocktheit konnten sich auch auf andere Weise offenbaren, etwa ob man bei Volkskammerwahlen etwas zu verheimlichen hatte, indem man die Wahlkabine benutzte, oder womöglich überhaupt nicht hinging, nicht zu reden von Meinungsäußerungen unter Kollegen, die abgeschöpft werden konnten. Ob ein Kader würdig war, in der herausgehobenen Stellung eines forschenden Wissenschaftlers an einem Akademie-Institut durchgefüttert zu werden, konnte durchaus in Frage gestellt werden. Ein hochtalentierter Mathematiker meiner Forschungsgruppe Dr. Kibg war anlässlich einer Wahl in einem Sonderwahllokal erschienen und hatte dort anscheinend die Wahlkabine übersehen; vielleicht hatte sie als dekoratives Element in der Größe eines Schuhkartons wirklich irgendwo gestanden. Jedenfalls kreuzte er nun seine ablehnende Wahl im Beisein der diensthabenden Damen und Herren an, und es muss ihm der kleine Schnitzer

B.-W. Schulze, *Erlebnisse an Grenzen – Grenzerlebnisse mit der Mathematik*,
DOI 10.1007/978-3-0348-0362-5_8, © Springer Basel 2013

unterlaufen sein, den Wahlzettel dabei leicht einzuritzen, bevor er ihn der Wahlurne zuführte. In der Folge wurde er „gemeldet" und vor eine Kaderkommission unseres Instituts zitiert, wo dieser unerhörte Vorfall untersucht werden sollte. Die schäbige Diskussion vor eifernden zweitrangigen Funktionsträgern, wie sie dann gerüchteweise durchgedrungen war, soll hier gar nicht im Detail beleuchtet werden. Jedenfalls verlor Kibg seinen Arbeitsplatz und hatte dann für viele Jahre ein ungewisses und unwürdiges Schicksal zu ertragen, bis er dann nach der politischen Wende in Deutschland wieder eine wissenschaftliche Anstellung erhielt.

Ich selbst war nach meiner Rückkehr vom Wehrdienst auf seltsame Weise zum kaderpolitischen Neutrum aufgestiegen. Auch wenn es später einige unliebsame Episoden gab, war mein Bedarf an Auslotung von Möglichkeiten zu freier Entfaltung einstweilen gedeckt. Ich hoffte, endlich in meinem Leben etwas für die Mathematik zu tun, und in diesem Bestreben fand ich die Toleranz des Institutsdirektors Prof. Thes. Obgleich Thes infolge seines überaus energischen Auftretens und seiner Durchsetzungskraft landesweit zu den gefürchteten und auch gehassten Vertreten in akademischen Führungseliten gehörte, waren ihm Kleinkariertheit oder persönliche Motive kaum nachzusagen, ausgenommen vielleicht ein übermächtiges Verlangen nach Einfluss und Macht, das ihm auch mehr und mehr erfüllt wurde. In jedem Fall glaubte man zu wissen, woran man mit ihm war. Seine rhetorisch atemberaubenden Konstruktionen in Ansprachen ließen keine Zweifel aufkommen, wer im Institut tonangebend war. Gelegentliche historisierende Vergleiche seiner Beweggründe in inoffiziellem Rahmen, wo auch NAPOLEON oder BISMARCK in seinen visionären Konzepten eine Rolle spielten, brachten ihm nicht nur Bewunderung ein, sondern auch hämische Tuscheleien seitens derer, die ihrerseits ernst genommen werden wollten. Nach meinem Eindruck war Thes nicht die richtige Adresse für die Entgegennahme von Denunziationen oder Verleumdungen unter Kollegen des Instituts. Wenn man Thes im Zuge der politischen Wende um 1989/90 eine besondere Nähe zum DDR-System nachsagte, so muss man einräumen, dass es für einen Leitungskader in der Position eines Institutsdirektors nahezu unvermeidlich war, engste Fühlungnahme mit dem Machtapparat der Partei und ihrem Wächterorden „Stasi" zu halten. Dies galt insbesondere auch für die Anbahnung und Durchsetzung von Stellenbesetzungen im Institut, u. a. die Berufung von Akademie-Professoren. In einem Fach wie der Mathematik bestand wissenschaftliches Talent in seltensten Fällen in Personalunion mit Treue zur Linie der Partei. Es ist wohl hauptsächlich dem herausragenden Geschick von Thes zuzuschreiben, dass nahezu die Hälfte aller Akademie-Professoren im mathematischen Institut keine Parteimitglieder waren. Auch ich gehörte zu ihnen, desgleichen der Zahlentheoretiker Erbs, der Mathematische Physiker Mürr, der Analytiker Nimm und der Statistiker Stat. Auch andere „Nicht-Parteimitglieder" wie z. B. Dr. Nopf und viele andere, deren inbrünstige revolutionäre Gesinnung und Liebe zur Partei durchaus zu wünschen übrig ließen, hatten unangefochten ihre Forschungsstellen im Institut. Thes betrieb sogar gelegentlich die Vermittlung von Nicht-Parteikadern auf Professorenstellen an Universitäten, z. B. Widn an die Universität in Rostock, oder Akap an die Martin-Luther-Universität, Halle. Thes war wohl Realist genug, die Mathematiker wie verzogene Opern-Diven zu behandeln, mit unterschiedlichen und im Regelfall als ungefährlich eingestuften Marotten, und dieser Eindruck mochte auch die erwähnten Figuren aus den zwielichtigen Zirkeln der Macht beeinflusst haben, wenn diese ihre endgültige Zustimmung zu wichtigen Personalentscheidungen geben sollten. Mit anderen Worten, eine solche Einordnung könnte durchaus ein praktikables Schmiermittel gewesen sein, um diese Leute zu überzeugen; es ist ohne weiteres vermittelbar, dass Mathematiker eben auch ein bisschen verrückt sein müssen, wenn sie überhaupt etwas leisten sollen. Auch eine Sopranistin soll ja nicht die Parteizeitung herunterlamentieren, sondern singen können, und dann muss sie eben auch etwas verschroben sein dürfen. Außerdem waren ja auch noch die gehorsamen Truppen der Partei, auch unter den Professoren, die aber merkwürdigerweise gerade nicht unbedingt ausersehen waren, z. B. als sogenannte Reisekader eine wichtige Seite der internationalen Beziehungen des Instituts zu bedienen. Von ihnen erwartete man die Reife, einzusehen, dass man unter den obwaltenden Verhältnissen nicht alles haben konnte. Mir wiederum wurde eines Tages diese Ehre zuteil; auf die Umstände komme ich noch zu sprechen; jedenfalls, wie zu erwarten, aus der Situation der Knastologen, mit ungleicher Behandlung der Einsitzenden, war dies eine Quelle von Misstrauen, Missgunst, und Verleumdungen. Andererseits kam es mir nicht in den Sinn, als Institutstrottel Karriere zu machen, indem ich die Erlaubnis zur Teilnahme an einer internationalen Tagung ausgeschlagen hätte, nachdem ich mich darum, allerdings ohne besondere Hoffnung, bemüht hatte. Jedoch von diesem Augenblick an, nachdem ich wunderbarerweise wiedergekehrt war, hatte ich weniger Probleme mit derartigen Ausreisen. Zusammenfassend kann man jedenfalls sagen, dass die unkonventionelle Art von Thes zu herrschen und mancherlei Unerwartetes im Institut durchzusetzen, ein Klima von wissenschaftlicher Dynamik und Kreativität erzeugte, das im Effekt ein leistungsstarkes Zentrum der mathematischen Forschung hervorbrachte. Dass es auch die gegenläufige Tendenz gab, Erreichtes wieder aufs Spiel zu setzen, ist eine andere Geschichte.

Während unter den Professoren und Forschungsgruppenleitern die Parteizugehörigkeit nicht die Regel war, konnte man sie unter den übrigen Mitarbeitern geradezu zur Ausnahme rechnen, insbesondere während meiner ersten Jahre im Institut in Berlin-Adlerhof. Unter ihnen waren die zur Arbeitsgruppe von Akap gehörenden Herren Dr. Widn, einer der Kenner des mathematischen „A"-ismus, weiterhin Dr. Bins, der hierzu ein etwas verschmitztes Verhältnis hatte; beide waren Akap aus Dresden nach Berlin nachgefolgt, desgleichen Dr. Grig, der sich mit davon unabhängigen Problemen der Funktionalanalysis befasste. Gelegentlich versuchte Grig in gespielter Verwunderung zu ergründen, worin die tiefere Struktur des von Akap vertretenen neuartigen Balayage-Prinzips für elliptische Randwertprobleme höherer Ordnung bestand, und er kam zu der Antwort, dass es sich um das Adjungierte desjenigen Operators handelte, der Funktionen in einem abgeschlossenen glatten Gebiet auf die Berandung einschränkt, zusammen mit entsprechenden Ableitungen im Fall höherer Ordnung. Auch der Respekt von Grig gegenüber den Idealen des Kommunismus und die Genossen der Partei-und Staatsführung, eingeschlossen derjenigen der befreundeten Sowjetunion, ließ ganz entschieden den erforderlichen Tiefgang vermissen. Das Bildnis von Breshnew auf Plakaten erschien ihm als Inbegriff einer Verbrecher-Visage. Was die politischen Repräsentanten des Kommunismus im allgemeinen anging, so wurde ganz entspannt von „Schweinen" geredet, die auch in unterschiedlicher Weise zu einer Kultur der Schweine beitrugen. Natürlich ging es insgesamt nicht darum, eine liebenswürdige Lebensform in Misskredit zu bringen. Die Privatwohnung von Grig in Berlin erfüllte dessen Vorstellung vom sozialistischen Wohnen in keiner Weise. Dort hatten sich sogenannte Speckmilben eingenistet, die sich trotz mannigfacher Bemühungen nicht vertreiben ließen. Da es mit Wohnraum äußerst schwierig war und er von der Akademie nichts anderes vermittelt bekam, gab er leider nach einigen Jahren seine Stelle am Institut auf, um anderswo mit besseren Chancen auf akzeptable Wohnverhältnisse zu arbeiten. Einige Jahre später traf ich ihn auf der Straße in Dresden als ich eine Jahrestagung der „Mathematischen Gesellschaft der DDR" besuchte. Bei dieser Gelegenheit eröffnete er mir, dass er vor einiger Zeit als Mitarbeiter der „Stasi" angeworben werden sollte, was er jedoch entschieden zurückgewiesen habe. Im Prinzip konnte dies vieles bedeuten; in diesem Moment habe ich ihm aber geglaubt, ohne dass ich mich zu unvorsichtigen Reaktionen hinreißen ließ. Zu Widn hatte ich, wie schon angedeutet, ein sehr freundliches Verhältnis. Auch wenn ich durch meine Vorgeschichte nicht in der Lage war, mich auch nur einer einzigen Person gegenüber unbefangen zu verhalten, so gehörte Widn zu den wenigen Menschen, denen gegenüber ich ein wenig Vertrauen entwickeln konnte. Sogar am Ort meiner Stationierung bei der Armee hatte er mich einmal besucht, in der einfühlsamen Beobachtung, wie schlimm es zu dieser Zeit um mich stand. Dies war umso bemerkenswerter, als ja jeder Mensch auf seine eigene Weise einen Weg zu finden hatte, mit den Auswirkungen des herrschenden Systems umzugehen.

Regelmäßiger Kontakt bestand auch zu den Mitarbeitern anderer Forschungsgruppen, insbesondere derjenigen von Prof. Natz. Wie bereits erwähnt gehörte Natz zu den sogenannten Opfern des Faschismus. Zum damaligen Zeitpunkt hieß das, dass man auf einer besonderen, auf keine andere Weise zu erwerbenden Vertrauensbasis mit ähnlich gelagerten Kadern verkehren konnte, mit entsprechendem Zutritt zu höheren Adressen der Partei-Hierarchie. Unter den Nazis war er eingekerkert und hatte nach einer Verurteilung bereits seiner Hinrichtung entgegengesehen. Glücklicherweise war er aber diesem Schicksal entgangen; jedoch muss es bitter für ihn gewesen sein, als ein von akademischen Inhalten geprägter Wissenschaftler durch die Haft wichtige Jahre seiner beruflichen Entwicklung verloren zu haben. Die ihm anvertrauten jüngeren Wissenschaftler, u. a. die Brüder Ahle, die in Leipzig studiert hatten und Schüler von O. HÖLDER waren, weiterhin die Herren Weis, Jens sowie Pner, erschienen mir sämtlich alles andere als systemhörig. Prof. Natz hatte, wie von Weis gelegentlich angedeutet, bei halbprivaten Festivitäten seine liebe Not, die ungezogenen jungen Kader von allzu auffälligem dissidenten Betragen abzuhalten. Jedoch schienen sie nicht zu befürchten, anderswo denunziert zu werden, auch wenn ein gewisser Prof. Tüte in Halle mit seinen Verbindungen zu Natz ein unbekanntes Element in diesem Beziehungsfüge darstellte. Es gab Gerüchte, dass Natz seinerseits in seinen Veteranenzirkeln an Einfluss verlor. Wissenschaftlich war Natz der komplexen Funktionentheorie zuzuordnen. Weiterhin betrieb er die Herausgabe einer umfassenden Enzyklopädie der Mathematik, wo auch die Brüder Ahle mitarbeiteten. Schließlich war Natz auch Mitherausgeber der „Mathematischen Nachrichten". Eine sogenannte Perepetie-Theorie, die eine fundamentale Idee in neuen Modellbildungen der Mathematik darstellen sollte, zusammen mit Tüte in den „Math. Nachr." publiziert, wurde später von Func, einem anderen Funktionentheoretiker am Akademie-Institut, als „Eia-popeia"-Theorie kommuniziert. Daneben gab es noch weitere Erfindungen und Verallgemeinerungen im Rahmen der komplexen Funktionentheorie; z. B. wurde der Begriff der holomorphen Funktionen zu einem Konzept von „morphen" Funktionen weiterentwickelt, ein neuer kühner Gedanke, ebenfalls zusammen mit Tüte in den „Math. Nachr." publiziert, der aber offenbar auch keinen Durchbruch einläutete. Dissertationsthemen in seinem Umfeld konnten für die wissenschaftliche Entwicklung der Kandidaten äußerst belastend sein. Die mathematischen Details sind für Nichtspezialisten schwer zu vermitteln; der Sinn mag sich durch eine Analogie erschließen, wenn man sich etwa als Thema vorstellt, die inneren Beziehungen zwischen Filzpantoffeln und Bratkartoffeln aufzuklären.

Andere Mitglieder des Institutsteils in Berlin Adlershof habe ich zu dieser Zeit nur eher am Rande wahrgenommen. Es gab hier vor allem noch die Gruppe in „Mathematischer Physik" mit Mürr, Demu, Rebg und Bleg, in Zahlentheorie mit Erbs, Numb, Uman, den Topologen Topo, sowie eine Gruppe in „Mathematischer Logik", deren Gründung auf Prof. Shot zurückging. Letzterer war auch der Leiter der Klasse Mathematik an der Deutschen Akademie der Wissenschaften. Prof. Shot war von beeindruckender Körperfülle; er saß, stets kerzengerade auf dem Stuhl, damit alle Komponenten seiner Erscheinung am richtigen Platz waren. Wenn seine Sekretärin Bahnfahrkarten für eine Dienstreise buchte, so mussten es stets zwei Sitzplätze sein. Es ging das Gerücht, dass eines Tages eine neue Sekretärin in bester Absicht zwei Fensterplätze bestellt hatte. Die Logikgruppe ist später durch Entscheidungen von Thes „heruntergefahren" worden, was ihm später vor dem hohen Abwicklungsrat nach der Wende übel vermerkt wurde.

Wie jeder Kader so strebte auch ich an, irgendwann einmal eine eigene Wohnung zu haben, an Stelle der sehr beengten Verhältnisse in Untermiete. Wollte man bei der Antragstellung die Unterstützung des Instituts haben, musste man würdig sein. Die allgemeine Wohnsituation in der DDR war schwierig, trotz intensiver Neubautätigkeit. Die wenigen opulenten Wohnanlagen des Stalin-Barock waren längst Geschichte und ohnehin nicht für das gemeine Volk gedacht. Die sogenannten Neubauwohnungen wurden immer kleiner und dünnwandiger. Die Frage „Werden wir in Waben wohnen?" war durchaus berechtigt. Wenn auch nicht überall die Sofakissen durch den Zug durch undichte Mauerfugen durch die Wohnung flogen, was allerdings im Neubauviertel Ried in Erfurt wirklich vorgekommen sein soll, so konnte es sehr hellhörig sein. Darauf bezogen sich dann harmlose Witzeleien, wie etwa, als ein Vertreter der Abnahmekommission einer Neubauwohnung die glücklichen Mieter nach diesem Problem fragte und dabei die Nachbarn aus der Nebenwohnung antworten: „Danke, es geht". Auch die Wohnungskategorie „Wohnklo" gehörte zum

Sprachgebrauch, sogar öffentlich in Fernsehen in Sendungen mit dem Komiker EBERHARD COHRS, der zu solchen Äußerungen offenbar lizensiert war. Nachdem ich einen Wohnungsantrag gestellt hatte, bekam ich tatsächlich einige Angebote, die ich besichtigen konnte. Eine dieser Wohnungen bestand aus einem ausgebauten Korridor mit Fenster, wo es anstelle einer Küche nicht etwa eine Kochnische gab, sondern ein Koch-Fensterbrett, bestehend aus einer eingearbeiteten Verdickung unter dem Fenster, wo sich diverse Stellknöpfe für eine Art Elektoherd befanden, der dann in das Fensterbrett überging. Nach einiger Zeit hatte sich das Institut offenbar für mich bemüht, und ich erhielt eine ausgebaute Dachwohnung in Berlin-Schöneweide. Übelmeinende Interpretationen brachten diese historische Bezeichnung mit „Schweineöde" in Beziehung. Später bin ich dann, da bei regnerischem Wetter das Wasser innen an den Wänden herunterlief, nochmal umgezogen in eine tatsächliche Neubauwohnung.

Dass ich eines Tages würdig geworden war, auch Tagungen und mathematische Institutionen im Ausland zu besuchen, speziell auch im westlichen Ausland, war, wie schon angedeutet, das ausschließliche Verdienst des Institutsdirektors Prof. Thes. Ihm gegenüber hätte es wohl wenig geholfen, Begeisterung für den Sozialismus zu heucheln, und auffällige Ergebenheitsadressen hätten vermutlich sogar den gegenteiligen Effekt gehabt. Wissenschaftlich arbeitete ich sehr hart und diszipliniert, ich betreute Doktoranden, organisierte Schulen und Tagungen, und vor allem aber entwickelte ich keinerlei Absichten, irgendeine administrative Machtposition zu erlangen, die jemandem womöglich eines Tages hätte gefährlich werden können. Bei anderen (Partei-)Kadern sah das teilweise durchaus anders aus, z. B. später bei Prof. Pöff. Jedoch, aus welcher Quelle bekannt war, dass ich zu keiner Zeit die Absicht hegte, „Republikflucht" zu begehen, ist mir völlig unbekannt geblieben. Explizite Beteuerungen wären ohnehin ohne Wert gewesen, abgesehen davon, dass mir eine solche Frage nie gestellt worden ist oder ich mich jemandem gegenüber anvertraut hätte. Im Vorfeld meiner ersten „kritischen" Reise nach Finnland zu einer Tagung in Jyväskylä kam es aber zu einer Reihe merkwürdiger Begebenheiten. Eines Tages in der S-Bahn in Berlin ging durch den Mittelgang eine Person, die ich als einen ehemaligen Kommilitonen aus Leipzig von meinem Studium in Geophysik erkannte. Er hatte sich in der Tat kaum verändert, machte aber den deutlichen Eindruck, dass er mich gar nicht wahrgenommen habe. Es ging auch so schnell, dass ich nicht mehr hinterhereilen konnte, um die für einen solchen Fall üblichen Wiedererkennungsadressen anzubringen. Wenige Tage später wiederholte sich der Vorgang, und diesmal gelang es mir, ihn anzusprechen. Er war plötzlich überaus freundlich, es stellte sich heraus, dass er sogar in Berlin-Adlerhof wohne, meinem damaligen Wohnsitz, und so verblieben wir mit dem Vorsatz, an einem der nächsten Abende in einer Adlershofer Gaststätte Erinnerungen an Leipzig auszutauschen. Da ich am Sammeln von Steinen interessiert war und Ähnliches offenbar auch für ihn zutraf, kamen wir überein, bei nächster Gelegenheit einen Ausflug nach Feldberg zu unternehmen, wo ich noch von früheren Exkursionen eine Stelle mit Findlingen aus Granatgneis kannte, um dann einige Stücke dort zu sammeln. Die Sache geriet allerdings zur Groteske, denn die einzigen Brocken Granatgneis, die wir dann fan-

den, waren in der Umfriedung eines verwahrlosten abgelegenen Gartengrundstücks
verbaut. Für den guten Zweck waren wir dann so kühn, mit unseren Geologen-
hämmerchen die Umfriedung zu attackieren. Obwohl weit und breit niemand zu
sehen war, dauerte es nicht lange, und die erbosten Besitzer tauchten auf, um uns
zur Rede zu stellen. Als wir jedoch unsere redlichen wissenschaftlichen Absichten
höflich erklärten, ließen sie uns gewähren, und ich hatte am Ende dann ein an-
sehnliches Stück erbeutet. Jedenfalls waren wir einen ganzen Tag zusammen, wo
sich ganz zwanglos die Gelegenheit ergab, sich über Begebenheiten der vergangenen Jahre auszutauschen. Was ich nun erfuhr, ließ, bei mir sämtliche Alarmglocken
schrillen. Er erklärte, bei der Armee bei den Grenztruppen gewesen zu sein an der
innerdeutschen Grenze, und eines Tages sei er von einem Urlaub nicht zur Truppe
zurückgekehrt. Man habe nach ihm gefahndet, in der Befürchtung, er könne sich
in den Westen abgesetzt haben. Schließlich habe er sich aber zurückgemeldet, und
trotz einiger Schwierigkeiten sei die Sache glimpflich abgegangen, wohl auch deshalb, weil sein Vater ein hohes politischen Amt in Berlin habe. Was er von mir
erwartete, kann ich nicht beurteilen, jedenfalls gab ich keinerlei verfängliche Kommentare dazu ab. Zu einer späteren Gelegenheit wurde ich in seine Wohnung in
Adlerhof eingeladen, wo er angeblich allein lebte, und wir tranken eine Kleinigkeit.
Nachdem ich dann einige Wochen nichts mehr von ihm gehört hatte, entschloss
ich mich, ihn aufzusuchen, und es stellte sich heraus, dass dort überhaupt niemand
wohnte.

Mein Kaderumfeld in Gestalt neuer Doktoranden, die an das Karl-Weierstrass
Institut kamen, um eine Dissertation zu schreiben, vergrößerte sich nach und
nach, zunächst um zwei Doktoranden, deren ideologischen Hintergrund ich erst
gar nicht versuchte zu ergründen. Beide hatten an sogenannten Arbeiter-und
Bauern-Fakultäten ihre Schulausbildung absolviert; diese waren Einrichtungen,
die auf ein Studium im sozialistischen Ausland vorbereiteten. Räpl insbesondere
hatte in Rostov am Don studiert und sein Diplom bei dem Potentialtheoretiker
N. S. LANDKOV gemacht. Tall hatte in Polen studiert. Ich tat mein Bestes, beide in
damals aktuellen Gebieten der Analysis auszubilden, und zwar der Index-Theorie
für elliptische pseudo-differentielle Randwertprobleme. Der eine, Herr Tall, befasste sich mit elliptischen Komplexen auf berandeten Mannigfaltigkeiten, der andere,
Herr Räpl mit FEDOSOVschen Index-Formeln in der Randwert-Theorie. Ein Teil
der Arbeit mit Tall ist als gemeinsamer Artikel im „J.Funct.Analysis" erschienen,
das Resultat der Kooperation mit Räpl ist in eine gemeinsame Mongraphie eingeflossen. Diese ist später durch M. A. SHUBIN ins Russische übersetzt worden, wo
sie dann im Verlag „Mir", Moskau, erschienen war. In diesem Abschnitt befasse
ich mich hauptsächlich mit Aspekten der Kaderstruktur in meinem Umfeld. Auf
fachlich interessante Entwicklungen komme ich noch zurück. Eine Dame übrigens
ist in meiner Forschungsgruppe erst relativ spät aufgetaucht; es gab nicht viele
Mathematikerinnen in Deutschland in dieser Zeit. Eine unter ihnen am Akademie-
Institut in der Mohrenstraße, Prof. Diht, war zur Schriftstellerei konvertiert und
verfasste offenbar erfolgreiche literarische Werke, eines davon unter dem Titel
„Lemma 1". Sie war ohne Zweifel sehr begabt, denn das dürre Sujet um ein Lemma

1 in einer mathematischen Dissertation, das falsch war, was aber bei der Begutachtung unbemerkt geblieben war, reichte als das tragende Element des ganzen, und das Werk jedenfalls schien zu gefallen und erreichte beim Mathematik-bezogenen Publikum einige Bekanntheit. Meine beiden Doktoranden hatten unterschiedliche Begabungen. Während der Direktor Thes zu dem Schluss kam, dass Tall anderswo im Institut besser aufgehoben war und er dann aus meiner Gruppe ausgeschieden wurde, wuchs Räpl im Laufe der Jahre zu einem beachtlichen Mathematiker heran. Sowohl das gemeinsame Buch als auch weitere gemeinsame Arbeiten werden nach wie vor durch internationale Autoren zitiert. Jedoch hatte Räpl noch andere Qualitäten, die auch Thes nicht verborgen geblieben waren, der frühzeitig darüber nachdachte, großer historischer Figuren eingedenk, die gerade hier entscheidend versagt hatten, sich einen Kronprinzen aufzubauen, der einstens die Geschicke des Instituts als Direktor leiten sollte.

Die Zuverlässigkeit Räpls und sein diplomatisches Gespür waren an unterschiedlichen Merkmalen zu erkennen. Insbesondere entwickelte er die Gewohnheit, wenn die Arbeitsgruppe mittags zum Essen ging, entweder mit Riesenschritten einen Vorsprung zu gewinnen, um nicht jedermann Zeuge seiner Erörterungen werden zu lassen, oder, wenn man zufällig aufschloss, sich dann ebenso zwanglos zurückfallen zu lassen. Viele Jahre später erlebte ich ein seltsames déjà vu bei ganz ähnlichen Gelegenheiten, in einer anderen Welt. Trotz meiner jahrelangen Reisetätigkeit habe ich keinen Augenblick die Realitäten vergessen, ausgenommen vielleicht einen unvorsichtigen Moment, wo ich gegenüber Prof. Akap, der, obwohl bereits in Halle, auch gelegentlich noch nach Adlershof kam, in der dortigen Mensa äußerte, dass wir im Grunde im Zustand der Leibeigenschaft lebten. Niemandem sonst konnte dies bekannt sein. Es dauerte nicht lange, und mein Schüler Räpl fand zu verschiedenen Gelegenheiten das Wort an mich, wo im Zusammenhang mit sowjetischen Wissenschaftlern, speziell MASLOV, ein Leben in Leibeigenschaft moniert wurde. Jedenfalls bin ich auf diese offenkundige Einladung, mich zu offenbaren, nicht eingegangen. Wenn es sich nicht um eine Zufälligkeit gehandelt hatte, muss ich jedenfalls einräumen, dass Räpl mir offenbar nicht eine euphorische Zustimmung angedichtet hatte; ich glaube insgesamt, dass es auch die Stasi nicht mochte, belogen zu werden. In jedem Fall hatte der Vorfall anscheinend keine unmittelbaren Konsequenzen. In der weiteren Entwicklung entdeckte Räpl an sich selbst weitere notwendige Talente, um seiner zukünftigen Rolle gerecht zu werden. Er fühlte sich zum Herrschen geboren, und ich wurde in der Endphase der Entwicklung schon mal aus seinem Zimmer hinaus komplimentiert, wie es sich für einen Chef gehörte, wenn ihm irgendetwas missfiel. Thes mochte geglaubt haben, dass Räpl bereits als kleiner Rekrut den Marschallstab im Tornister hätte, wie es in einer Redensart aus alter militärischer Schlachtenromantik eindrucksvoll hieß. Mir selbst ist jedoch nichts dergleichen aufgefallen. Räpl hatte aber bis zum Ende des Akademie-Instituts auch seinen Fan-Club, u. a. den Zahlentheoretiger Erbs, der ihn anscheinend abgöttisch verehrte.

Das junge Kaderglück drohte jedoch in der Phase seiner Entfaltung ein beschämendes Ende zu nehmen, durch einen Angriff von ganz unerwarteter Seite, offenbar

B.-W. Sch., 1986, Berlin

aus Eifersucht und Träumen von der Macht. Der Direktor Thes war permanent bestrebt, den Personalbestand des Instituts um nach seiner Ansicht vielversprechende Kader zu verstärken und zu erneuern, parallel zu Vermittlungen von Mitarbeitern an andere Einrichtungen, was auch teilweise aus deren eigenem Antrieb geschah, u. a. des Funktionentheoretikers Func, der Professor an der Humboldt-Universität in Berlin wurde. Die Universitäten ihrerseits waren aber durchaus bemüht, nicht ihre befähigtsten Kader an das Akademie-Institut zu verlieren. Auch waren die herausragenden Spezialisten nicht immer im richtigen Alter. Jedenfalls war aus Karl-Marx-Stadt, dem heutigen Chemnitz, ein Vertreter der eindimensionalen singulären Integraloperatoren, Prof. Pöff, auf das dringende Werben von Thes eingegangen, nicht ohne verschiedene Zusagen erhalten zu haben an Einfluss im Institut. Thes war der Meinung, dass mit der Ankunft von Pöff es im Institut nun „richtig losgehen“ könne. Was eigentlich genau losgehen sollte, war offenbar zumindestens Func nach eigenem Bekunden nicht ganz klar, mir selbst ebenfalls nicht, denn zu dieser Zeit war die Entfaltung der Analysis der Pseudo-Differentialoperatoren und FOURIER-Integraloperatoren in vollem Gange, und die sogenannten Integralgleichungen, obwohl international bis zum heutigen Tage von erheblicher Anhängerschaft, galten damals als eine Vorform von mehr historischem Interesse. Dies tat dem mit großer Emphase als neuer Bereichsleiter des Institutsteils in Adlershof auftretenden Neuankömmling keinerlei Abbruch, wobei der überaus gutmütige und duldsame Mitarbeiter Dr. Weis aus der ehemaligen Natz-Truppe als Mitarbeiter zur Verfügung zu stehen hatte: „ich wünsche die Unterlagen „X“ zum Termin „Y“ auf meinem Schreibtisch vorzufinden“.

Pöff hatte ebenfalls in der Sowjetunion studiert, in diesem Fall in Leningrad, heute St. Petersburg. Dort hatte er denjenigen spezifischen Stallgeruch erworben, wie er offenbar bei Leningrader Absolventen wie das Mitgliedsbuch in einer Loge wirkt und zuverlässig dann aktiv wird, wenn ein Mitglied jenseits üblicher Konventionen Hilfe braucht. Zusätzlich schien er auch in Berlin nicht isoliert geblieben zu sein. Es hieß, dass er über den Gartenzaun seiner Datsche in Berlin zwanglosen nachbarschaftlichen Kontakt mit dem Chef des obersten Stasi-Beauftragten der Akademie pflegte, und dass auf diese Weise sogar der schwer zu beeindruckende Institutsdirektor Thes in Pöff einen ausgesprochenen Angstgegner gefunden hatte. Natürlich ist ein Lorbeer, den man nicht trägt, ohne Wert, und so versäumte Pöff auch nicht, sein Umfeld wissen zu lassen, dass er nicht nur wenig zu fürchten hatte, sondern mit einem entspannten Fingerschnipsen die Leute auch erpressen konnte, wenn es ihm um eine wichtige Angelegenheit ging. Ob seine hohen Freunde sich auch wirklich immer einspannen ließen, probierte man am besten nicht aus. Dies jedenfalls war die Ausgangslage, als es Pöff gefiel, sich mit dem Kronprinzen Räpl anzulegen um ihn dauerhaft lächerlich zu machen und aus dem Feld zu schlagen. Als es zu der nämlichen Episode kam, lag die Dissertation von Räpl bereits einige Zeit zurück und er war in die Phase der Abnabelung eingetreten. Ich fand es aller Ehren wert, dass er versuchte, in Zukunft fachlich mehr auf eigenen Beinen zu stehen und die Welt mit eigenständigen Taten auf sich aufmerksam zu machen. Außerdem mußte er auch darauf achten, wenn er einmal führen wollte, sich nicht mit jedem Plebs gemein zu machen, und auf die Dauer war eine undurchsichtige Figur wie ich nicht der richtige Umgang für ihn.

So schien es eines Tages ein in aller Stille entworfenes größeres Manuskript zu geben, das nach Räpls Bekunden einen Durchbruch in der pseudo-differentiellen Analysis bei Operatoren in Gebieten mit Ecken repräsentieren sollte, aufbauend auf dem Kenntnishintergrund verschiedener früherer Arbeiten über Randwertprobleme ohne die Transmissionseigenschaft, und im Gefolge von Arbeiten russischer Autoren, u. a. KONDRATIEV, ESKIN, und VISHIK. Die Arbeit sollte als Habilitationsschrift eingereicht werden und den Weg ebnen für Räpls weiteren wissenschaftlichen Aufstieg. Zu den begleitenden Vorkehrungen gehörte auch ein wissenschaftlicher Besuch von Institutionen in Moskau und Leningrad, wo Räpl vor prominentem Publikum vortragen sollte. Ich selbst hatte keine Kenntnis von den Details und reimte mir erst später zusammen, was dort im einzelnen vorgefallen war. Jedenfalls erreichte mich eines Tages über Thes die Nachricht, in der Akademie-Zentrale läge eine Kopie des Briefes eines russischen Wissenschaftlers Brov aus Moskau vor, gerichtet an einen Leningrader Mathematiker, und dann weiter lanciert über Matz, Leningrad, durch Pöff in Berlin, mit einer Stellungnahme zu dem Auftreten von Räpl. Die Anschwärzung enthielt insbesondere zwei Punkte, und zwar dass Räpl einen der grundlegendsten Aspekte der Analysis nahe Singularitäten offenbar überhaupt nicht wahrgenommen habe. Was ich glaubte herauszuhören war, dass es sich um die Elliptizität bezüglich der Konormalensymbole handelte, wie sie bereits Standard ist bei konischen Singularitäten, und er weiterhin mit hochnäsigen Relativierungen der Leistungen der dortigen Spezialisten auftrat. Zum Glück für Räpl war Pöff fachlich außerstande, den entsetzlichen mathematischen Schnitzer genüsslich auszuschlachten, der er gewesen wäre, wenn meine Vermutung zutraf; dann freilich hätte dieser sich aber auch durch eine entspechende Zusatzannahme für die betrachteten Operatoren leicht beheben lassen. Jedoch die unverbrüchliche Freundschaft mit Mathematikern der großen Sowjetunion erlaubte es ihm, durch direkte Nachfrage peinliche Details nach Belieben hinzuzufügen und zu vertiefen. So kam eine Intrige gegen Räpl und Thes in Gang, in deren Verlauf auch ich ins Visier geriet, weil ich mir halböffentlich verbat, dass von unqualifizierter Seite irgendwelche Urteile über eine Arbeit verbreitet würden, die überhaupt noch nicht eingereicht war. An eine Habilitationsschrift auf dieser Basis war aber nicht mehr zu denken, und so wurde ich von Thes gedrängt, zusammen mit Räpl einen Ausweg zu finden.

Der praktische Teil der Lösung sah so aus, dass ich für einige Monate mit Räpl ein Forschungsprogramm auflegte, wo in gemeinsamer intensiver Arbeit pseudo-differentielle Algebren aufgebaut werden sollten und schließlich wurden, innerhalb derer sich sogenannte gemischte und Transmissionsprobleme durch Parametrix-Konstruktionen lösen ließen. Wenn man den schon bekannten älteren Ansatz von VISHIK und ESKIN in Betracht zieht, basierend auf einer Modifikation von WIENER-HOPF Methoden und Einfrieren von Koeffizienten, was ebenfalls Lösbarkeit und Regularität solcher Probleme ermöglichte, jedoch ohne die Operator-Algebra Struktur mit adäquaten Symbolstrukturen, so mag man ermessen, um welchen Arbeitsumfang es hier ging. Vor allem hatten wir uns vorgestellt, auch die asymptotischen Eigenschaften der Lösungen am Rande völlig allgemein in die Symbolstruktur mit einzubeziehen. Schließlich sollte auch die von russischen Autoren weit entwickelte Theorie für Gebiete mit konischen Singularitäten und dann auch mit Kanten einbezogen werden in Operator-Algebren mit Symbolstrukturen, innerhalb derer sich Parametrizes und Regularität mit Asymptotik allgemein ausdrücken lassen sollten. So trafen wir uns also wöchentlich mehrmals mindestens einen halben Tag in meiner Wohnung in der Winkelmannstraße in Berlin-Schöneweide zur Zusammenarbeit, und am Ende stand dann ein gemeinsam entwickelter Kalkül mit Beiträgen von Räpl für eine Habilitationsschrift sowie für eine Reihe gemeinsamer Publikationen.

Nachdem auf diese Weise die Attacke von Pöff abgewendet war und die Habilitation ohne weitere Probleme stattfand, konnte sich Räpl erneut auf seine Kronprinzenrolle konzentrieren. Ursprünglich hatten wir geplant, die gemeinsam erzielten Resultate als Monografie zu veröffentlichen, jedoch war ihm dies plötzlich nicht mehr wichtig, und es bedurfte der Intervention von Thes, dass es dann doch noch dazu kam. Das Ergebnis wurde schließlich nach einigen Jahren widerwilliger Kommunikation im Akademie-Verlag publiziert. Seitdem hatte sich im Zusammenhang mit Räpl kaum etwas ereignet, das für die zukünftige Entwicklung im Institut eine Bedeutung erlangt hätte. Zunächst schied er aus meiner Forschungsgruppe aus und wurde später der Leiter des Bereichs „Reine Mathematik“, dem meine Gruppe angehörte. Jedoch als sich das Ende des Akademie-Instituts vor der politischen Wende in Deutschland abzeichnete, verschwand er ganz unvermittelt aus dem Institut; über seinen weiteren Verbleib gab es nur vage Gerüchte.

Besuche, Tagungen und Begegnungen

Das Akademie-Institut hat stets internationale Vertreter unterschiedlicher mathematischer Spezialisierungen als Gäste empfangen sowie Mitarbeitern den Besuch von Tagungen und Institutionen ermöglicht. Das herausragendste Zentrum mathematischer Forschung im sogenannten Ostblock war die Moskauer Staatliche Universität, die „Lomonossov-Universität". Zwischen den Akademien der Wissenschaften – speziell der sowjetischen und der (ost)deutschen – bestanden Abkommen, die längerfristige Aufenthalte von Wissenschaftlern vorsahen. In diesem Rahmen besuchte ich zweimal ein halbes Jahr das Steklov-Institut in Moskau, ein Gegenstück des Akademie-Instituts in Berlin. Unmittelbarer Gastgeber war in meinem Fall Prof. A. V. BICADZE[37], ein Georgier, der am Steklov-Institut eine Forschungsgruppe unterhielt und dort einem regelmäßigen Seminar in „Partiellen Differentialgleichungen" (PDE) vorstand, seinerseits mit ständigen Mitarbeitern, Doktoranden, sowie Gästen aus unterschiedlichen Teilen der Sowjetunion. Unter ihnen waren A. A. DESIN[38], V. S. VLADIMIROV, V. P. MIKHAILOV, L. TEPOYAN, die auch gleichzeitig zu einer Art Hofhaltung gehörten, mit unterschiedlicher Nähe zum innersten Zirkel. BICADZE war ein leidenschaftlicher Vertreter einer konstruktiven Richtung der Partiellen Differentialgleichungen, mit der er durchaus Erfolge erzielte, speziell mit originellen erstmaligen Beobachtungen über entartete Randwertprobleme, funktionentheoretische Methoden, sowie Gleichungen vom gemischten elliptisch/hyperbolischen Typ. Zu letzteren gehört auch die TRICOMI-Gleichung, die in der mathematischen Beschreibung des Grenzbereichs zwischen Überschall- und Unterschall-Strömung eine Rolle spielt und mit der ich bereits über meine Diplomarbeit im Zusammenhang mit Arbeiten von FRIEDRICHS in Kontakt gekommen war. BICADZE sah sich in direkter Konkurrenz zu berühmten Forschungsrichtungen und Seminaren an der Moskauer Staatlichen Universität, und es gab eine lange Liste von Verfehlungen im wissenschaftlichen mathematischen Arbeiten, derer man sich schuldig machen konnte und die insbesondere den Leuten von

---

[37] A.V. BICADZE, 1916–1994.
[38] A.A. DESIN, 1923–2008.

B.-W. Schulze, *Erlebnisse an Grenzen – Grenzerlebnisse mit der Mathematik*,
DOI 10.1007/978-3-0348-0362-5_9, © Springer Basel 2013

der Universität vorzuhalten waren, z. B. systematisch mit Abbildungen zwischen irgendwelchen Distributionenräumen – mit Pfeil dazwischen – zu arbeiten. Ich selbst befasste mich zu dieser Zeit bereits mit Randwertproblemen und pseudodifferentiellen Methoden, und während meines Vortrags wurde ich mit Polemiken gegen diese Aufweichung redlicher, direkter und expliziter Analyse überschüttet, die diese neumodischen Methoden darstellten. Ich machte natürlich keinen Hehl aus meinem Bestreben, Seminare und Vorlesungen an der Universität zu besuchen, desgleichen die Bibliothek zu benutzen, einschließlich die berühmte Lenin-Bibliothek, eine unabhängige Einrichtung im Zentrum Moskaus, und Erlaubnis sowie entsprechende Passierscheine waren in keiner Weise selbstverständlich. Es bedurfte der direkten Unterstützung entsprechender Autoritäten, aber BICADZE war bereit, sich trotz aller inhaltlichen Vorbehalte dafür einzusetzen. Seitens amtierender Funktionäre an der Universität wurde ich von oben herab gefragt, was ich eigentlich dort zu suchen hätte und weshalb mir die Einrichtungen des Steklov-Instituts nicht genügten. In meinem schlechten Russisch muss ich aber mindestens so glaubwürdig gewesen sein, dass ich, obwohl mein Verlangen buchstäblich zum Skandal geworden war und ich sogar vom Reinigungspersonal in den Fluren der Universität wiedererkannt wurde als derjenige, welcher es gewagt hatte, sich mit einer höheren Leitungsebene anzulegen, schließlich obsiegte und den angestrebten Zugang erhielt.

In der Universität besuchte ich dann das VISHIK-Seminar[39], wo u. a. auch M. S. AGRANOVICH, V. P. PALAMODOV, und andere prominente Analytiker zugegen waren und auch vortrugen, sowie auch das GELFAND-Seminar[40]. Letzteres schien eine Art Kult-Veranstaltung zu sein. Angesetzt war es zu dieser Zeit an dem jeweiligen Wochentag am späteren Abend. Während sich im Vortragsraum die niedrigerrangigen Zuhörer schon versammelt hatten, pflegten die Respektspersonen draußen noch ausgiebige Konversation, bis man dann nach gefühlten zwei Stunden geruhte, zu erscheinen und das Seminar zu eröffnen. Für die Vortragenden muss es nicht immer erfreulich gewesen sein, denn kaum dass ein Gedanke geäußert wurde, konnte es GELFAND gefallen, das Wort zu nehmen und den Rest des Abends mit eigenen Betrachtungen zu bestreiten. Dabei übersah er aber durchaus nicht, wenn jemand später erschien, etwa V. I. ARNOLD, der dann explizit begrüßt wurde. OLEYNIK's Seminar[41], wo ich auch vorgetragen habe, hatte dagegen, ebenso wie das VISHIK-Seminar, einen normalen Zuschnitt; jedoch auch hier gab es prominente Teilnehmer, u. a. JU. V. EGOROV und V. A. KONDRATIEV. Die Zahl der Seminare und Vorlesungen in einem Semester über alle Gebiete der Mathematik beliefen sich anhand der Aushänge auf über 200. Bei V. I. ARNOLD besuchte ich eine Vorlesung über Mechanik und gewöhnliche Differentialgleichungen, bei Y. I. MANIN eine Vorlesung über K-Theorie, und bei S. P. NOVIKOV[42] eine Vor-

---

[39] M. I. VISHIK, 1921–2012.

[40] I. M. GELFAND, 1913–2009.

[41] O. A. OLEYNIK, 1925–2001.

[42] Fields-Medaille 1970 in Nice.

lesung über Differentialgeometrie. Letztere wurde allerdings von V. L. GOLO gehalten, während NOVIKOV selbst gern vorn Platz nahm und die Darstellung begutachtete und kommentierte. War ihm das Spiel leid, konnte es auch geschehen, dass er durch die Sitzreihen ging und die Studenten aufforderte, das Gehörte zu erklären. In solchen Momenten versank ich dann immer tiefer in meinem Sitz, und ich entging dem Schicksal, öffentlich examiniert zu werden.

Wie manche andere wissenschaftliche Institution weltweit auf dem Gebiet der Mathematik hat auch das Institut der Moskauer Staatlichen Universität eine ruhmreiche Geschichte, und während meiner Gastbesuche glaubte ich ein wenig von dem Flair zu erleben, das es hier noch gab. Auch wenn ich nicht dazu neige, vorschnell vor irgendetwas in unbotmäßiger Ehrfurcht zu versinken, hier habe ich meinem bescheidenen Vermögen entsprechend versucht, genauer hinzuschauen und die eminente wissenschaftliche Kultur zu ahnen, die in dieser Einrichtung lebte. Was ich nicht erkennen konnte, den Wissenschaftlern am Ort aber schmerzlich bewusst war, waren die Gefährdungen, denen die Wissenschaft auch hier ausgesetzt war und die bereits seit längerer Zeit einen schleichenden Verfall eingeleitet hatten. Es sei zu diesem Punkt auf ein Interview von ARNOLD durch S. H. LUI, Hong Kong, aus dem Jahr 1995 verwiesen, vgl. [33], wo auch auf eine Frage über das Wirken der Professoren I. G. PETROVSKII[43], A. N. KOLMOGOROV[44], L. S. PONTRJAGIN[45], V. A. ROKHLIN[46], und vielen anderen Persönlichkeiten an dieser Einrichtung geantwortet wurde. Dieser Teil endet mit den bemerkenswerten Sätzen, dass PETROVSKII, selbst kein Mitglied der Kommunistischen Partei, am Tor des Gebäudes des Zentralkomitees der Partei in Moskau an einem Herzanfall gestorben war, nachdem er auf einer entsprechenden Sitzung einen langen Kampf um die Unterstützung der Grundlagenforschung ausgefochten hatte, und seine letzten Worte seien gewesen, „ich habe gewonnen". Nach seinem Tod waren Partei und KGB zwanzig Jahre damit beschäftigt, das durch PETROVSKII geschaffene Zentrum der Mathematik wieder zu zerstören, teilweise mit Erfolg.

Im Steklov-Institut in Moskau hatte ich kein Arbeitszimmer. Das Institut besuchte ich zu Veranstaltungen wie Seminare oder zentralere Kolloquien. Arbeiten konnte ich in der Bibliothek oder im Akademie-Hotel am Leninskii Prospekt, Ecke „Okjabrskaja", einer Metro-Station. Eine von den zentralen Veranstaltungen war einer Ehrung von S. L. SOBOLEV gewidmet, der mit seinem Werk weite Teile der modernen Analysis revolutioniert hatte und nach dem insbesondere die SOBOLEV-Räume benannt sind. Zugegen waren insgesamt um die 80 Gäste, u. a. L. S. PONTRJAGIN, S. P. NOVIKOV, S. M. NIKOLSKII, A. V. BICADZE. Zu Beginn fand ein Redner wohlgesetzte Worte in Würdigung der Verdienste von SOBOLEV, und man war feierlich gestimmt zu dieser denkwürdigen Stunde. Plötzlich sprang BICADZE von seinem Platz auf, stürmte zum Rednerpult und ließ eine lautstarke Tirade gegen die

---

[43] I. G. PETROVSKII, 1901–1973.
[44] A. N. KOLMOGOROV, 1903–1987.
[45] L. S. PONTRJAGIN, 1908–1988.
[46] V. A. ROKHLIN, 1919–1984

oberflächliche und schwache Mathematik SOBOLEV's ertönen, man sei eigentlich gar nicht an a priori Abschätzungen von Lösungen von PDE in Integralnormen interessiert, sondern in Normen gleichmäßiger Konvergenz, welche viel genauer und auch interessanter wären, usw. Offenbar kannte man impulsive Aufführungen von BICADZE schon von anderen Gelegenheiten, aber das Publikum war doch in diesem Moment starr vor Verwunderung, auch hinsichtlich der befremdlichen Tonlage zu diesem Anlass. Nachdem jedoch PONTRJAGIN ein Machtwort gesprochen hatte, zog BICADZE sich wieder auf seinen Platz zurück, und die Veranstaltung konnte ihren geplanten Fortgang nehmen. Der Ausbruch von Leidenschaften in Seminaren war durchaus auch bei anderen Gelegenheiten zu erleben. Eines Tages, als ich mich dem Gebäude des Steklov-Instituts näherte, hörte ich bereits auf der Straße das Gebrüll aus einem Raum im zweiten Stock. Wie es später hieß, hatte jemand über Möglichkeiten der algebraischen Geometrie bei der Behandlung der berühmten, nichtlinearen Gleichungen vom KORTEVEG-DE-VRIES Typ vorgetragen und dabei offenbar eine vehement ausgetragene Kontroverse ausgelöst.

In Moskau beschäftigte ich mich sowohl mit der Index-Theorie elliptischer (pseudo-differentieller) Randwertprobleme als auch mit dem sehr populär gewordenen Konzept von FOURIER-Integral Operatoren. Letztere haben durch grundlegende Arbeiten von L. HÖRMANDER, J. DUISTERMAAT[47] sowie vieler anderer Autoren weltweit, zu dieser Zeit hauptsächlich außerhalb Deutschlands, zur Entwicklung der mikrolokalen Analysis beigetragen, die mit einer Revolution in der – zunächst linearen – Theorie der partiellen Differentialgleichungen einherging. Unter Spezialisten grummelte ein Streit, wer eigentlich die wesentlichen Ideen der mikrolokalen Analysis hervorgebracht hätte. In Moskau glaubte man naheliegenderweise an die Priorität von V. P. MASLOV, der mit seinem sogenannten kanonischen Operator eine Version von FOURIER-Distributionen etabliert hatte, wo die sogenannten LANGRANGE-Mannigfaltigkeiten nicht konisch sein mussten. In diesem Kontext beobachtete er ein – heute als MASLOVsches Bündel bezeichnetes – Linienbündel auf LAGRANGE-Mannigfaltikeiten, das an der invarianten Formulierung von Symbolen von FOURIER-Distributionen teilnimmt. Ein anderes berühmtes Objekt in diesem Zusammenhang ist der MASLOV-Index, eingebettet in andere grundlegende Konstruktionen der HAMILTON-Mechanik und der symplektischen Geometrie. Auch ganze Serien von Anwendungen, insbesondere im Zusammenhang mit der Konstruktion von asymptotischen Lösungen sowie die Analyse semi-klassischer Asymptotiken in parameter-abhängigen Gleichungen, gab es schon lange, bevor solche Fragen in mehr an HÖRMANDER orientierten Schulen in westlichen Ländern neu aufgegriffen worden waren. Ein anderes wichtiges Gebilde der mikrolokalen Analysis, von HÖRMANDER als Wellenfrontmenge einer Distribution bezeichnet und weithin auf die Ausbreitung von Singularitäten angewendet, wurde in komplexem Kontext von einer japanischen Schule in Anspruch genommen, namentlich von SATO, und so gab es genügend Gesprächsstoff, die faszinierende Entwicklung der mikrolokalen Analysis

---

[47] J. DUISTERMAAT, 1942–2010.

in Zusammenhang zu bringen mit einer ganzen Folge wichtiger Entdeckungen an unterschiedlichen Aktivitätszentren in der Welt. Eine große Bedeutung hatte auch das EGOROV-Theorem, das grob als die Tatsache beschrieben werden kann, dass ein Pseudo-Differentialoperator, konjugiert mit einem FOURIER Integraloperator, erneut einen Pseudo-Differentialoperator ergibt, dessen Symbol sich durch Substitution einer – in diesem speziellen Fall kanonischen – Transformation aus dem ursprünglichen Symbol berechnet und man auf diese Weise zu mikrolokalen Normalformen kommen kann. Mit JU. V. EGOROV hatte ich in Moskau ebenfalls persönliche Bekanntschaft gemacht. Später sind dann verschiedene gemeinsame Arbeiten zusammen mit V. A. KONDRATIEV entstanden und auch die Monografie [15].

Das Institut für Mathematik an der LOMONOSSOV-Universität befand sich in mehreren Stockwerken eines Hochhauses im Stalin-Barock, das mit seinen Seitentürmen insgesamt einen imposanten Eindruck machte. In den unteren Foyers, wo die Studenten und das Personal aus- und eingingen, bauten sich zu dieser Zeit manchmal Verkaufsstände auf, wo Waren des täglichen Bedarfs, wie Lebensmittel, Kleidung oder Schuhe zum Verkauf angeboten wurden. Diese Praxis hatte anscheinend die Funktion, die akademische Elite mit Gütern zu versorgen, die sonst nicht ohne weiteres im normalen Angebot vorkamen. Versorgt habe ich mich im Akademie-Hotel, wo es in mehreren Etagen eine Art Imbiss-Verkauf gab. Das Hotelzimmer war auch mein hauptsächlicher Arbeitsplatz. Inwieweit sich internationale Gäste des akademischen Betriebs unter liebevoller Aufsicht zuständiger staatlicher Organe befanden, war nicht immer unmittelbar zu verifizieren. Es war aber recht störend, dass man den ganzen Tag über anonyme Telefonanrufe bekam, wo sich kein Anrufer irgendwie zu erkennen gab. Als ich mich dann eines Tages entschlossen hatte, den Telefonhörer generell abzunehmen und neben das Gerät zu legen, kam plötzlich eine Person und verlangte, dass ich den Telefonhörer doch an seinem Platz lassen sollte.

Die sehr weiten innerstädtischen Entfernungen in Moskau legte man zum großen Teil mit der Metro zurück, einer Untergrundbahn, deren Bau auf die Stalinzeit zurückgeht. Ein Ticket kostete 5 Kopeken. Die Bahnhöfe selbst machten den Eindruck von prächtigen Palästen, mit opulenten Leuchtern und Kandelabern, Säulen- und Wandverkleidungen aus edlen Materialien, wie Marmor, Travertin, oder anderen Arten von auf Hochglanz polierten Natursteinplatten, weiterhin mit riesigen Mosaiken, die die Triumphe der siegreichen Arbeiterklasse darstellten oder Elemente des friedlichen Aufbaus des Kommunismus rühmten, wo glückliche Menschen mit Garben geernteter Feldfrüchte einer glücklichen Zukunft entgegenlächelten. Angeblich war seinerzeit für Stalin die Zeit gekommen, wo auch das Volk in Palästen wohnen sollte. Die Hochblüte des Stalinismus war nun längst Vergangenheit, aber verschiedene Redewendungen oder auch Witzeleien aus dieser Zeit waren noch präsent. So hatte Lenin einst behauptet: „Sowjetmacht plus Elektrifizierung des ganzen Landes = Kommunismus". Das respektlose Volk hatte diese mathematische Metapher ergänzt durch: „Sowjetmacht minus Elektrifizierung = Stalinismus". Spuren des Stalinismus konnte man auch noch an bestimmten Namensgebungen erkennen.

Während Mädchennamen wie „Sozialisma" im deutschen Sprachraum vermutlich nicht vorkamen, gab es in der Sowjetunion massenhaft Namen aus dieser Zeit, sowohl auf der Ebene der Vor- als auch der Zunahmen, wie Stalber, eine Wortzusammenziehung aus Stalin und Berija[48] als attraktive Vornamen, oder Marenlensta, gebildet aus Marx, Engels, Lenin, Stalin. Viele Jahre später, bei einem Besuch in Gori (Georgien), der Geburtsstadt von Stalin, begegnete ich tatsächlich einem Stalber, der die Führungen durch alte Ausgrabungen machte. Eine besondere Kultstätte in Moskau am Roten Platz war (und ist) das Lenin-Mausoleum, wo zur damaligen Zeit zu den entsprechenden Öffnungszeiten kilometerlange Schlangen von Besuchern auf Einlass warteten. Hier ruht in einem Glassarg der einbalsamierte Lenin, wenigstens nach offizieller Information, eine Art Ganzkörper-Reliquie, an der die Massen vorbeidefilieren konnten. Jedoch wurde auch der Verdacht laut, es könne sich um eine Plastik-Attrappe handeln. Ursprünglich war es das Lenin-Stalin-Mausoleum, in dem neben Lenin auch Stalin seine Ruhestätte gefunden hatte. Später hatte man ihn dann an die Kreml-Mauer ausquartiert, schräg hinter dem Mausoleum und abgefunden mit einer Büste. Ich hatte in Moskau viel fotografiert, u. a. auch diese Büste. Als ich dann aber nach meiner Rückkehr in Berlin die Filme vom Entwickeln abholte, war dieser Film auf geheimnisvolle Weise verschwunden. Geschichten und Gerüchte über Stalin machten immer noch die Runde, obwohl diese Zeit als überwunden galt. Einerseits behaupteten Pessimisten, es hätte sich ohnehin nicht viel geändert, andererseits trauerte man auch einer verblichenen Größe nach. Als charismatischer Herrscher hat Stalin auch zahllose Weisheiten für die Nachwelt hinterlassen. Eine behauptete, dass in Deutschland nie eine Oktoberrevolution hätte stattfinden können wie in Russland, da die Deutschen im Park nicht über den Rasen laufen. Moskau und auch das Umland sind reich an Sehenswürdigkeiten, obwohl während der Stalin-Ära viele Kostbarkeiten aus den Hinterlassenschaften der russischen Geschichte abgeräumt worden waren. Immerhin waren am Roten Platz der Kreml und auch die Basilius-Kathedrale verblieben, letztere aus der Zeit Iwans des Schrecklichen. Obgleich es verboten war, unternahm ich einen Ausflug nach Sagorsk, den Sitz des Russischen Patriarchen nahe Moskau, einem Ort, den man mit der Bahn erreichte, mit einem Kloster, mit wunderbaren alten Kirchen, wo auch leibhaftige Mönche herumspazierten und an Besucher geweihtes Wasser verkauften. Einmal war ein sehr heftiger Streit zu beobachten zwischen einem Kunden und dem entsprechenden Mönch, weil dieser offenbar nicht die erwartete Menge an Wasser herausrückte. Ich erinnere mich nicht mehr, wie der Streit ausgegangen war, aber in jedem Fall muss der spirituelle Wert der Erwerbung dadurch gelitten haben.

In Moskau sowohl am Steklov-Institut als auch der Universität hatte man den Eindruck, dass die Sowjetunion eine Integration der verschiedenen Nationalitäten bewerkstelligt hätte, mit Wissenschaftlern, Studenten und Aspiranten aus den entlegensten Teilen des Landes, wie Sibirien, Tadschikistan, Usbekistan, Georgien. Die allgemeine Völkerverständigung fand auch auf den Plakaten zu Jubelfeiern statt, wo Kinder aller Hautfarben, am besten aus allen Erdteilen, in ihrer traditionellen

---

[48] einstiger sowjetischer Geheimdienstchef.

Kleidung, die Kraft der neuen Gesellschaftsordnung rühmten. Wenn sie dann noch geherzt wurden von freundlichen Soldaten der Roten Armee oder von den Weisheit und Güte ausstrahlenden Besten des Volkes an der Spitze der Partei- und Staatsführung, so konnte man sich in das allgemeine Glück der neuen Epoche einbezogen fühlen.

Ein von außen kommender Besucher konnte die verschiedenen inneren Brüche und Verletzungen im Befinden der Leute nicht unmittelbar spüren; allenfalls ahnte man, dass hier mehr sein musste, als gelebte Völkerverständigung. Auch konnten die älteren Menschen die Erfahrungen des zweiten Weltkrieges nicht vergessen haben. Zu bestimmten Jahrestagen waren im Flur des Steklov-Instituts Fotos russischer Soldaten zu sehen; eines zeigte z. B. A. A. DESIN, damals im Institut wieder als Wissenschaftler aktiv. DESIN war, wie überhaupt die meisten der Wissenschaftler, die ich in Moskau traf, überaus freundlich zu mir; einmal war ich auch zu Hause eingeladen. Dabei hätte ich es verstanden, wenn auch irgendwie Verbitterung in der Erinnerung zu spüren gewesen wäre an das entsetzliche Unheil, das Deutschland im zweiten Weltkrieg auch für Russland bedeutet hatte, oder wenn diese Zeit mir gegenüber mindestens erwähnt worden wäre. Was die offizielle Einordnung der (Ost)-Deutschen betraf, so mochte der Groll nun auch kanalisiert sein in dem Status, den die DDR im Gefüge des sozialistischen Lagers gefunden hatte. Obwohl formal ein eigenständiger Staat, befand man sich praktisch auf einer Stufe mit den anderen Sowjetrepubliken, obwohl die DDR nicht so sehr eine Nippfigur in der Guten Stube der Supermacht war, sondern eine Art Haustier, draußen in der Hundehütte. Die DDR dankte es mit großen wie auch kleinen Gesten. Zu letzteren gehörte, dass plötzlich die Uniformen der Volkspolizei mit Zitaten und Gestaltungselementen aus der Formgebung russischer Soldatenmäntel versehen wurden.

Eine andere wesentliche Seite meiner mathematischen Betätigung in Moskau bezog sich auf die Analysis der Randwertprobleme, speziell vom Standpunkt aus der Index-Theorie, die damals noch eine vitale Erscheinung in der Entwicklung der Strukturmathematik war, wobei das ATIYAH-SINGER Theorem bereits seit Jahren bekannt war, und nun einen Ausgangspunkt dessen bildete, was sich als „Globale Analysis" eingebürgerte. Für die Randwert-Theorie war es aber keineswegs so klar, wohin die Reise gehen könnte. Während das Index-Theorem für elliptische Operatoren auf unberandeten kompakten Mannigfaltigkeiten auf einer K-theoretischen Interpretation der stabilen Homotopie-Klassen elliptischer Hauptsymbole basierte und dies u. a. an die Errungenschaften von Algebren von Pseudo-Differential Operatoren anknüpfte, die zusammen mit ihren elliptischen Elementen auch deren Parametrizes enthalten, war der entsprechende analytische Hintergrund im Fall von Randwertproblemen alles andere als klar. Es hätte im Idealfall analoger pseudo-differentieller Algebren von Randwertproblemen bedurft, aber diese standen trotz des umfangreichen Werks von VISHIK und ESKIN nicht zu Verfügung. Die Theorie von VISHIK und ESKIN, vgl. [81], [82], [17], war ein höherdimensionales Analogon der WIENER-HOPF Technik, die in vielen Fällen explizite Inverse elliptischer Operatoren durch Faktorisierung von Symbolen lieferte, aber sie erzeugte keine Operator-Algebren mit den beschriebenen Eigenschaften. Die Schwierigkeiten lagen auf zwei Ebenen. Einerseits waren die Standard-SOBOLEV Räume nicht einsetzbar, die Regularität in Randnähe widerzuspiegeln; statt Glattheit bis zum Rand bestehen allgemeinere Asymptotiken, andererseits kommt bei der Elliptizität von Randwertproblemen noch eine Obstruktion hinzu, vgl. ATIYAH und BOTT [6], die erlaubt oder verhindert, dass man zu einem elliptischen Operator im Innern elliptische Randbedingungen überhaupt stellen kann. Zu letzteren gehören DIRICHLET- oder NEUMANN-Bedingungen beim LAPLACE-Operator. Die Beschränkung auf Operatoren, die diese Bedingung erfüllen, hätte gerade viele für die Geometrie interessante Differentialoperatoren ausgeschlossen, z. B. DIRAC-Operatoren in geraden Dimensionen. Daher gingen weitere Arbeiten von ATIYAH, PATODI und SINGER, vgl. [8], andere Wege. Man erzeugte Index-Formeln auf direktere Weise, wobei die Randbedingungen vermittels globaler Pseudo-Differentieller Projektoren auf der Berandung formuliert wurden. Von Parametrizes innerhalb geeigneter Operator-Algebren war keine Rede. Um ein vollständigeres Analogon des Index-Theorems für Randwertprobleme ging es in der Arbeit von BOUTET DE MONVEL [12], und zwar für Operatoren, die die sogenannte Transmissionseigenschaft auf der Berandung erfüllen – in diesem Fall sind die gewöhnlichen SOBOLEV-Räume wieder der richtige Kontext – und unter der Bedingung des Verschwindens der besagten topologischen Obstruktion. Hier gelang es, die stabilen Homotopieklassen elliptischer Hauptsymbole, in diesem Fall Paare von Symbolen, inneres und Randsymbol, durch die K-Theorie im offenen Innern zu repräsentieren, wo der Index-Homomorphismus direkt angewendet werden konnte.

In Moskau traf ich auch M. SHUBIN; er hatte mich einmal zu sich nach Hause zu Besuch eingeladen. Wie erwähnt hat SHUBIN später meine gemeinsame Monografie mit Räpl über die Index-Theorie elliptischer Randwertprobleme ins Russische übersetzt. Im Vorfeld hatte ich mich auch für Randwertprobleme vom SOBOLEV-Typ interessiert, d. h. wo „innere" Randbedingungen auf eingebetteten Untermannigfaltigkeiten beliebiger Kodimension gestellt werden. In diesem Kontext hatte B. JU. STERNIN ein Buch geschrieben mit einer systematischen K-theoretischen Untersuchung solcher Probleme, und er hatte mir auch ein Exemplar dieser Darstellung geschenkt. Auch V. IVRIJ war regelmäßig in der Universität anzutreffen. Später hatte ich viele der Mathematiker, die ich aus Moskau kannte, zu meinen eigenen internationalen Tagungen eingeladen. Schließlich führte auch ein Besuch nach dem damaligen Leningrad, wo ich insbesondere auch O. A. LADYZHENSKAJA und V. A. SOLONNIKOV aufsuchte.

Mathematiker aus der Sowjetunion kamen zu unterschiedlichen Anlässen auch in die DDR zu Besuch. Insbesondere kam auch O. A. OLEINIK nach Berlin an das Akademie-Institut, wo ich ihr Begleiter bei verschiedenen Terminen und Besichtigungen war. Sie hatte in der betreffenden Woche gerade ihren sechzigsten Geburtstag, den sie aber nicht zu einem offiziellen „Staatstermin" im Kreise des mathematischen Publikums hatte machen wollen. So feierte ich mit ihr in kleinstem Kreis in meiner Privatwohnung in Berlin Schöneweide bei einem kleinen Abendbrot. Mit Frau OLEINIK bin ich bei verschiedenen Gelegenheiten vor diesem Ereignis und auch später noch zu internationalen Tagungen zusammengetroffen, die ich zusammen mit anderen Kollegen in Deutschland organisiert hatte. Sie interessierte sich u. a. auch für Differentialgleichungen in nichtglatten Gebieten; KONDRATIEV war einer ihrer Schüler, und sie hatte mit ihm auch eine Reihe umfangreicher Arbeiten auf diesem Gebiet geschrieben.

Eine andere breit angelegte Tagung, wo beide teilnahmen, hatte der ukrainische Mathematiker I. V. SKRYPNIK organisiert, und zwar in Sedevo nahe des austrocknenden Asovschen Meeres. Untergebracht waren wir in einer Feriensiedlung für Kinder, bestehend aus einem Zentralgebäude sowie einzelnen Holzbungalows, in denen immer zwei bis drei Personen wohnten. Aus Deutschland nahmen außer mir noch einige weitere Kollegen des Akademie-Instituts in Berlin teil. Die Umgebung des Kinderdorfes bestand aus einer Art Steppe mit dürftigem Planzenwuchs, wobei der Boden in den ursprünglichen Grund des flachen in Austrocknung befindlichen Meeres überging. In der Grenzzone zum fernen Wasser türmten sich Berge von fauligem Seetang, Brutstätte zahlloser Fliegen, die in schwarzen Wolken über das Land zogen und auch die Bungalows besuchten. Mit dieser Präsenz waren die Nächte in den Räumen unerträglich. Zur Fauna gehörten auch Armeen von riesigen Fröschen, die an dieser Situation wenig auszusetzen hatten und auch keine Berührungsängste kannten. So entschloss ich mich nach einigen Testläufen, eine größere Zahl von Fröschen als Fliegenfänger in unserem Bungalow anzustellen. Obwohl die Frösche den Job akzeptiert hatten, war die Sache dennoch kein rechter Erfolg, denn die Stille der Nacht war dahin und wurde von einem immerwährenden geräuschvollen „Schnapp, Schnapp, … ", begleitet, wobei die Fliegen nach wie vor in Ohren und Nasenlöcher krochen oder sonstigen unerwünschten Tätigkeiten nachgingen. Dazu kamen dann am nächsten Morgen die Beschwerden der Mitbewohner, die das Wirken der Frösche als zusätzliche Störung empfanden.

Begegnungen bei internationalen Tagungen oder auf halb privater Basis zwischen Mathematikern aus der DDR und der Bundesrepublik Deutschland oder Westberlin konnten aus unterschiedlicher Sicht problematisch sein, was insbesondere am Akademie-Institut einst zu unliebsamen Episoden und disziplinarischen Reaktionen geführt hatte. Unter „normalen" Umständen gab es keine offiziellen Kontakte auf der Ebene wissenschaftlichen Gedankenaustauschs. Es kam jedoch vor, dass Mathematiker in der DDR Einladungen westdeutscher Kollegen erhielten und gelegentlich auch Fachbücher geschickt bekamen. Eintreffende Postsendungen, auch aus dem sonstigen Ausland, erreichten den Empfänger, wenn überhaupt, grundsätzlich in geöffnetem Zustand. Antworten, wenn sie toleriert wurden, was bei Adressaten außerhalb Deutschlands vorkam, mussten unverschlossen weitergeleitet werden. Im „Bedarfsfall" antwortete der Institutsdirektor im Namen des jeweiligen Mitarbeiters des Instituts, dass z. B. der Eingeladene, der von dem Vorgang nicht unbedingt Kenntnis hatte, zur bezeichneten Tagung verhindert sei oder es kein Interesse gäbe. Die Reaktionen zu unterschiedlichen Zeiten waren nicht immer gleich, und in den späteren Jahren der DDR war ein totales Kontaktverbot kaum noch durchzuhalten, ohne allgemeine vertragliche Beziehungen zu anderen Ländern des „sozialistischen Lagers", z. B. Polen, zu unterminieren. In Warschau gab es das Banach-Institut, das über viele Jahre internationale drei- bis sechsmonatige Weiterbildungs- und Forschungssemester ausrichtete, und zwar über die Breite der Mathematik, mit jeweils einem Organisationskomitee, das sich aus Mitgliedern der sozialistischen Partnerländer zusammensetzte und wo in diesem Rahmen die wichtigsten Vertreter der jeweiligen Disziplin zu Kursen oder Einzelvorträgen eingeladen wurden. Als Mitorganisator und auch Vortragender beteiligte ich mich an mehreren dieser Semester, wo es im weitesten Sinne um globale Analysis, speziell „Index-Theorie, und Differentialgeometrie" ging, sowie um mikrolokale Analysis, insbesondere Fourier-Integraloperatoren und Partielle Differentialgleichungen. Die wissenschaftlichen Veranstaltungen fanden zu dieser Zeit im Zentrum von Warschau statt, in einem kleinen Schloss, das ein sehr vornehmes Ambiente bot und wo es in einem Seitenflügel auch Unterbringungsmöglichkeiten für Gäste gab. Zu den angenehmen Aufgaben für mich gehörte auch die Betreuung von Gästen. Insbesondere war J. LERAY[49] mit seiner Frau zu Besuch, und wir erfreuten uns in sehr entspannter Atmosphäre an den Sehenswürdigkeiten der Warschauer Altstadt. Ähnlich war es auch mit M. SATO[50], den ich insbesondere in die Geheimnisse der besonders opulenten Eisbecher einführte, die in der Innenstadt in speziellen Eisbars angeboten wurden, und deren attraktivste Version sich „Ambrosia" nannte. Es versteht sich, dass er mein Gast war. Allerdings unterließ ich, aus Unkenntnis der guten japanischen Gepflogenheiten, in den folgenden Tagen vor seiner Abreise, wo ich zu Hause arbeitete, für eine Gegeneinladung zur Verfügung zu stehen, was, wie ich dann erfuhr, zu ungeduldigen Nachfragen geführt hatte, wo ich eigentlich geblieben sei. Auch viele andere Vertreter der internationalen Mathematik kamen an das Banach-Zentrum zu Besuch, unter ihnen G. GRUBB aus Kopenhagen und A. MELIN aus Lund. Ich kannte beide von früheren Begegnungen. Ich hatte deren wichtigste Arbeiten studiert; speziell G. GRUBB hatte eine Monografie über pseudo-differentielle Randwert-Probleme publiziert, vgl. [24], die inhaltlich auch in enger Beziehung zu der von mir zusammen mit Räpl verfassten Monografie stand, wo es um eine Ausgestaltung und Anwendungen von BOUTET DE MONVEL's Kalkül ging, vgl. [12]. Auch ein aus der Bundesrepublik stammender Mathematiker Boll, tätig an der Universität in Roskilde, war regelmäßiger Gast in Warschau. Er erschien später auch gelegentlich zu Besuchen in der DDR, wo es den Einsitzenden eine wohltuende Erfahrung war, über die Vorzüge des real existierenden Sozialismus aufgeklärt zu werden und ihn dann nach absolvierter Visite mit freundlichem Winken gen Westen entschwinden zu sehen. Es schien unter ehemaligen Studenten aus der Zeit der „68"-iger eine weitverbreitete Tendenz zu sein, den Sozialismus osteuropäischer Prägung als Lebensideal zu sehen. Ich wurde eines Tages von einem Mitglied der Schule um den Potentialtheoretiker H. BAUER kontaktiert, mit ihm Bücher zu tauschen, wobei er sich soweit ich es verstand für Marxistisch-Leninistische Literatur interessierte. Ich hatte von ihm eine Kopie des Buches von H. BAUER über Konvexität in topologischen Verktorräumen bekommen. Das Ansinnen, umgekehrt im Austausch sozialistische Lebenshilfe zu

---

[49] J. LERAY, 1906–1996.
[50] einem der Begründer der Theorie der Hyperfunktionen.

leisten, fand ich über die Maßen befremdlich. So entschloss ich mich, ihm ein privates Bücherpaket mit einer reichen Sammlung aus ideologischem sozialistischen Schund zu schicken, den ich einen langen Nachmittag in Buchläden der ehemaligen Stalin-Allee – damals, glaube ich, Karl-Marx-Allee – aufgelesen hatte, in der Hoffnung, dass er den Wink verstehen würde. Ich selbst musste ich mir wohl keine Gedanken machen, dass ich bei einem solchen lobenswerten Inhalt die Staatsmacht herausforderte. Es hat mir gegenüber keine erkennbare Resonanz gegeben, weder darauf, dass ich gewagt hatte, auf einen Kontakt nach dem Westen einzugehen, noch seitens des Begünstigten über so viel unverhofftes Verständnis.

Die Banach-Semester endeten machmal mit einer internationalen Tagung an einem anderen Ort. Eine der Tagungen im Anschluss an ein Semester über globale Analysis fand in Jaszowiec statt. Auch R. THOM war unter den prominenten Gästen. Einer der ersten Sprecher, ein junger polnischer Mathematiker, war sichtlich beeindruckt, dass R. THOM zu seinem Vortrag erschienen war. Nach wenigen Minuten war THOM jedoch friedlich eingeschlummert und dokumentierte seine Anwesenheit mit lautem Schnarchen. Es wurde ihm zwar nicht besonders übel genommen, man fühlte sich auch so geehrt, aber der Vortragende wirkte doch etwas bedrückt. Während des ICM-Weltkongesses in Warschau 1983, wo ich den Vorsitz während des Hauptvortrages von KLAINERMANN hatte, saß ich neben P. LAX. Ich kannte LAX von einem Aufenthalt einige Jahre zuvor am COURANT-Institut, und wir hatten ein sehr freundliches Verhältnis zueinander gefunden. In seinem Büro hatte ich ihm damals über meine mathematischen Aktivitäten berichtet, und auch ich durfte die Erfahrung machen, wie charakterbildend es ist, einem Nickerchen des Zuhörers beizuwohnen. Während des KLAINERMANN Vortrages jedenfalls sank LAX abermals in süßes Vergessen, begleitet von einem Schnarchkonzert, das im ganzen Saal widerhallte, und plötzlich befand auch ich mich im Zentrum der allgemeinen Wahrnehmung, wobei ich nicht die Kühnheit aufbrachte, für ein diskretes Erwachen zu sorgen.

Zu den vielen bemerkenswerten Ereignissen in Warschau am Banach-Zentrum gehörte auch ein längerer Besuch von S. P. NOVIKOV, der insbesondere eine Vorlesungsreihe über damals neue Entwicklungen über Solitonen-Lösungen bei bestimmten nichtlinearen partiellen Differentialgleichungen hielt. Es gab hierzu schon seit langem wichtige neue Errungenschaften, speziell auch von Moskauer Mathematikern, aber auch von P. LAX und anderen damals am COURANT-Institut tätigen Wissenschaftlern. Neuen solitären Lösungen war man durch numerische Betrachtungen auf die Spur gekommen, was auch als ein Beleg für die integrativen Impulse in der Mathematik gesehen wurde. In den Vorlesungen von NOVIKOV ging es um die Resultate einer Entwicklung in Moskau zur Analyse von KdV-Hierarchien mit einer Palette einbezogener mathematischer Spezialgebiete, die man nur besitzt, wenn an einem Forschungsstandort über Jahrzehnte und gleichzeitig auf vielen Gebieten systematisch und kontinuierlich Forschung betrieben wird. Diese Erfahrung wurde von NOVIKOV besonders hervorgehoben. Notwendiges Material über bestimmte Zeta-Funktionen hatte nur deshalb zur Verfügung gestanden, weil ein älterer Mathematiker verborgene und spezielle Resultate dieser Art von vor 50 Jahren

B.-W. Sch. (Potsdam), B. Paneah (Haifa) (v. *links* n. *rechts*), 2006, Haifa, Israel

noch kannte und sich im richtigen Augenblick daran erinnerte. Solche Anwendungen konnten seinerzeit auch schwerlich vorgeplant gewesen sein.

Der Linksradikalismus, eine angebliche Kinderkrankheit des Kommunismus, wie er einst von Lenin genannt worden war, hatte sich in allen Ländern des sozialistischen Lagers als Grundlage der jeweiligen Staatsdoktrin durchgesetzt, auch wenn es durchaus unterschiedliche Spielarten gab. Die zuständige Parteischolastik machte zwar feine Unterschiede zwischen dem Linksradikalismus als solchem und der praktizierten sozialistischen Herrschaft, die staatstragend veredelt auftreten konnte, wenn es um gemessenes Schreiten auf diplomatischem Parkett ging, wo man anerkannt sein wollte. Jedoch im Rückblick erscheinen solche Nuancierungen als Spitzfindigkeiten, die am real existierenden Sozialismus nichts änderten. Außerdem war man als geschlossene Gesellschaft nicht veredelter, nur weil die ganze Palette von Schurkenstücken nach innen und außen, die im staatlichen Auftrag liefen, nicht so leicht offenbar wurden. In einem aber war die Ideologie, die sich als zum Besten der Arbeiterklasse und der werktätigen Massen erklärte, von einer echten und tiefen Überzeugung. Es war dies das Misstrauen gegenüber ausufernder wissenschaftlicher Erkenntnis, soweit sie sich dem Verständnis der Parteibürokratie entzog. Ein elegantes Mittel, die Wissenschaften zu kontrollieren und zu drangsalieren war die Forderung nach Verstärkung der sogenannten angewandten Forschung und des Nachweises an Nützlichkeit, d. h. weshalb die Wissenschaftler überhaupt da waren. Man hat zwar nie auf die Zierde verzichten wollen, Heimstatt von Wissenschaftlicher Weltanschauung zu sein, aber die Einzelwissenschaften durften es

keineswegs übertreiben. Wie sich diese Haltung in der DDR auswirkte, insbesondere an der Akademie der Wissenschaften, werden wir anschließend noch sehen. Aber
auch in anderen sozialistischen Ländern blühte eine merkwürdige Hassliebe der
herrschenden Führungskader zu den Wissenschaften. Besonders deutlich war dies
auch in Rumänien zu beobachten unter der Herrschaft von NICOLAE CEAUŞES-
CU[51]. Zwischen Rumänien und der DDR gab es ein Akademie-Abkommen, und so
hatte auch ich die Gelegenheit zu verschiedenen Tagungsbesuchen und Arbeitsaufenthalten in Bukarest. Neben CEAUŞESCU selbst, der zu dieser Zeit den Beinamen
des großen Conducators trug und auf Titelseiten deutschsprachiger Journale, die
in der DDR zu erwerben waren, gelegentlich mit Schärpe, Zepter und Reichsap-
fel zu sehen war, waren auch die Mitglieder seiner Familie von unterschiedlichem
Einfluss, insbesondere die Ehefrau ELENA und die Tochter ZOIA[52]. Die Hochkarätigkeit von internationalen Orden und Ehrungen, die die Weltgemeinschaft,
einschließlich der royalen und bügerlichen Gesellschaft des Westens, CEAUŞESCU
hatten zugute kommen lassen, etwa den Titel Ritter der Ehrenlegion in Frankreich,
das Große Kreuz des Ordens pour le Mérite in Deutschland, sowie andere Verdienst-
kreuze und Titel, muss speziell auch die Familienmitglieder, insbesondere ELENA,
tief beeindruckt haben. Obwohl ELENA CEAUŞESCU in dem Ruf stand, Analpha-
betin zu sein, hatte sie es für das Fach Chemie zum Mitglied der Rumänischen
Akademie der Wissenschaften gebracht. Jedoch die Unscheinbarkeit eines solchen
Titels im Vergleich zu den erwähnten Ehrungen ihres Gatten hatte sie zweifellos
über die Maßen gewurmt, zumal andere Akademien in der Welt sich hartnäckig
weigerten, dem Beispiel der Rumänischen Akademie zu folgen und sie als Mitglied
aufzunehmen. Die Tochter ZOIA war Mathematikerin, und als ich 1976 in Rumäni-
en eine Tagung über Komplexe Analysis besuchte, war sie unter den Teilnehmern
zu sehen. Es hieß damals, dass sie auf dem Gebiet der Hyperfunktionen arbeite;
jedoch blieb unklar, ob sie die Definition der Hyperfunktionen überhaupt kannte,
und es scheinen auch keine diesbezüglichen Resultate überliefert zu sein. Es hatte
sich dann FOIAS[53] ihrer behutsam angenommen, was ohne Zweifel eine gute Tat
war, einer hohen Dame ein wenig fachliche Zuwendung nicht vorzuenthalten. Meine sonstigen Besuche an der Rumänischen Akademie der Wissenschaften galten
zunächst einer Gruppe in Potentialtheorie sowie vor allem einem mir befreundeten Mathematiker O. LIESS. Dieser erfreute sich gelegentlicher Begegnungen mit
ZOIA auf dienstlicher Ebene, wo ansonsten triviale Begebenheiten den Status von
wichtigen Nachrichten bekamen, einschließlich der Tatsache, dass sie auch freundlich und aufgeschlossen sein konnte. Das Institut für Mathematik hatte hoch oben
unter dem Dach einen weithin sichtbaren Fries, wo rund um das Gebäude nach außen hin auf hellem Grund mathematische Symbole prangten, wie Integralzeichen,
Summenzeichen, was die durchaus wichtige Botschaft transportierte, dass die Mathematik in der sozialistischen Gesellschaft verankert war und sich zeigen durfte.

---

[51] 1918–1989, Präsident der Sozialistischen Republik Rumänien von 1974–1989.
[52] 1950–2006.
[53] C.I. FOIAS, *1933.

Diese Visualisierung erinnerte ein wenig an ein ähnliches dekoratives Bekenntis zu den allgemeinen Werten der Gesellschaft im Saal des Bukarester Athenäums, der Staatsphilharmonie, noch aus der Zeit des Bildungsbürgertums, wo über die ganze Länge der Umrandung der Decke des Saales in güldenen Lettern und dekorativ umschnörkelt wichtige Entitäten verzeichnet waren, wie Musik, Poesie, Architektur, Historie, usw., jedoch im Zentrum in Blickrichtung über der Bühne, die Geometrie, eine der mathematischen Wissenschaften. Auch wenn ein totalitäres System noch nie davor zurückschreckte, die Zeugen allgemein akzeptierter und überkommener Kultur von den Wänden zu hacken, hier hatten die schöngeistigen Accessiors überdauert, und es mochte sogar von Wert sein, den Schein zu wahren. Obwohl manchmal die Hörigkeit der Wissenschaften hinter den Erwartungen der führenden Kader zurückblieb, wurde auch der Mathematische Fries am Akademiegebäude nicht abgestraft, wohl aber das Institut selbst, als es eines Tages einer albernen Eitelkeit von ELENA zum Opfer fiel und aufgelöst wurde. Das Schlimmste freilich trat letztendlich doch nicht ein, da ja immerhin ZOIA Mitarbeiterin an diesem Institut war, und so war es zur Gründung eines Ersatz-Instituts gekommen, mit ZOIA CEAUŞESCU als neuer Direktorin. Wer es sich mit ihr nicht verscherzt hatte, fand weiterhin sein Auskommen in diesem neuen Institut, und sogar die mikrolokale Analysis, eine eher abstrakte Form der modernen Analysis, hatte in Gestalt von O. LIESS überdauert. Insgesamt wurde das Leben in Rumänien aus unterschiedlichen Gründen immer schwieriger. Insbesondere nahm die Verarmung des Landes dramatische Ausmaße an. Der Conducător gab eines Tages an das Volk die persönliche Empfehlung aus, dass die Leute privat Kaninchen halten sollten, um auf diese Weise die Lebensmittelsituation zu verbessern. Für einen gigantischen Jubelpalast im Zentrum Bukarests waren die Mittel aber da. Angeblich hätte trotz seiner monströsen Abmessungen die dazugehörige Bibliothek in ein Toilettenhäuschen gepasst. O. LIESS stammte aus Siebenbürgen. Jahre vor der politischen Wende in Rumänien gelang O. LIESS die Ausreise, wobei er dann in der Bundesrepublik Deutschland eine neue Heimat fand. Später wanderte er jedoch nach Italien aus, da die mikrolokale Analysis im Deutschland keine Existenzgrundlage bot.

Auch die Tschechoslowakei (CSSR) gehörte zur sozialistischen Staatengemeinschaft; auch hier gab es neben den Universitäten eine Akademie der Wissenschaften mit dazugehörigen Instituten. In regelmäßigen Abständen richtete man die „Equadiff" aus, eine Serie breit angelegter internationaler Tagungen über Differentialgleichungen. Auch im Jahr 1977 im August fand eine dieser Tagungen statt, und zwar in Prag. Die Ereignisse des Prager Frühlings[54] lagen genau zehn Jahre zurück, und das Land verharrte nach wie vor in einer Art Schockstarre, wie es für ein besetztes Land fast ein Normalzustand ist. Während einer Plenarveranstaltung anlässlich dieser Tagung kam der Redner unvermittelt auf einen Jahrestag zu sprechen, der allen Teilnehmern wohl bekannt sei, die Herzen bewege und nicht in Vergessenheit

---

[54] als in der Nacht vom 21. zum 22. August 1967 ein Reformversuch durch die Kommunistische Partei der CSSR gewaltsam beendet wurde, durch den Einmarsch von Truppen des Warschauer Paktes.

geraten werde. Es wurde plötzlich sehr still im Auditorium, und man bereitete sich auf einen Eklat vor, der zumindest die Verantwortlichen in ernsthafte Schwierigkeiten gebracht hätte. Jedoch löste sich die Anspannung in erleichterte Heiterkeit auf, als der Redner mit Unschuldsmiene fortfuhr, dass man eines Geburtstages des berühmten französischen Mathematikers CAUCHY zu gedenken habe, im August 1789[55].

Internationale Tagungen und andere Kontakte von Insassen sozialistischer Länder zu Wissenschaftlern aus der kapitalistischen Welt waren generell ein Fremdkörper in der ansonsten peinlich gehegten inländischen ideologischen Idylle. Es kam leicht zu Zwischenfällen, die immer dann besonders unerwünscht waren, wenn die herrschende Staatsmacht in irgendeiner Weise bloßgestellt oder provoziert werden konnte. Aus diesem Grund schickten sozialistische Länder Delegationen zu den entsprechenden Tagungen, wo mindestens eine Art Gouvernante bzw. Aufpasser mitgesandt wurde, die auf die Einhaltung von Verhaltensrichtlinien der eigentlichen Veranstaltungsteilnehmer achteten. Auch der aus der allgemeinen Verunsicherung geborene vorauseilende Gehorsam und die Selbstzensur konnten groteske Blüten treiben. So kam es während des Konferenzbanketts einer Tagung in Reinhardsbrunn, die ich selbst mitorganisiert hatte, zu vorgerückter Stunde zu einem entspannten Liedersingen. Jemand hatte den deutschen Teilnehmern das Lied „Weißt du wieviel Sternlein stehen ..." vorgeschlagen. Einer der aufmerksamen Parteikader aus dem Karl-Weierstrass-Institut war dann von Tisch zu Tisch gegangen mit der Aufforderung, die Strophe wegzulassen, wo es heißt „... Gott der Herr hat sie gezählet, damit auch nicht eines fehlet ...".

Wer als Wissenschaftler ein westliches Land bereiste und nicht die Absicht hatte auszuwandern, tat anschließend gut daran, nicht alle Reiseeindrücke zu offenbaren. Diese konnten verwirrend sein, denn man wusste nie, wenn man z. B. in Paris logierte, wer die Taschen im Hotelzimmer durchwühlt hatte, der westliche Geheimdienst, der sich dankenswerterweise für die Sicherheit des Heimatlandes interessierte, eine Stasi-Begleitung, die sich unerkannt in der Nähe aufhielt, oder ein harmloser Hotel-Bediensteter, dem bei schmalen Bezügen einige nützliche Gegenstände sogar zu gönnen waren. Wurde man jedoch bei ungewöhnlichen Gelegenheiten fotografiert, so kam wenigstens letztere Möglichkeit nicht in Betracht. Die übrigen Optionen mochten durchaus beide zutreffen. Bei der dürftigen Mittelausstattung und dem Misstrauen von verdeckter Seite kam mir manchmal in den Sinn, dass es nicht abwegig gewesen wäre, mir offiziell eine Begleitung anzubieten, was als eine Art Taxi-Dienst durchaus von Nutzen hätte sein können. Als unerfahrener Besucher konnte man auch auf andere Weise Interesse erwecken. Als ich bei einem Besuch in Rom von einer Bank meine Reisemittel abgeholt hatte und dann einen Bus bestieg, näherte sich mir unauffällig ein Fahrgast mit einer Umhängetasche, die wie eine Schlummerrolle gearbeitet war. Von unten dann rankte sich ein Hand an mir empor, verdeckt von der Schlummerrolle und näherte sich dem Verschluss meiner Tasche. Jedoch signalisierte ich durch eine Geste, dass ich den Trick durchschaut hatte,

---

[55] A.L. CAUCHY, 1789–1857.

und so konnte sich das Interesse der Person auf neue Ziele konzentrieren. Von den verschiedenen Reisen an mathematische Einrichtungen waren insbesondere auch Besuche in Lund, Schweden, besonders wichtig. Hier waren L. GARDING und L. HÖRMANDER die herausragenden Persönlichkeiten, deren Werke die Entwicklung der modernen Analysis eminent beeinflusst hatten. Bahnbrechend konnte man viele ihrer Arbeiten nennen, und es würde zu weit führen, hier eine detailierte Wertung anzubringen. Jedoch einen besonderen Einfluss hatte die Theorie der Fourier Integraloperatoren, die Jahre zuvor durch zwei Arbeiten von HÖRMANDER sowie HÖRMANDER und DUISTERMAAT in den Acta Mathematica einen besonderen Fortschritt erlebt hatten. Bei einem früheren Besuch in Warschau war ich zu einem Abendessen bei K. MAURIN auch mit DUISTERMAAT zusammengetroffen; er hatte dort Vorlesungen über diesen Gegenstand gehalten. Wie schon verschiedentlich erwähnt hatten die Synthesen unterschiedlicher Teilgebiete der Mathematik eine besondere Anziehungskraft entwickelt, hier u. a. die Verbindungen zwischen symplektischer Geometrie, HAMILTON-Mechanik, geometrischer Optik, Differentialtopologie, und eben Analysis, speziell auch Pseudo-Differentialoperatoren, dem mikrolokalen Verständnis der Ausbreitung und Reflexion von Singularitäten, von Kaustiken, und anderen physikalischen Erscheinungen. Später bei einem Tagungsbesuch in Oberwolfach hatte ich einmal einen Spaziergang mit J. MOSER gemacht, der aus anderer Sicht für neue Einblicke in die HAMILTON-Mechanik gesorgt hatte. Es war sehr beeindruckend zu erleben, wie disjunkt sich verschiedene herausragende Vertreter von sich normalerweise berührenden wissenschaftlichen Standpunkten verhalten und äußern können.

Theoria cum praxi

Der Überlieferung nach hat GOTTFRIED WILHELM LEIBNIZ den Grundsatz „Theoria cum praxi" betont und als eine Maxime seines eigenen Handelns gesehen. Dabei mochte er auch Theorien im Sinn gehabt haben, die mit Praxis und Anwendungen wenig zu tun haben. Wie schon erwähnt sah und sieht die Akademie der Wissenschaften in Berlin, speziell die entsprechende Gelehrtengesellschaft, LEIBNIZ als ihren Gründervater an, und sie trug diese Ermahnung in ihrem Wappen, nicht der Wissenschaft an sich zu verfallen und wertfreie Erkenntnis als erfüllten Auftrag zu betrachten. Hinterfragungen, woran eine Erkenntnis ohne Wert eigentlich zu erkennen sei, gilt gemeinhin bereits als verstecktes Bekenntnis zu unnützer Forschung, und es ist gerade auch die Mathematik, die nicht immer genau erklärt, wo sie ihre Anwendungen sieht, ebensowenig wie ein Baum seine Existenzberechtigung aus der Möbelproduktion herleitet. Berücksichtigt man allerdings: „an ihren Früchten sollt ihr sie erkennen", und wenn man die erzeugten Früchte vergangenen wissenschaftlichen Bemühens als wünschenswert betrachtet, so leuchtet es unmittelbar ein, dass nicht plötzlich von der Gegenwart an die Wissenschaften auf einmal potentiell unnütz geworden sind, sondern all ihre Aktivitäten den erneuten Erkenntniszuwachs „cum praxi" der Zukunft hervorbringen. Ein anerzogener Schuldkomplex, es könne sich anders verhalten, ist zumindest nicht durch die bisherige Erfahrung begründet. Jedoch so viel und so oft man auch betont, dass es im Wohnbereich eines Gebäudes ungemütlich wird, wenn man die grundlegenden Stützpfeiler demontiert, die Diskussion um die Notwendigkeit der Grundlagenforschung scheint zum Wissenschaftsbetrieb zu gehören und sich über die Generationen immer neu zu regenerieren wie der Holzwurm zum Gebälk, der nicht *für* das Gebäude sondern *von* ihm lebt. Wollte man in den Wigwam zurück, was nicht verwerflich sein muss, wäre dies zumindest klarzustellen, aber dies ist nicht zu verlangen und auch ganz unnötig, solange es noch etwas zu demontieren gibt.

Postulate, kaum dass sie ausgesprochen sind, wie „Theoria cum praxi", sind ein unaufdringliches Mittel, zwischen Gut und Böse zu unterscheiden, und dabei gleichzeitig andere, bevor diese sich noch geäußert haben, unter Rechtfertigungs-

B.-W. Schulze, *Erlebnisse an Grenzen – Grenzerlebnisse mit der Mathematik*, DOI 10.1007/978-3-0348-0362-5_10, © Springer Basel 2013

druck zu setzen. Ein Wissenschaftler, der leichtsinnig erklärt, dass er die Gründe untersuchen und verstehen will, die die Abläufe dieser Welt determinieren, ist zumindest schon verdächtig, und wenn er dies zudem gern und mit Leidenschaft tut, sollte er sich dezent mit Aufopferung tarnen und an Argumenten arbeiten, weshalb seine Forschung so wichtig ist. Es half und hilft hier wenig, die gelebte Wissenschaftsgeschichte zu Rate zu ziehen, so offensichtlich ein Sachverhalt auch ist. Dennoch soll als ein Beispiel daran erninnert werden, dass es die physikalische Untersuchung zusammen mit den Ausdrucksmitteln der mathematischen Analysis war, die die Gleichungen der Elektrodynamik hervorbrachten[56]. Bekanntlich veranlaßten diese Entdeckungen später, zielgerichtet nach der experimentellen Umsetzung zu suchen, der wir letztlich alles das an unserer Zivilisation verdanken, was mit elektronischer drahtloser Kommunikation zu tun hat. Sobald eine Wissenschaftlerbevölkerung mehrheitlich zu der Ansicht käme, von nun an sollte die Grundlagenforschung unterbleiben oder allenfalls einen Hobby-Forschungsstatus haben, so wäre es um die Hauptquelle der innovativen Kraft der Wissenschaften geschehen, und es würde vornehmlich aufgebraucht, was man noch aus besseren Zeiten hat, anstatt an die Zukunft zu denken. So jedenfalls entwickelte sich die Stimmungslage an der Akademie der Wissenschaften, nachdem die Partei seit Jahren verstärkt die Wissenschaften zur unmittelbaren Produktivkraft erklärt hatte und auch ausgewählte Vertreter aus dem Institut für Mathematik spontan oder organisiert mit Aussagen auftraten, die Mathematik möge sich nicht einbilden, an ihr könne die Forderung vorüberziehen, nun endlich einmal ihre Nützlichkeit zu beweisen und mit sichtbaren Projekten, am besten in Kombination mit Verträgen mit der Industrie, hervorzutreten.

Dass auch die angewandte Forschung ein grundlegendes Anliegen ist, hat man an der Akademie meines Wissens niemals ernsthaft in Abrede gestellt. Wissenschaftler, die am Unmittelbarsten eine Vorstellung von den komplexen Wechselbeziehungen zwischen Grundlagenforschung und Anwendungen haben, mochten sich höchstens die Frage gestellt haben, in welchen Formen die unterschiedlichen Seiten wissenschaftlicher Betätigung organisiert werden müssten. Hier hatte die Partei- und Staatsführung unter WALTER ULBRICHT eines Tages die Idee von Großforschungszentren für Industrie und Technologie aufgebracht, beginnend mit, wenn ich mich recht erinnere, 6–8 Vorhaben, denen später weitere folgen sollten. Der Mangel an Effizienz von Industrie und Landwirtschaft in der DDR war offenkundig, und man hatte auch vorher schon Absichten, der produktiven Sphäre der Gesellschaft unkonventionelle Freiheiten zu erlauben, z. B. „wirtschaftlich rechnungsführend" zu arbeiten und die Parteiwillkür über die Verwendung erwirtschafteter Mittel durch die Erzeuger ein wenig zu dämpfen. Es hatte einstens auch ein sogenann-

---

[56] nach J.C. MAXWELL, Physiker, 1831–1879; die MAXWELLschen Gleichungen, ein System partieller Differentialgleichungen, dessen Lösungen die Wellenausbreitung elektromagnetischer Felder nahelegten; Zeitgenossen waren sehr beeindruckt von der eigenartigen Schönheit dieser Strukturerkenntnis: „War es ein Gott, der diese Zeichen schrieb?"

tes NÖSPL[57] gegeben, das, wenn man es nur recht studierte, ganz neue Seiten sozialistischen Wirtschaftens erlebbar machte. Obwohl mein eigener Glaube an die Weisheit der Partei schon seit langem verloren gegangen war, fand ich doch den Ansatz mit den Großforschungszentren damals nicht abwegig, auch wenn mir schien, dass man mit maximal 2 - 3 Pilotprojekten hätte beginnen sollen. Kapitalistische Techniken von Planen und Wirtschaften gab es auf unterschiedlicher Ebene, und man war nicht immer blind, wenn es darum ging, irgendein bewährtes Prinzip vom Kapitalisten abzukopieren[58]. Z. B. hatte angeblich der Wirtschaftsstratege GÜNTER MITTAG von einem Besuch des Westens die sogenannte Netzwerktechnik mitgebracht, eine mathematische Planungsmethode für die Koordinierung von Aktivitäten bei komplexen Projekten[59]. Das Prinzip war absolut vernünftig und ordnete sich ein in eine neue mathematische Disziplin, die Operationsforschung, wozu u. a. auch die Transport-Optimierung gehörte, sowie die sich entfaltende sogenannte Datenverarbeitung. Natürlich kann man nur Daten verarbeiten, die man hat, und der Mangel an neuen Ideen in der sozialistischen Produktion war auf diese Weise nicht wirklich zu beheben. Hier also sollten Großforschungszentren den erheblichen Nachholbedarf des Sozialismus an Neuerungen für die Produktion bedienen, und es sollten „neue Wirkprinzipien" und originelle Einsichten aus Naturwissenschaft und Technik hervorgebracht und der Produktion zugeführt werden. Es dauerte jedoch nicht lange, und die „Großforschungszentren" verschwanden wieder aus dem öffentlichen Bewusstsein. Ob sie jemals gestartet worden waren, ist mir völlig verborgen geblieben. Vielleicht hatte die große befreundete Sowjetunion etwas gegen diese Ideen, sei es aus Eifersucht oder Kurzsichtigkeit, oder um den einstigen Kriegsgegner und potentiellen Konkurrenten nicht von der Leine zu lassen. Schon andere himmelsstürmende Ideen, z. B. Pläne, eine bescheidene (ost-)deutsche Luftfahrt zu entwickeln, waren frühzeitig zu Grabe getragen worden, genauer ein erster Prototyp eines Flugzeugs, zusammen mit dem betreffenden Testpiloten, zerschellt auf einem Acker bei Dresden. Die Forschung war für die breite Bevölkerung nicht von zentralem Interesse, und so konnten Themen dieser Art ohne großes Aufsehen wieder von der Bildfläche verschwinden. Im übrigen lebte der Sozialismus ja die wissenschaftliche Weltanschauung, und die Gesellschaftswissenschaften, die es auch auf der Ebene von Akademie-Instituten gab, konnten von sich behaupten, die größte je beobachtete Produktivkraft in der Geschichte zu sein, da sie ja schließlich ganze Völker und Erdteile durch ihre revolutionären Ideen aus ökonomischer Rückständigkeit und Unterdrückung befreit hatte. So schienen die Gesellschaftswissenschaften auch nicht in die Litaneien der Einzelwissenschaften an der Akademie einstimmen zu müssen, die den Verfall ihrer Forschung mit Bußfertigkeit und Kasteiungen einleiteten, mit dem Argument, die angewandten

---

[57] Neues Ökonomisches System der Planung und Leitung der Volkswirtschaft.

[58] schon Lenin soll suffisant bemerkt haben, dass der Kapitalist selbst noch den Strick an seine Gegner verkauft, mit dem er später aufgehängt werde.

[59] diese Methode soll erstmalig und mit spektakulärem Erfolg in den USA bei der Projektierung der Polaris-Rakete angewendet worden sein.

Sektoren zu stärken und folgerichtig die ohnehin etwas dekadente, wertfreie, und daher suspekte disziplinäre Forschung einzuschränken bzw. zu beenden.

Dies war insbesondere auch die Lage, in der sich das mathematische Akademie-Institut befand und speziell auch der Bereich „Reine Mathematik". Nach meinem Eindruck war sich der Institutsdirektor Prof. Thes über die Situation völlig im Klaren. Er erhielt und erneuerte zwar den Bestand an Wissenschaftlern in diesem Bereich; jedoch sorgte er auch für eine Art Fluktuation, wenn er der Meinung war, jemand müsse eine der Arbeitsgruppen in den „Angewandten" Bereichen verstärken. So hat auch meine Arbeitsgruppe ständig ihre Zusammensetzung gewechselt, und selbst einer meiner ersten vielversprechenden Schüler Räpl war im Rahmen seines Entwicklungsprogramms zum zukünftigen führenden Kader gedrängt worden, sich mehr mit Problemen der angewandten Mathematik zu befassen, was er auch tat, wobei dann die Zeit bis zum Ende des Akademie-Instituts nicht mehr ausreichte, um überhaupt zu originellen Resultaten zu kommen. Ein anderer sehr wichtiger Mitarbeiter, Herr Dr. Pner, der ein sehr breites mathematisches Wissen hatte und von liebenswürdigem Charakter war, wurde nach seiner Habilitation über den Index gruppeninvarianter Operatoren später ebenfalls in die Anwendungen „gesteckt"; ähnlich ging es den meisten anderen meiner Mitarbeiter, u. a. Dr. Bins, der die Verlegung in den nützlichen Teil der Mathematik mehr gelassen hinnahm. Eine Ausnahme bildete einer meiner ehemaligen Doktoranden, Herr Dr. Grup, der über den Index elliptischer Operatoren auf nilpotenten Lie-Gruppen promoviert und sich zu einem außergewöhnlichen Mathematiker mit einem eigenständigen mathematischen Profil entwickelt hatte. Dieser kam auf dem Verordnungsweg innerhalb des Bereichs „Reine Mathematik" in die Arbeitsgruppe von Herrn Dr. Emsi, der zu dieser Zeit meines Wissens keine jüngeren Mathematiker als Doktoranden betreute, jedoch wegen seiner herausragenden wissenschaftlichen Resultate als förderungswürdig galt und es Thes als schicklich ansah, dass dieser auch einen eigenen Mitarbeiter hatte und man Emsi dazu noch die Tugend der Förderung eines anderen andichten konnte.

Es ist hier vielleicht der richtige Moment, etwas über den allgemeinen fachlichen Hintergrund meiner Arbeitsgruppe in dieser Zeit zu sagen, speziell der Analysis bzw. der Theorie der partiellen Differentialgleichungen, die von Vertretern noch reinerer Disziplinen sogar gelegentlich, und vielleicht nicht ganz zu Unrecht, zur Angewandten Mathematik gerechnet wird. Die Analysis ist, wie schon früher angedeutet, ein Kind der wissenschaftlichen Neuzeit, hervorgegangen aus dem Bedürfnis, Beobachtungen der Natur, speziell in der Astronomie und der Mechanik, vorhersagbar und qualitativ wie quantitativ berechenbar zu machen. Eingeleitet wurde die Entwicklung durch das Werk von NEWTON und LEIBNIZ mit dem Aufbau der Differential- und Integralrechnung (Infinitesimalrechnung), die bis zum heutigen Tag zentraler Bestandteil der Universitätsausbildung von Studenten der Mathematik und anderer Wissenschaften ist, und wovon bereits die Schüler in höheren Klassen etwas erfahren. Zentrales Element ist der Begriff von Funktionen, nicht zu verwechseln mit Funktionären, worunter man Zuordnungen zwischen unabhängigen Daten – z. B. der Zeit, oder räumlicher Koordinaten – und Größen versteht, die von ersteren abhängen. Z. B. ist die Raumtemperatur in ihrer Abhängigkeit von dem Ort sowie dem Zeitpunkt, an dem sie betrachtet wird, eine Funktion dieser entsprechenden raum-zeitlichen Koordinaten. Die konkreten Temperaturwerte an unterschiedlichen Orten und zu unterschiedlichen Zeiten können sehr verschieden ausfallen, auch abhängig von Wärmequellen. Die Menge aller denkmöglichen Temperatur-Konfigurationen dieser Art bilden einen unendlich-dimensionalen Vektorraum von Funktionen, die sämtlich Lösungen einer entsprechenden partiellen Differentialgleichung sind, hier der Wärmeleitungsgleichung. Es ist auch interessant, Funktionen einer einzigen Variablen zu betrachten, z. B. die Positionskoordinaten von Gestirnen in ihrer Abhängigkeit von der (eindimensionalen) Zeit; diese sind dann Lösungen sogenannter gewöhnlicher Differentialgleichungen. Zur Klarstellung der Terminologie für den Laien sei betont, dass „gewöhnlich" nicht mit „ordinär" zu verwechseln ist, ebensowenig „partiell" mit irgendwie „beschränkt". Die „Beschränktheit" als Begriff gibt es in der Mathematik in anderem Zusammenhang, und zwar ganz anschaulich, wenigstens im einfachsten Fall, als die endliche Ausgedehntheit eines Objekts, etwa einer Menge, bezüglich einer Längenmessung, d. h. einer Metrik. Unhöfliche Analogien zum täglichen Leben sind Mathematikern durchaus nicht fremd, hier aber nicht beabsichtigt. Während die Wärmeverteilung in einem Medium durchaus der Vorstellungskraft auch unserer näheren Verwandten im Tierreich entgegenkommt, ist es nicht immer leicht, sich Ausdrucksmittel für Sachverhalte vorzustellen, die nicht aus den täglichen Erfahrungsbereich kommen, z. B. zu formulieren, was die elektromagnetischen Feldverteilungen genau tun, wenn sie Informationen in Gestalt von Funksignalen transportieren. Auch hier geht es um eine unendlich-dimensionale Vielfalt unterschiedlicher Varianten. Insgesamt gibt es eine unübersehbare Fülle unterschiedlichster u. a. physikalischer Kontexte, die durch partielle Differentialgleichungen beschrieben werden, seien es Strömungsvorgänge in Flüssigkeiten und Gasen, Aufenthaltwahrscheinlichkeiten von Elementarteilchen, Feldkonfigurationen, hervorgerufen durch Massen- oder Ladungsverteilungen, und vieles mehr.

Um es etwas präziser zu sagen, wenn eine physikalische Situation durch eine (sagen wir lineare) partielle Differentialgleichung beschrieben ist, so befinden sich alle denkmöglichen Konfigurationen unter den Lösungen dieser Gleichung, wie oben im Beispiel von Temperaturverteilungen alle Zuordnungen von raum-zeitlichen Koordinaten zu reellen Zahlen, die jeweilige Temperatur an diesem Ort und zu diesem Zeitpunkt. Die betreffende Differentialgleichung „verwaltet" die ihr angemessene Welt aller Temperaturverteilungen. Analog modelliert die Wellengleichung, z. B. in zwei räumlichen Koordinaten und einer zeitlichen Koordinate die Auslenkungen einer schwingenden Membran, und jede physikalisch realisierte Konfiguration kommt unter den Lösungen vor, desgleichen alle übrigen denkmöglichen Konfigurationen in diesem Sinne. Analog zur Wärmeverteilungen ist der Raum aller Lösungen ein unendlich-dimensionaler Verktorraum, der seinerseits eine interessante innere mathematische Struktur hat. Wenn wir uns an die ganz zu Anfang diskutierte Menge aller möglichen Informationen erinnern, formuliert in Gestalt von Texten aus einer Anzahl von Buchstaben, so kann man sich hier auch die Information als vorgetragenen Text vorstellen, der über ein Mikrophon geht, dessen schwingende Membran die Worte hörbar macht. Mit anderen Worten, all die interessanten politischen Erklärungen interessanter Politiker, all der Tratsch zwischen „gewöhnlichen" Menschen, ohne den das Leben so unendlich leer wäre, kommt unter den Lösungskonfigurationen der Gleichung der schwingenden Membran vor, und so hat auch hier eine entsprechende Gleichung die Oberaufsicht über all diese Inhalte, den Raum ihrer Lösungen, die für die Situation automatisch abgestapelt sind und auf Wunsch heruntergespult werden können. Die Differentialgleichungstheorie sieht hier auch eine sinnvolle Registratur aller dieser Inhalte vor. Es reicht nämlich, zu einem festgesetzten Zeitpunkt den Auslenkungszustand zusammen mit der ersten zeitlichen Ableitung sozusagen als ein label vorzugeben, und schon ist der ganze Text eindeutig und vollständig bestimmt und kann durch eine Lösungsformel erzeugt werden. Um es anders zu sagen, wenn jemanden die langatmigen Erklärungen langweilen, so reicht es, die labels aufzurufen, und schon ist der übrige Text automatisch bestimmt. Diese Zuordnung heißt auch die Lösung des CAUCHY-Problems[60]. Analog ist übrigens auch die zeitliche Evolution einer Temperaturverteilung vollständig bestimmt, wenn man sie zu einem fixierten Zeitpunkt vorgibt. Betrachten wir noch ein drittes Beispiel, die Beschreibung aller elektrostatischen Potentiale in einem (dreidimensionalen) räumlichen Gebiet, z. B. einer Kugel, wobei die erzeugenden Ladungsverteilungen außerhalb der Kugel liegen. Auch hier gibt es unendlichdimensional viele Möglichkeiten. Diese, als Funktionen der drei räumlichen Koordinaten, erfüllen alle die Laplacesche Differentialgleichung in diesem Gebiet, und es ist hier also diese partielle Differentialgleichung, die die Gouvernante aller dieser Potentialkonfigurationen ist. Wollte man jetzt eine Auswahl aus allen Lösungen treffen, würde es ausreichen, die Werte der betreffenden Funktion auf der Berandung vorzugeben. Die Potentialverteilung selbst wäre die eindeutige Folge. Die Prozedur, zu dieser eindeutig bestimmten Lösung zu kommen, heißt Lösung eines Randwertproblems, in diesem Fall des DIRICHLET-Problems[61] für die LAPLACEsche Differentialgleichung in dem betrachteten Gebiet, in diesem Beispiel der Kugel.

---

[60] A.L. CAUCHY, 1789–1857.
[61] P.G.L. DIRICHLET, 1805–1859.

Der Untergang des Akademie-Instituts für Mathematik

Das Karl-Weierstrass-Institut der Akademie der Wissenschaften in Berlin hat sich in den Jahren vor der politischen Wende in Deutschland von einer Institution, die seine Wissenschaft, die Mathematik, im Grundsatz als Ganzes im Blick hatte, zu einer Einrichtung entwickelt, wo die wissenschaftlichen Inhalte sich mehr und mehr verengten und einige Gruppierungen einer Nischenexistenz zustrebten oder bereits ausgelöscht waren. Der Niedergang war jedoch nach außen hin noch nicht offenkundig, denn wie erwähnt gab es eine straffe Führung durch Thes, die auch versuchte, das wissenschaftliche Gewicht des Instituts zu entwickeln und zu erhalten. Daher schien die „Leistungsdichte" stetig – wenn auch nicht spektakulär – gewachsen zu sein, verglichen mit den Zuständen zu Anfang der 70-er Jahre des vergangenen Jahrhunderts. Jedoch die jahrelange Demoralisierung durch den beständigen Druck, immer neue Kräfte aus den „forschungsorientierten" Gruppierungen an die „angewandten Bereiche" abzutreten, begann Früchte zu tragen. Während mit an den Haaren herbeigezogenen Projekten und mühsam aufgestöberten Industriepartnern kein Staat zu machen war, richtete sich, wie bereits angedeutet, das Drängen um deutlichere Erfolge implizit an den verbliebenen Rest des Instituts.

Der Effekt einer solchen Haltung zu den Wissenschaften ist immer der gleiche und keineswegs spezifisch für die Mathematik. Der Mechanismus ist im Grundsatz so einfach wie in dem Märchen von Frau Holle mit der Glücks-Marie und der Pech-Marie. Während – dem Märchen nach – Fleiß und Tugend die Triebkräfte der Arbeit der Glücks-Marie waren, etwas zu leisten, ohne den Lohn zur Bedingung zu machen oder ihn auch nur zu ahnen und sie letztlich überreich belohnt wurde, war die Motivation der Pech-Marie zu kurz gegriffen, sie wollte den Lohn ohne die für den Kontext notwendige Arbeit und landete verdient auf dem Misthaufen. Die Resultate der Wissenschaften kommen nicht auf Bestellung oder dringendes Verlangen, sondern wachsen aus einer langfristigen und kontinuierlichen Entwicklung hervor. Ihr Verbrauch unterscheidet sich von den Bedingungen ihrer Erzeugung, es sei denn, man verwirklicht die Idee von Groß- (oder Klein-) Forschungszentren mit dem spezifischen Auftrag, die ULBRICHTschen neuen Wirkprinzipien zu entdecken und neuen Technologien den Weg zu bereiten. Ein solches Forschungszentrum

B.-W. Schulze, *Erlebnisse an Grenzen – Grenzerlebnisse mit der Mathematik*, DOI 10.1007/978-3-0348-0362-5_11, © Springer Basel 2013

konnte aber das Akademie-Institut nicht sein, und es wäre für die Bandbreite wünschenswerten Wirkens auch überfordert gewesen.

Die Überzeugung, dass eine organisch gewachsene Wissenschaftskultur zwangsläufig Beiträge zur praktischen Verwertbarkeit ihrer Errungenschaften auf unterschiedlichsten Ebenen hervorbringt, drohte verlorenzugehen. Dabei wäre, wie meist in grundsätzlichen Betrachtungen, die historische Anschauung hilfreich gewesen, z. B. die Vorstellung, was man eigentlich hätte, wenn, sagen wir, vor 100 Jahren ein Stillstand der Wissenschaften eingetreten wäre. Dabei ist die implizite Wirkung des Erkenntnisfortschritts noch gar nicht mitgerechnet, denn die Ausbildung an Universitäten findet nur dann auf dem erforderlichen Niveau statt, wenn die besten Spezialisten ihrer Disziplin auch die Vorlesungen bestreiten und ihrerseits die neue Wissenschaftler- sowie Anwendergeneration hervorbringen. Umgekehrt natürlich reproduziert sich auch das Mittelmaß. Wo die Bresche einmal geschlagen ist, die Erkenntnisseite der Wissenschaften in Verruf zu bringen, geht es auch mit einer solchen Orientierung dort weiter, wo die nächste Generation von Studenten heranwächst. Wo diese dann ihrerseits den Marsch durch die Instanzen antreten, bis hin zu politischen Ämtern, tun sich ganz neue Anwendungen auf, unbelehrbaren und hochnäsigen Professoren die Leviten zu lesen und ein wenig an ihren Möglichkeiten zu schaben, was nun wiederum Gute wie Böse gleichermaßen treffen kann.

Im Karl-Weierstrass Institut war man noch nicht so weit, dass man den Bereich „Reine Mathematik" als für die Zweckbestimmung der Mathematik überflüssig definiert hätte; das sollte erst mit der politischen Wende kommen, wo wir in dieser Erzählung bald angekommen sind. Einerseits konnte der Direktor Thes gegenüber den relevanten Häuptern in der Akademie offenbar geltend machen, dass die Mathematik eben schon etwas besonderes sei, wo man den Hintergrund der Mutter-Wissenschaft nicht einfach ausknipsen konnte. Nichtsdestoweniger versäumte er auch nicht, die hochansehnliche Versammlung der Mathematiker im eigenen Hause zu ermahnen, dass das Institut keine Insel der Seligen sei, wo man einfach so vor sich hin forschen konnte. Thes war auch wirklich Mathematiker mit einer eigenen Forschungsleistung. Darüberhinaus hatte er sich in der Vergangenheit dafür eingesetzt, dass wichtige Bücher für die Studentenausbildung ins Deutsche übersetzt worden waren und in der DDR zur allgemeinen Verfügung erscheinen konnten, z. B. das 6-bändige Werk von DIEUDONNÉ über Grundlagen der modernen Mathematik. In der französischen Mathematik, die in dem Ruf steht, einen besonders „abstrakten" Geschmack zu haben, gab es eine Zeit, wo sich die herausragendsten Forscher (z. B. CHOQUÉT) dafür einsetzten, dass die Schulmathematik zu wichtig sei, um sie den Schulmathematikern zu überlassen und dass sich gerade die aktivsten Mathematiker in die „Niederungen" der elementaren Ausbildung begeben sollten, um in entsprechenden Lehrbüchern die neue Generation auf den Fortschritt vorzubereiten; das setzt in einem Land natürlich voraus, dass diese jeweiligen Mathematiker auch zur Verfügung stehen.

Der ständige Kampf muss Thes über die Jahre auch ermüdet haben, wenn es ihm mit fortschreitender Zeit nach eigenem Bekenntnis zunehmend schwerer fiel, klar auszusprechen, trotz seiner Eloquenz, wofür die Mathematik als Inhalt einer eigenständigen Forschungsinstitution überhaupt da sei. Die Chemie war hier schon weiter, wenn sie in ihrer Hauptforschungsrichtung explizit erklärte, dass die Forschung kein Thema mehr sei, sondern man genug damit zu tun habe, das erreichte Wissen anzuwenden. Im Insitut für Mathematik befand man sich noch in der Phase der Kaderlenkung in Richtung Verstärkung der angewandten Bereiche, was sich auch darin äußerte, dass Absolventen von Hochschulen, die sich am mathematischen Institut bewarben, schon gar keine Option in der Mathematik mehr wahrnehmen konnten, weshalb es auch vorkam, dass sich besonders talentierte und ambitionierte Bewerber wieder zurückzogen. In jedem Fall waren die angewandten Bereiche zunehmend bis unter die Halskrause mit Kadern überstopft, aber das System konnte nicht funktionieren, es sei denn, man hätte, wie es im neueren Sprachgebrauch heißt, Ausgründungen von Gruppierungen in spezifische Technologiebereiche vorgenommen. Die bestehende Situation jedoch nahm immer mehr den Zustand eines überladenen und sinkenden Ballons an, wo aber paradoxerweise das Problem nicht in der offenkundigen Überlast gesehen wurde, sondern in immer fadenscheiniger werdenden Bezeichnungsschildchen auf der Außenhülle, deren Abwurf nur noch eine Frage der Zeit zu sein schien.

Meine eigene Arbeitsgruppe hatte sich unter dankenswerter Mitwirkung von Räpl bereits weitgehend aufgelöst. Dass sie überhaupt noch bestand, lag weniger an mir und dem einzigen verbliebenen Mitarbeiter Hann, ebenfalls auf Abruf – ein Herr Smit, der bei mir über Super-Differentialgeometrie promoviert hatte, war bereits ausgeschieden – sondern daran, dass der Rest der Forschungsgruppe des Funktionentheoretikers Func bei mir integriert war, nachdem Func selbst an die Humboldt-Universität gegangen war. Damit hatte ich formal noch drei weitere Mitarbeiter, u. a. eine Genossin Huch, die in Leningrad studiert hatte und als großes Talent im Bereich der komplexen Funktionentheorie galt. Da ich in diesem Feld nicht aktiv war, hatte ich lediglich administrative Vorgänge zu koordinieren, soweit sie nicht von den Betreffenden selbst erledigt wurden. Im Institut bestand keine Präsenzpflicht; man durfte auch zu Hause arbeiten, wenn es um die rein wissenschaftliche Betätigung ging, und so hatte ich mit diesen Mitarbeitern wenig Berührungspunkte. Diese hatten aber offenbar ausgereicht, um Huch zu veranlassen, mich in der Parteiversammlung des Instituts anzuschwärzen, wie mir von einem anderen Genossen hinterbracht worden war. Es war hier wohl nichts anderes im Spiel als das ewige Bedürfnis, wenigstens hin und wieder im Leben wichtig genommen zu werden. Frau Huch hätte es eigentlich angemessen gefunden, ihrerseits Forschungsgruppenleiterin zu sein; auf die Idee einer solchen Ernennung war Thes offenbar nach dem Ausscheiden von Func nicht gekommen, und diese Nichtachtung musste ausgelebt werden. Die erwähnte Denunziation, die anscheinend von Thes nicht ernst genommen worden war, hatte damit allerdings nichts zu tun; ich sollte lediglich vorsorglich demontiert werden, was aber ganz unnötig war, da ich diesbezüglich bei Räpl bereits in den besten Händen war.

Zu dieser Zeit beherbergte der Bereich „Reine Mathematik" noch drei weitere Forschungsgruppen, und zwar die „Topologie", die von Dr. Topo geleitet wurde, einem sehr liebenswürdigen Kollegen, der in überwältigender Weise das Bild eines harmlosen und unverdächtigen Wissenschaftlers lebte; seine innere Überzeugung mochte anders ausgesehen haben. Weiterhin gab es die „Mathematische Physik" unter Prof. Mürr, der einst gesagt bekam, dass seine Gruppe ein „Nest" offenbar ideologisch verdorbener Personen wäre. Schließlich hatten wir noch die „Zahlentheorie", geleitet von Prof. Erbs, an dessen Gruppe sich nach meinem Eindruck kaum vergriffen wurde. Einerseits war die Zahlentheorie am wenigsten anwendungsverdächtig, wenngleich entspechend dem Geschmack der Zeit auch hier prinzipiell mögliche Anwendungen vorgeschoben wurden, etwa in der Kodierungstheorie; andererseits gab es eine schwer einsehbare Liaison zwischen Erbs und Thes, die womöglich etwas damit zu tun hatte, dass man gegenseitige Dienste benötigte in Fragen der Akademie, der Gelehrtengesellschaft. Erbs liebte es, vom Anspruch des „sich auf der Höhe der Zeit Befindens" zu fabulieren; ohne Zweifel meinte er sich selbst, aber es mag auch um das verzweifelte Bemühen gegangen sein, dass der bittere Krug des Verheizens für den unwürdigen Kommerz des Tages vorüberziehen möge. Es würde zu weit führen, die Gruppen alle im einzelnen zu charakterisieren; natürlich beherbergten sie Kollegen von sehr unterschiedlichem Naturell, z. B. Dr. Demu in der „Mathematischen Physik", der, wie viele andere, auf seine eigene Weise unter den Verhältnissen in der DDR litt, die er als ein Hinüberdämmern und trostloses Ableben sinnlos vertaner Jahre empfand. Dennoch, solange man nur ablebte und sonst nichts Böses tat, konnte man wenigstens (noch) wissenschaftlich arbeiten, wenn auch unter gravierenden Einschränkungen in einem System der Leibeigenschaft.

Während meine Gruppe die Existenzkrise schon eingeholt hatte und die anderen Gruppen noch glauben mochten, dass an diesem Akademie-Institut langfristige Forschung in Zukunft toleriert werde, dümpelten wir der Zeitenwende in Deutschland entgegen. Was immer die Bewohner der DDR von der Reformfähigkeit des Sozialismus hielten, ich kannte niemanden, der sich im Vorfeld dieser Entwicklung vorstellen konnte, dass die DDR ein so radikales Ende nehmen würde. Zu oft waren die Hoffnungen in vergleichbaren Situationen in der Vergangenheit zerstoben, zuletzt während des Prager Frühlings, der den Menschen in seinen Konsequenzen noch bewusst war. In Polen war es mit der Solidarnost schon wieder so weit gewesen, dass die Bewegung durchaus ein gewaltsames Ende hätte nehmen können; wie HONECKER etwas burschikos anmerkte, „den Sozialismus in seinem Lauf halten weder Ochs noch Esel auf!" Vor der politischen Wende war unser Institutsteil in Berlin am Hausvogtei-Platz untergebracht, ein anderer Teil befand sich benachbart an der Ecke Mohrenstraße, nicht weit entfernt von der Hedwigskathedrale, der Staatsoper unter den Linden, der Leipziger Straße, und dem Brandenburger Tor. Dort war die Grenze zum westlichen Teil der Stadt nicht weit, stilsicher arrangiert mit Mauer und schmucken Grenzanlagen. Die Berichte über GORBATCHOV's „Glasnost" und die Resonanz seines Besuchs in Berlin zum Begängnis des 40. Jahrestags der DDR wurden aufmerksam verfolgt, ähnlich wie viele Jahre zuvor über den Besuch von WILLI BRANDT in Erfurt, aber ich machte mir keine Hoffnung auf irgendeine Art Durchbruch in den politischen Verhältnissen. Dann jedoch kam es zu einiger Bewegung, sogar in unserem Bereich. Der liebenswürdige Topologe Topo stellte plötzlich bohrende Fragen, und nicht nur er, wie es um die Legitimation der sogenannten Staatlichen Leitung bestellt sei; bei uns war der Bereichsleiter ja immer noch Räpl, und so gab es noch zu DDR-Zeiten eine Wahl im Rahmen innerinstitutioneller Demokratie, in derem Gefolge ich dann auf einmal Bereichsleiter der „Reinen Mathemtik" wurde. Auch die Leitung des Instituts, die in Gestalt eines Wissenschaftlichen Beirats amtierte, wurde einer Wahl unterzogen, in derem Gefolge Thes bestätigt wurde, dagegen sein Stellvertreter Ellv nicht. Wie nicht verwunderlich in solchen Umbruchszeiten gab es auch vielerlei Gerüchte. Z. B. hieß es, dass sogar Räpl an bestimmten Demonstrationen in Berlin teilgenommen hätte, diese aber nicht das Ende der DDR zum Ziel hatten, sondern eine von Kreisen der Stasi inspirierte Rettungsmission in letzter Minute für eine irgendwie geartete Nach-HONECKER DDR.

Während der politischen Wende zeichnete sich auch ein Bemühen in westlichen wissenschaftsorganisierenden Kreisen ab, zu definieren, wie in Zukunft mit dem Potential des Karl-Weierstrass-Instituts umgegangen werden sollte. Nicht nur die Wissenschaftssenatorin von West-Berlin kam zu Fühlungnahmen, auch der Leiter des Konrad-Zuse-Zentrums an der Freien Universität in Berlin verlautbarte, 35 Mitarbeiter aus den angewandten Bereichen des Instituts integrieren zu wollen, nicht ohne zu betonen, wen er nicht haben wollte. Dabei war offenbar vorausgesetzt, dass das Institut in dieser Form wohl nicht überleben würde. Aus der Übernahme wurde zwar nichts, jedoch bahnte sich als eine grundsätzliche Entwicklung eine Abwicklung des Instituts an, begleitet von einem tagelangen Ritual von Anhörungen, mit anschließender Begutachtung. Im Vorfeld hatten die einzelnen Forschungseinheiten eine Darstellung ihrer wissenschaftlichen Orientierung und ihrer Resultate zuzuarbeiten, wobei ich für den Bereich „Reine Mathematik" zuständig war.

Es hat sich dem Objekt der Betrachtung, den Mitarbeitern des Karl-Weierstrass-Instituts, nicht unmittelbar erschlossen, ob nach der Begehung und Begutachtung etwas anderes als die Abwicklung herauskommen würde. Man hat, der Ausgangslage entsprechend und unter Berücksichtigung der „Wissenschaftslandschaft" in den alten Bundesländern, ohne Zweifel nach Kräften versucht, fair mit den neuen Bundesgenossen in Wissenschaftsausübung und Zukunftsplanung umzugehen. Die Mitarbeiter des Instituts befanden sich in der Situation einer Kapitulation, herbeigeführt von dem abgewirtschafteten System der DDR, mit Hinterlassenschaften auf dem Gebiet der Mathematik, die neu zuzuordnen waren, um weiteren Schaden vom Deutschen Wissenschaftsvolke abzuwenden. Die betrachteten Wissenschaftler hatten sogar eine Stimme, wenngleich ohne Mitsprache; sie durften sich, wie erwähnt, mit ihren Leistungen und Projekten vorstellen, und dieser Prozess hatte auch eine orale Seite. Es gab Anhörungen, wo zugehört wurde, und wo insbesondere auch ich einen kurzen Auftritt hatte[62]. Die Situation an den Akademie-Instituten war völlig

---

[62] Der Kommission gehörte auch ein Vertreter aus den Neuen Bundesländern an, ein Prof. Brol aus Greifswald, von dem mir keine Äußerung erinnerlich ist, der aber hin und wieder mitfühlend lächelte.

anders als an den Universitäten in den Neuen Bundesländern, wo es im Prinzip außer Frage stand, dass es die Universitäten auch in Zukunft weiterhin geben würde, auch wenn der Mechanismus der Übernahme von Personal im einzelnen zu regeln war. Was unser Institut betraf, so begann durchzusickern, dass ein größerer Teil von Mitarbeitern in ein neu zu gründendes außeruniversitäres Institut aufgenommen werden könnte, namentlich aus den angewandten Bereichen, während der Bereich „Reine Mathematik" in noch zu definierender Weise auf verschiedene Universitäten aufgeteilt werden sollte. Es gibt, wie in allen Lebensbereichen, auch in der Wissenschaft, völlig gegensätzliche Ansichten, wie normalerweise allgemein akzeptierte Zielstellungen in einem Land optimal erreicht werden können. Die alten Bundesländer lebten in einem (Wissenschafts-)System, an das die Gesellschaft glaubte, und so waren die potentiellen Neulinge schlicht zu integrieren, wenigstens diejenigen, die nach verschiedenen Kriterien Gnade fanden. Die in Betracht gezogenen Wissenschaftler befanden sich auch nicht in der Verfassung, eigene Vorstellungen durchzusetzen. Sie waren ihr Leben lang die Haussklaven eines arroganten Machtapparats gewesen, fast könnte man sagen, die Luxus-Sklaven, und weder lag es nahe, die einzuführenden Strukturen anlässlich eines rein technischen Vorgangs der Überführung zu hinterfragen, noch kam jemand auf die Idee, ausgerechnet aus den neuen Bundesländern könnte sich jemand mit irgendwelchen alternativen Idealen tragen, die womöglich zur Kenntnis genommen werden sollten. Wir kommen später noch in anderem Zusammenhang darauf zurück, dass vorherrschende Glaubensartikel durchaus Gegenstand einer Analyse sein können. Was die Situation in der Nachwendezeit anbetrifft, so muss gerechterweise gesagt werden, dass man hier bei dem Umfang an wissenschaftlichem Personal auch ein erhebliches soziales Problem vor sich hatte, um dessen praktische Lösung man sich bemühte.

Von der subjektiven Wahrnehmung vieler Mitarbeiter her befand sich das Institut im Zustand der Auflösung. Der Vergleich mit einem untergehenden Schiff ist hier nicht ganz abwegig. Was in dramatischen Inszenierungen berühmter Untergangsereignisse gern und ausführlich dargestellt wird, etwa dass die handelnden Personen im Angesicht des nahen Endes nicht etwa geschlossen zu menschlicher Größe finden, sondern ihre Konflikte bis zum Endstadium austragen und mit in den Untergang nehmen, dies war hier am praktischen Beispiel in unterschiedlichen Episoden zu verfolgen. Insbesondere die Leningrader Genossin in meiner Gruppe war auf dem besten Wege, ihre Selbstkontrolle zu verlieren, indem sie massiv und unerwartet renitent wurde und offenbar auf ihre ungewöhnlichen Fähigkeiten hinweisen wollte. Wieder einmal ging es auch gegen mich, wie ich aus Anmerkungen des Zahlentheoretikers Erbs schließen konnte, der augenscheinlich Adressat diesbezüglicher Einlassungen war, wobei mich die Aufregung nicht wirklich erreichte, da mir die Details völlig unbekannt geblieben waren. Erbs wiederum verlautbarte, dass dem Direktor Thes wohl in Zukunft keine besondere Beachtung mehr zukomme, und es besser wäre, von jetzt an einen grundsätzlichen Gegensatz zu leben, den es im Grunde immer schon gegeben habe. Auch Mürr von der Gruppe „Mathematische Physik" entdeckte, dass er eigentlich schon immer Opfer gewesen war; seine regelmäßigen Anschwärzungen anderer Kollegen gegenüber Thes in der Vergangenheit waren ab jetzt wohl nicht mehr so ernst zu nehmen. Darüberhinaus taten sich Risse in seiner Gruppe auf, die vorher weitgehend unbemerkt geblieben waren. In zweiter Linie konzentrierte sich die Aufmerksamkeit auf das Überleben der verschiedenen Forschungsorientierungen, wofür die Wissenschaftler in ihrem bisherigen Leben eingetreten waren. Es gab auch Absetzbewegungen, indem man sich auf dem Universitätsmarkt um eine Stelle bewarb. Auf welche Weise sich der Gedanke mitteilte, dass vornehmlich angewandte Forschungsrichtungen in einem neuen Institut aufgehen sollten, war nicht direkt zu erfahren; seitens einiger Kollegen aus der „Reinen Mathematik" gab es den vagen Versuch, auch diesen Bereich in einer solchen Institution zu berücksichtigen. Vermutlich waren die Pläne für ein neues Institut schon sehr weit gediehen, bevor es erste solche Überlegungen gab. Als ich jedenfalls in einer Versammlung einiger Forschungsgruppenleiter diesen Gedanken im Beisein von Thes, Erbs und Nopf vorbrachte, reagierte gerade Erbs mit höhnischer Ablehnung, eilfertig sekundiert von Nopf. Offenbar war Erbs schon sicher, dass er durch eine alternative Konstruktion der Max-Planck-Gesellschaft unterkommen würde, obwohl dies zu diesem Zeitpunkt noch nicht herangereift war, während die Frage für Nopf allenfalls eine Störung der angewandten Harmonie zu sein schien. Auch ein anderer Kollege aus Erbs's Gruppe, der schon an der Universität in Bonn eine Stelle in Aussicht hatte, verschloss sich einer von Demu aus der „Mathematischen Physik" angeregten Initiative, etwas für die „Reine Mathematik" zu tun, so dass die Idee einer Teilnahme der "Reinen Mathematik" an einer Nachfolge des Karl-Weierstrass-Instituts bereits von der Seite vermeintlicher „Hauptinteressenten" wenig Aussicht hatte, ernst genommen zu werden, unabhängig von den sonstigen Gestaltungsabsichten der hohen Kommission, die aber nach meinem Eindruck von vornherein in großen Zügen festgelegt waren. Auch für den Direktor Thes selbst musste sich die Frage gestellt haben, was aus ihm in Zukunft werden würde. Das Institut in der derzeitigen Form wurde zu einem gewissen Recht als sein Werk betrachtet, einschließlich bestimmter – und sicher teilweise unnötiger – Fehler, die ihm unterlaufen sein mochten. Man musste anerkennen, dass er die gesamte Zeit während der demütigenden Befragungen und Analysen durch Leute, die nach meinem Eindruck weit von seinem persönlichen Format entfernt waren, Haltung bewahrte und auch das Schicksal der in der Vergangenheit durch ihn aufgebauten oder gesteuerten Einheiten des alten Instituts bis zum Ende verfolgte und begleitete.

Während der Wendezeit hatte die Max-Planck-Gesellschaft ein fächerübergreifendes Programm aufgelegt, Forschungsgruppen in den Neuen Bundesländern zu gründen, um die weitere Arbeit von aktiven Wissenschaftlern aus ehemaligen Einrichtungen der DDR zu ermöglichen und Unterbrechungen und Verluste zu vermeiden. Diese „Max-Planck-Arbeitsgruppen", für zunächst 5 Jahre finanziert und verwaltet durch die Max-Planck-Gesellschaft, sollten an Universitäten in den Neuen Bundesländern arbeiten und später dann, auf der Grundlage eines Vertrages, in die jeweiligen Institutionen integriert werden. In Bonn gab es das Max-Planck-Institut für Mathematik, dessen Gründer und damaliger Direktor Professor F. Hirzebruch seit vielen Jahren Kontakte mit Mathematikern des „Ostblocks" pflegte, insbesondere auch der DDR, und der bestens vertraut war mit dem Werdegang des Karl-Weierstrass-Instituts in Berlin und den Vorgängen um sein schließliches Ende. Es lag auf der Hand, dass Potentiale der vier Arbeitgruppen des Bereichs „Reine Mathematik" drohten, verloren zu gehen, wenn nicht auch für sie eine zukünftige Existenzmöglichkeit geschaffen würde. Wie schon zuvor bei anderer Gelegenheit angedeutet, „disziplinär" arbeitende Wissenschaftler kennen – oder mindestens fühlen – die Dimension des Verlustes, wenn über Jahrzehnte aufgebaute Forschungsrichtungen plötzlich unterbrochen werden[63]. Vor und in Folgerung des zweiten Weltkrieges hatte es solche Probleme in großem Maßstab gegeben; berühmte Forschungsgruppen und Institutionen sind untergegangen, und mindestens was die mathematische Analysis betrifft, so ist dieser Schwund, genauer, die entsprechende raumgreifende Schwindsucht, in Deutschland bis zum heutigen Tag spürbar, bzw. ein Teil der neuen Normalität geworden. Es ist für das Resultat unerheblich, ob in einer solchen Lage die individuellen Wissenschaftler in Ermangelung an Weitsicht in gegenseitigem Gezänk auf der Strecke bleiben und in verdienter Weise abgestraft werden. Den Verlust an wissenschaftlicher Kultur erbt in jedem Fall die nächste Generation. Jedenfalls stellte es sich jetzt heraus, dass durch das Programm der Max-Planck-Gesellschaft für die „Reine Mathematik" ein Ausweg grundsätzlich möglich schien, anstelle einer bereits undiskutabel gewordenen vormundschaftlichen Verwertung. Professor HIRZEBRUCH war es nun, der einen Antrag an die Max-Planck-Gesellschaft auf Einrichtung von 4 entsprechenden Forschungsgruppen stellte. Es erfolgte eine Bewilligung, jedoch „nur" für 2 Gruppen, was die Situation zumindest entschärfte. Die Auswahl wurde dann einer Begutachtung anheimgestellt, und im Resultat wurden die Zahlentheorie von Erbs sowie meine Forschungsgruppe ausgewählt, letztere unter dem offiziellen Namen „Partielle Differentialgleichungen und Komplexe Analysis". Während Erbs an die Humboldt-Universität in Berlin ging, siedelte ich mich mit meiner Gruppe an der neu entstandenen Universität Potsdam an, zusammen mit Dr. Demu aus der „Mathematischen Physik". Für die „Topologie" Topo fand sich ein Weg an der Freien Universität in Berlin, während die „Mathematische Physik" Mürr ebenfalls in Potsdam unterkam. Genossin Huch fand Aufnahme in der Erbs-Gruppe, wo auch das persönliche Einvernehmen auf der Basis nach auswärts gerichteter Aversionen vortrefflich war. Später dann erhielt sie eine Professur an der Universität Uppsala, wo sie letztlich einen ungewöhnlichen Abschied erfuhr.

Das im Umbau befindliche Institut für Mathematik in Potsdam wurde zur Zufluchtsstätte und neuem Wirkungsbereich auch für andere ehemalige Mitglieder des Akademie-Instituts, insbesondere Dr. Weis, ursprünglich ebenfalls aus dem Bereich „Reine Mathematik" und später dann herumgeschubst in verschiedenen dienstleistenden Funktionen des Instituts, nun in einem Umfeld, das Chancen für einen neuen Aufbau bot. Das Institut in Potsam verdient eine eigenständige Betrachtung; wir

---

[63] Es ist ein wenig wie mit der Auslöschung einer besonderen künstlerischen oder handwerklichen Tradition; zwar ist angeblich alles zu ersetzen, was aber unzutreffend ist, denn ein Teil der Inhalte in diesen Bereichen ist oft einzigartig und unwiederholbar.

kommen noch darauf zurück. Es ist vor allem durch seinen Gründungsdirektor Prof. Kise, ausgehend von einem sozialistischen Lehrerbildungsinstitut, auf den Weg eines Universitätsinstituts für Mathematik gebracht worden, mit neuen Kräften und behutsamer Integration von Kadern aus der ehemaligen Einrichtung, die er rücksichtsvoller behandelte, als er es selbst von ihnen in der Vergangenheit erfahren hatte.

Glückliche NeBuLä

Symbole aus den allgemeinen Ausdrucksmitteln der Mathematik, z. B. x als eine Variable, wohinter sich vieles verbergen kann, haben manchmal auch als Kultobjekte Karriere gemacht, entweder als Attribute von Bösewichten, Schlüssel zu geheimem Wissen, das nicht jedermann zugänglich sein sollte, oder der Ausdruck $E = mc^2$ als hoffnungsvolle Metapher für unerschöpfliche Energie und segensreiche Ausbeutung der Natur. Auch im politischen Leben geht von Abkürzungen, die man möglichst nicht genau verstehen soll, eine seltsame Faszination aus. So ist es auch mit der Abkürzung „NeBuLä" für „Neue Bundesländer", die eigentlich nicht dem genialen Befreiungsschlag gerecht wird, den die Vereinigung Deutschlands im Effekt darstellte[64]. Auch kann nicht die Rede davon sein, dass sie sich als Bezeichnung eingebürgert hätte, was sie allerdings mit anderen Termini teilt, selbst solchen, die seit Jahrzehnten dem Publikum in unterschiedlichen Medien zum Nachsprechen angeboten werden. Die „NeBuLä" verströmen aber etwas vom Hauch der fernen Savanne, wo die Kultur noch keinen Einzug gehalten hat, von nebulärer Verfremdung, burlesker Altschuldenlegende, Nekrose von Buden in lädierten Stadtkernen, und Neubürgern, die erst noch strukturiert und formatiert werden müssen. Damit lassen wir es bewenden bei den „NeBuLä" in der gegenwärtige Debatte; die Lebensdauer neuer Begriffsbildungen wird ohnehin immer kleiner. Auch Vokabeln aus der Zeit des geteilten Deutschlands werden höchstens noch von Kennern verstanden, etwa von den „hungernden Brüdern und Schwestern in der Zone", denen Verwandte aus dem Westen gelegentlich Päckchen schickten.

In der Phase der Spät-DDR war es dem Machtapparat sehr darum zu tun, dass sich im Osten Deutschlands eine eigenständige Nation herausbildete, die insbesondere auch neue Sprachregelungen förderte. Weder der internationale Osten noch der Westen haben irgendwelches Bedauern geheuchelt, wenngleich die Begleiterscheinungen der Teilung kaum ungeteiltes Wohlbehagen vermittelten. So wirkte es fast wie eine Zufälligkeit, dass in der Bundesrepublik noch Politiker aktiv waren, die

---

[64] Die Abkürzung „NeBuLä" habe ich von einem Mathematiker aus den „ABuLä", der gleichzeitig ein wenig traurig war, dass nicht er sie erfunden hatte.

B.-W. Schulze, *Erlebnisse an Grenzen – Grenzerlebnisse mit der Mathematik,*
DOI 10.1007/978-3-0348-0362-5_12, © Springer Basel 2013

die Idee eines einigen Deutschland nicht vergessen hatten und in entscheidenden Momenten dafür eintraten. Ähnlich unerwartet war auch das plötzliche Aufflammen der politischen Courage im Osten Deutschlands in den letzten Monaten vor dem Mauerfall. Diese Ereignisse sind in der zeitgenössischen Publizistik detailliert dokumentiert und gewertet worden[65]. Nachdem sich also im Gefolge der Wende so viel Wohlklang in staatstragenden Betrachtungen verbreitet hatte[66], scheint das ganze Thema etwas ausgelaugt zu sein. Auch ist die Beobachtung nicht neu, dass die Probleme nach vollzogenem Beitritt der ehemaligen DDR in die Bundesrepublik erst richtig zum Vorschein kamen. Dabei richtete sich aber der Vorwurf verblühter Landschaften nicht immer an die verantwortliche Adresse, auch wenn diese nicht mehr existierte. Die ehemaligen Bediensteten und Geheimräte des abgetretenen Systems, die in Talkshows Gelegenheit hatten, dem Streichelzoo öffentlicher Aufmerksamkeit beizutreten, waren oft ehemalige Verantwortungsträger, und es wurden ihnen eher die Füße geküsst, als dass man sie zu Bekenntnissen für Mitverantwortung verleitet hätte. Ein anderes Problem ist vielleicht, dass die Brüder und Schwestern in der Zone es weitgehend verlernt hatten, sich zu artikulieren, so dass es mehr die Profis im Mediengeschäft waren, die die Empfindungen und das Danken und frühzeitige Verzeihen moderierten. Würde ich jetzt selbst nochmals mein eigenes „Danke" anbringen, es würde nichts besagen im Angesicht des fundamentalen Wandels, nicht nur in meinem eigenen Leben. Vom Wirken der entscheidenden Politiker ging ein vielgestaltiges Glück aus, einerseits die Befreiung derer, die das ostdeutsche Regime nicht länger hatten ertragen wollen, andererseits die Bereitung einer Gelegenheit für eifersüchtige politische Gegner, das Jahrhundertwerk durch Vorwürfe über angebliche Vorkommnisse vergessen zu machen. Der erwähnte Streichelzoo war hier in einer besseren Lage mit der Umwidmung volkseigenen Vermögens, das später im Arterhaltungsprogramm eingesetzt wurde. Dass jedenfalls mit der Heldentat auch der Undank in die Welt getreten ist, wie bereits klassische Fabeln glaubwürdig berichten, deutet an, dass man es durchaus nicht mit einer neuen Erscheinung im politischen Verdauungsprozess zu tun hatte. Die politische Elite, die alles noch persönlich miterlebt hatte, ist sich auch des enormen Klimawandels weiterhin bewusst, den das Ende des Kalten Krieges zur Folge hatte, der leicht zu einer globalen Erwärmung hätte führen können, und nun nur noch eine abstrakte Metapher zu sein scheint.

Übrigens ist auch die *Vereinigung* ein schönes Beispiel, wie mathematische Terminologie im politischen Sprachgebrauch Einzug gehalten hat. Rein mengentheoretisch ist es eine disjunkte Vereinigung. Politiker sprechen auch gern von Schnittmengen zwischen verschiedenen Konzepten, was dem mathematischen

---

[65] sogar einer der Bundespräsidenten hatte anlässlich einer Erinnerungsadresse aus dem hier niedergelegten Fundus geschöpft und war unangenehmerweise dramatischen dichterischen Überhöhungen aufgesessen, die man ihm dann unnachsichtig ankreidete.

[66] auch wenn die Kirchenglocken im vereinten christlichen Wertesystem anlässlich der Vereinigung nicht in Feiertagslaune zu bringen waren.

Durchschnitt der betreffenden Mengen entsprechen soll, von R. Dedekind[67] auch als die *Gemeinheit* der beteiligten Mengen bezeichnet. Bei einer disjunkten Vereinigung sollte die Gemeinheit die leere Menge sein. Jedoch politisch müsste man eher davon ausgehen, dass die Vereinigung auf einer besonders großen Schnittmenge basierte, d. h. von nichttrivialer Gemeinheit war. Damit ist vermutlich der Sachverhalt zweifelsfrei aufgeklärt.

Nach dem verordneten Ende des Karl-Weierstrass-Instituts existierten viele seiner wissenschaftlichen Gruppierungen für weitere zwei Jahre unter einem einheitlichen Dach. Auch ich siedelte weiterhin mit Restbeständen an Mitarbeitern in der ursprünglichen Etage des Institutsgebäudes am Hausvogtei Platz, aus heutiger Sicht eine exklusive Lage in Berlin. Von dort entwickelte ich wissenschaftliche Aktivitäten auch in Richtung Kooperation mit – hoffentlich – zukünftigen Partnern „aus dem Westen", u. a. der Freien Universität Berlin, sowie mit Gästen, die sich an der Humboldt-Universität in Berlin aufhielten. Zusammen mit Dr. Demu aus der „Mathematischen Physik" wurden weiterhin Kontakte mit Kollegen von der Technischen Universität in Berlin begonnen, die später zu einer Mitarbeit in einem DFG-Sonderforschungsbereich „Geometrie und Quantenphysik" führten. An der Technischen Universität in der Straße des 17. Juni fand kurz nach der Wende eine internationale Tagung in dieser Richtung statt, wo im Vortragsraum an gut sichtbarer Stelle ein flacher Korb voller kleiner Originalstücken der Berliner Mauer aufgestellt war und wo sich die Besucher wie aus einer Bonbonniere bedienen konnten. Die Mauer war im Begriff, Stück für Stück von der Bevölkerung abgetragen zu werden, und man rückte mit leichtem und massiverem Gerät an, um sich mit dem symbolträchtigen Beton einzudecken. Angeblich soll es sogar noch einen „Mauertoten" gegeben haben, eine Person, die bei dieser Tätigkeit verunglückt war. Viele Preziosen aus der DDR wurden auf der Straße zum Verkauf angeboten, darunter Embleme, Fahnen und Uniformen, sowohl der ehemaligen Volksarmee als auch der russischen Besatzung. Es war zu dieser Zeit eine Art Volksfeststimmung in Berlin. Vom Institut aus konnte man Unter den Linden durch das Brandenburger Tor in den Tiergarten flanieren und sich immer neu wundern, wie alles dies in kurzer Zeit und friedlich möglich geworden war. Verlassen nun wirkten die einst für die Prachtentfaltung des real existierenden Sozialismus bestimmten Tempel verordneter Lebensfreude, wie der „Palast der Republik", seinerseits nun wiederum Geschichte, an demjenigen Platz, wo einst das Stadtschloss des „Großen Kurfürsten" von Brandenburg gestanden hatte, oder ein Betonensemble in der Friedrichstraße, wo mit glasierten folkroristischen Elementen an die Gemeinschaft der glücklichen sozialistischen Völker erinnert werden sollte, respektloserweise von den Berlinern als „Grusinischer Bahnhof" wahrgenommen[68].

---

[67] R. Dedekind, 1831–1916

[68] Grusinien war als Bezeichnung für Georgien im Gebrauch, nach der ehemaligen Sowjetrepublik am Kaukasus. Die Bevölkerung dort gab sich im Gefolge der auch dort stattgehabten politischen Wende verwundert, dass von einer ökonomischen Krise die Rede war; den Leuten war völlig entgangen, dass man überhaupt eine Ökonomie hatte.

Die Mitarbeiter des Instituts, die am Hausvogteiplatz verblieben waren, lebten in einer Art Schwebezustand, denn so schnell konnte die Neugründung von Existenzen nicht vor sich gehen. Die Entscheidung, wer von den vier Forschungsgruppen zur Max-Planck-Gesellschaft gehören sollte, war durchaus ungewiss. Die „Zahlentheorie" machte sich offenbar wenig Sorgen, und so blieben die übrigen Gruppen. Professor HIRZEBRUCH, der sich vor allen anderen über mögliche Konstruktionen Gedanken machte, regte an, damit niemand leer ausginge, dass die Gruppen sinnvoll fusionieren könnten. Was mich betraf, so wäre ein Zusammengehen mit der „Mathematischen Physik" in Betracht gekommen. Nachdem deren Leiter Mürr aber unmissverständlich bedeutete, dass im Fall einer Bewilligung er der Forschungsgruppenleiter sein müsse, war die Diskussion schnell beendet, und es blieb beim Rätselraten, was kommen würde. Die ganze Situation war ein wunderbares Terrain für psychologische Analysen. Mir selbst war nicht wunderbar zumute, trotzdem es mir insgesamt in der Vergangenheit nicht immer nur schlecht ergangen war, aber nach der Wende hätte sich der psychische Druck allmählich abbauen sollen. Stattdessen befand ich mich in einem Zustand krampfartiger Spannung, die ich köperlich spürte und die sich nicht lösen wollte. Die Bilanz meines Einsatzes für den Aufbau einer auch personell breit angelegten Forschung in moderner mathematischer Analysis am Akademie Institut war im Grunde genommen niederschmetternd. Meine Forschungsgruppe, dem Namen nach zwar noch existent, war bis auf den letzten Rest schon vor der Wende mutwillig zerschlagen und aufgeteilt worden. Zwar fühlte ich mich in der Lage, einen neuen Anfang zu finden, ohne die ständigen Eingriffe eines großen Vorsitzenden und einer eifernden Schranze. Aber es war eine Tatsache, dass von den Jahrzehnten Aufbau einer selbsttragenden Forschungsaktivität nichts geblieben war. Abgesehen davon, dass ich den Gedanken grundsätzlich falsch fand, an einem als für die wissenschaftliche Disziplin „Mathematik" zentral empfundenen Institut die Einheit der mathematischen Forschung in Frage zu stellen, war meine Bindung zerstört, und die in Aussicht stehende Konstruktion war zu einer Frage der technischen Abwicklung geworden.

Es war in der eingetretenen Lage nach der Wende nicht an mir, mich mit Vorstellungen zu Wort zu melden, ob es außerhalb von Universitäten noch selbstständige Forschungsinstitutionen in der Mathematik geben und welche Struktur diese haben sollten. Unabhängig davon müssen Universitäten ein Forschungspotential besitzen; mindestens dies wurde und wird prinzipiell nicht in Frage gestellt, und es war natürlich auch für mich selbst durchaus nicht abwegig, an eine Universität zu gehen. Als es schließlich zur Bildung der Max-Planck-Forschungsgruppen kam und ich eine davon leiten sollte, fand ich mich in einer ausgesprochen privilegierten Situation wieder. Diese kleine Erzählung hat nicht die Funktion, zu danken oder zu klagen, auch wenn die subjektiven Elemente im Leben eines Wissenschaftlers die Arbeitsmöglichkeiten vital beeinflussen können. Aber alles was ich über die Grundsätze und die Art der Forschungsförderung durch die Max-Planck-Gesellschaft im Laufe der Zeit erfuhr, hat mich davon überzeugt, dass auch in der modernen Gesellschaft die wissenschaftliche Forschung noch Refugien hat.

Mit dem Ablauf der Übergangsperiode am Hausvogteiplatz zeichnete sich eine Stabilisierung der Arbeit an neuen Projekten und in neuer Zusammensetzung in meiner Forschungsgruppe ab. Der einzige verbliebene Mitarbeiter Dr. Hann sollte in die sich formierende Arbeitsgruppe der Max-Planck-Gesellschaft aufgenommen werden. Darüberhinaus gab es neue Personalentscheidungen zu treffen. Genossin Huch hatte sich bereits mit der Zahlentheorie arrangiert. Es begann sich ein Zusammengehen mit Dr. Demu von der Mathematischen Physik zu entwickeln; daneben hatte ich verschiedene Formen von Zusammenarbeit mit weiteren potentiellen Kandidaten aufgebaut, u. a. mit einem Dr. Heuz aus Chemnitz, wo die wissenschaftlichen Planungen jedoch eingestellt wurden, nachdem ich einsehen musste, dass die gemeinsamen Pläne, etwas neues aufzubauen, keine konkrete Substanz entwickelten. Mit Heuz hatte ich 1990 noch zwei Workshops in Breitenbrunn und Chemnitz organisiert. Unter den Teilnehmern waren O. A. OLEYNIK und B. PANEAH. Der Konferenzband, der dann im Teubner-Verlag erschien, bestand nicht aus Proceedings, sondern war ein Sammelband von teilweise längeren Originalarbeiten zur Singulären Analysis, vgl. [61]. In Chemnitz hatten auch Mathematik-Absolventen der Freien Universität Berlin teilgenommen, und so konnte ich die ersten zwei Doktoranden Mehb und Orsh für die zukünftige Forschungsgruppe in Potsdam ins Auge fassen. Mit Prof. Falg von der Universität Mainz gab es weitreichende gemeinsame Interessen auf dem Gebiet von Operator-Algebren und pseudo-differentiellen Randwertproblemen. Zu der dortigen Gruppe gehörte auch ein jüngerer Mitarbeiter, der auf diesem Gebiet Resultate erzielt hatte, teilweise unter Betreuung von CORDES in Berkeley. Hier war ein Kandidat in Sicht für eine in der Forschungsgruppe bestehende Mitarbeiterstelle, außer meiner eigenen, und so begann sich die neue Arbeitsgruppe immer konkreter abzuzeichnen. Ich hatte zu dieser Zeit noch kaum einen Gedanken an die Möglichkeit verschwendet, die unterschiedliche Herkunft könnte irgendwelche Konflikte nach sich ziehen. Ich bin auch gut damit gefahren, sich abzeichnende Probleme zunächst, d. h. in den folgenden Jahren, weitgehend zu ignorieren und alle Kraft auf die neu zu konsolidierenden wissenschaftlichen Inhalte zu konzentrieren. Nachdem noch zu DDR-Zeiten meine Forschungsgruppe am Akademie-Institut vollständig zerstört worden war, hatte ich mein Forschungsprogramm auf spezifischere Fragen der Analysis partieller Differentialgleichungen einschränken müssen, als es ursprünglich geplant war, obgleich die Analysis auf Mannigfaltigkeiten mit Singularitäten ein Mathematikerleben ausfüllen kann. Jetzt war eine erneute Möglichkeit gegeben, mehr Breite ins Auge zu fassen, und zwar durch neue Mitarbeiter mit einem eigenständigen Forschungsprofil. Wie erwähnt gehörte Dr. Demu von der Mathematischen Physik zu denen, die durch die Konstruktion der Max-Planck Arbeitsgruppen potentiell ohnehin in die engere Wahl als Mitarbeiter gekommen wären. Da ich aber auch an ein lebensfähiges eigenes Forschungspotential zu denken hatte, war zunächst Dr. Heuz in Diskussion. Mit Demu verband mich auch der Abscheu vor dem untergegangenen DDR-Regime, auch wenn wir uns bis dahin allenfalls indirekt über solche Fragen ausgetauscht hatten, nicht ohne daran zu denken, wen genau wir vor uns hatten, trotz der gemeinsamen Jahrzehnte an der Akademie. Jedenfalls lebte Demu eine Art allgemeinen menschlichen Anstand, an den ich schon gar nicht mehr glauben mochte. Die Beziehungen unter ehemaligen DDR-Insassen waren allgemein durchaus nicht immer von Solidarität bestimmt; eher ähnelten die Verhältnisse dem Psycho-Horror, wie er in Knast-Balladen auch Eingang in Film- und Fernsehproduktionen fand, mit der gegenseitigen Verachtung entwichener Sträflinge, die nun das einander an Verwundungen zufügen, was sie seinerzeit durch die Gefangenschaft zu ertragen hatten. Insbesondere waren auch die einstigen sogenannten Opfer nicht immer Kondensationspunkte freundlichen Planens für einen unbeschwerten Neuaufbau. Nicht allein dass die Querulanten von ehedem auch die Querulanten der Zukunft sein konnten, getrieben von Eigeninteressen, wie es den Vorteilsnehmern von einst angelastet wurde, es war auch die Zeit gekommen, alte Rechnungen zu begleichen. So trat u. a. auch eine in der Versenkung geglaubte Person meines früheren Umfelds wieder auf den Plan, um mit neu gestärktem Sendungsbewusstsein und parfümiert mit Gift und Galle, unbewältigte Konflikte der Vergangenheit nachzuerleben. Hier kam mir ein merkwürdiger Vergleich in den Sinn, den der ehemalige Direktor des Karl-Weierstrass-Instituts Prof. Thes einmal anbrachte, und zwar dass nicht bewältigte Probleme über lange Zeiträume wie Minen am Grund eines Gewässers lauern, um eines fernen Tages einen letzten einmaligen Lebenszweck zu erfüllen, dem ahnungslos vorüberziehenden Schiff zum Verhängnis zu werden. Für die nämliche Erscheinung traf dieser Vergleich aber nur bedingt zu, denn sie war mit weit umfassenderen Visionen begnadet, und ein einzelnes Ereignis hätte die Befähigung bei weitem unterfordert.

In den Monaten vor dem Ende des Übergangskonstruktes am Hausvogteiplatz, noch vor der endgültigen Nachricht, dass ich eine der neuen Max-Planck-Arbeitsgruppen leiten sollte, begannen sich die Zukunftsplanungen mit Demu zu verstärken. Wir bemühten uns um Mitarbeit an Projekten eines neu beantragten SFB (Sonderforschungsbereich) „Geometrie und Quantenphysik", angeführt von Professoren der Technischen Universität Berlin, insbesondere Iler und Inkl, sowie der Freien Universität Professor Rede. Es kam dann in der Tat zu einer Teilnahme mit einigen Teilprojekten, und im Gefolge nahmen wir später auch an Seminaren und Tagungen des neuen SFB teil. Zu einer echten Zusammenarbeit war es aber von meiner Seite nicht gekommen; ich hatte auch nicht den Eindruck, dass die für mich relevanten Forschungsziele der Zukunft an den Westberliner Universitäten irgendwelche Ansatzpunkte boten. Abgesehen davon, dass es eine gerade in der damaligen Stimmung extremer Verunsicherung nicht zu unterschätzende freundliche Geste der Westberliner Kollegen war, Herrn Demu und mich zunächst aufzunehmen, war auch deutlich zu spüren, dass man „im freien Teil Deutschlands" zu keinem Zeitpunkt nach der Wende auf die Idee kam, es befänden sich in den Neuen Bundesländern wissenschaftliche Potentiale, die einen Hinweis darstellen mochten, welche riesigen Löcher unerkannt im eigenen angestammten Forschungsprofil bestanden. Parallel begannen Herr Demu und ich ein abschließendes „Feuerwerk" zum endgültigen Ende des Karl-Weierstrass-Instituts zu planen, eine internationale Tagung „Operator Calculus and Spectral Theory" an der Pfalz-Akademie Lambrecht im Dezember 1991. Unterstützt wurde die Tagung teilweise von der DFG sowie mit Mitteln des Akademie-Instituts, die wir noch im letzten Moment dem System entlockt hatten, bevor zwei Wochen später dort die Lichter gelöscht wurden. In der Vorbereitungsphase spazierten wir gelegentlich durch den Westberliner Bahnhof „Zoologischer Garten", von wo wir zu Treffen für den SFB unterwegs waren, telefonierten noch mit der DFG wegen der Mittel für Lambrecht, und schauten versonnen den Obdachlosen hinterher, wie sie mit armseligen Habseligkeiten auf Einkaufswagen irgendwelcher Supermärkte ihre Bahn zogen, in der bangen Vorstellung, dass wir uns schon mal immer mit ihnen anfreunden könnten.

Die Tagung in Lambrecht war bestens gelungen, vielseitig und produktiv, mit herausragenden Teilnehmern, die das Ereignis auch Jahre später noch in Erinnerung hatten. Ein entspechender Konferenz-Band ist dann später im Birkhäuser-Verlag erschienen, vgl. [62]. Während der Tagung habe ich Herrn Demu auch für die Mitarbeit in der in Januar 1992 startenden Max-Planck-Arbeitsgruppe „Partielle Differentialgleichungen und Komplexe Analysis" gewonnen, mit Sitz an der Universität Potsdam. Diese Konstruktion war auch von Prof. Kise, dem Gründungsdirektor des neuen Instituts für Mathematik, unterstützt worden, zusammen mit einem entsprechenden Vertrag zwischen der Max-Planck-Gesellschaft und der Universität Potsdam. Es war eine intensiv gelebte Zeit, diese ersten Jahre nach der Wende, gefüllt mit Arbeit, und ermutigt durch die Hoffnung, dass am Ende nicht alles umsonst sein werde. Jedenfalls hatte es nicht dazu kommen müssen, die Bekanntschaft mit den Obdachlosen am Bahnhof Zoo zu vertiefen; aber trotz der für den Moment glücklichen Wende habe ich mit Herrn Demu das Menetekel nicht vergessen, das übrigens auch weiterhin eine reale Drohung blieb für einige andere Kollegen und Mitstreiter aus dem ehemaligen Akademie-Institut in Berlin.

Ein Anwendungsvorschlag für die Mathematik unter vorzüglicher Beachtung der natürlichen sowie künstlichen Intelligenz

Man kann sich rückblickend die Frage stellen, ob eine Herrschaftskonstruktion nach ihrem ruhmlosen Hinscheiden, in ihrer Blüte hergekommen im Mantel eines zukunftzugewandten, friedliebenden und humanistischen Gesellschaftsbildes – gut und edel, wie der Mensch nun mal ist – und höchstens von Querulanten, Skeptikern und Klassenfeinden als leere Propaganda betrachtet, wert ist, mit soviel Aufmerksamkeit reflektiert zu werden. Zudem, wo hier nur das ostdeutsche Handtuchländle in Rede stand, ein etwas groß geratenes Gefängnis, was ja nicht wirklich bedrohlich sein musste, wenn man bereit war, sich anzupassen, schließlich hungerte keiner im sich entfaltenden Sozialismus, im krassen Gegensatz zu anderen Regionen der Welt mit ihrem grauenvollen existentiellen Elend. Und außerdem sollte ja auch noch der Kommunismus kommen, wo sich auch der Mensch als solcher vollkommen verändern würde, nicht zu vergessen all die sonstigen Verheißungen[69]. Wir haben gelegentlich in dieser Erzählung diese rosendekorierte Zukunftserwartung und sie begleitende Erscheinungen dargestellt; es sei hier noch nachgetragen, dass das im östlichen Nachkriegsdeutschland angelegte politische System wegen seines frühen Endes überhaupt nicht in allen Konsequenzen ausgelebt wurde. Was am Ende möglich gewesen wäre, zeigen Fallstudien anderswo in der Welt bis in die jüngste Zeit, wie etwa Kambodscha zur Zeit der roten Khmer oder andere Regime mit großen unfehlbaren Führern. Es ist keineswegs sicher, dass der ostdeutschen Spielart des Sozialismus ein solcher Weg vorgezeichnet war, jedoch verstand sie sich als ein Herrschaftssystem für unabsehbare Zeit, mit dem siegreichen Lande Lenins im Hintergrund. Mochte man auch den in Ostdeutschland erlebten Terror in dieser Phase der Entwicklung als milde und unbedeutend empfinden, äußerte er sich doch eher selten in einem Krieg oder durch im Innern angezettelte gewaltsame

---

[69] Die Drangsal in Unfreiheit ähnelt der Situation in einer Kükenhölle, wo unsere leckeren Frühstückseier herkommen, mit wenigen Zentimetern Auslauf, aber regelmäßiger Fütterung, jedoch ohne die Gnade der Lethargie, sondern mit höhnischen Belehrungen, mit auswendig lernen, abfragen und hersagen müssen: „Freiheit ist Einsicht in die Notwendigkeit".

B.-W. Schulze, *Erlebnisse an Grenzen – Grenzerlebnisse mit der Mathematik*,
DOI 10.1007/978-3-0348-0362-5_13, © Springer Basel 2013

Umbrüche, sondern in einem Prozess langsamer Verwesung[70], so waren dennoch die Bedingungen für größeres Unheil im Keime angelegt. Die allgemeinen Merkmale eines totalen Unterdrückungsregimes sind offenbar von universeller Natur, ohne jeden Bezug zu vorgeblichen Inhalten, Absichten oder Visionen, selbst über geschichtliche oder geographische Entfernungen hinweg. Daher auch die bis ins Detail gehenden Ähnlichkeiten mit unterschiedlichen dritten und sonstigen Reichen der jüngeren Vergangenheit in den Äußerungen der Machtausübung, wie Gleichschaltung aller Organisationen und Kräfte im Lande, sorgsam gepäppelte Feindbilder, Friedenssalbaderei gepaart mit zügellosem Hass gegenüber allem, was den absoluten Herrschaftsanspruch gefährden konnte, Appell an niedere Instinkte, usw. Die Verlogenheit der politischen Propaganda scheint ohnehin ein Naturgesetz zu sein, vergleichbar mit dem Befall eines Organismus mit allen möglichen Parasiten, die allerdings zum Glück nicht immer und überall die Oberhand haben. Ein Teil jenes Unglücks mag es sein, dass man in der Anfangsphase, wo ein solches System sich entfaltet, nicht ahnt wohin es letztlich führt.

Hier nun ist es interessant, an eine neue ungewöhnliche Anwendung der Mathematik zu denken, interdisziplinär und von wahrhaft raumgreifendem Einfluss. Statt Baller-Opern für Spielkonsolen zu entwickeln, sollte man, ähnlich wie computer-gestützte Klimamodelle, computer-nachgestellte Gesellschaftsmodelle programmieren, mit Abläufen und Rollenspielen, die aus vorgegebenen Parametern resultieren. Hier ließe sich vielleicht nachvollziehbar demonstrieren, wie Diktaturen in ihrem Herrschaftsumfeld nach einem Programm mit vergleichsweise wenigen Basis-Informationen und Zielparametern entstehen und vergehen, man müsste dann nicht auf das hässliche Wort zurückgreifen, dass diese Systeme alle aus demselben Dreck gemacht sind, sondern es ließe sich womöglich auch ergründen, ob die Demokratie als Gesellschaftsform eine eher zufällige und zudem unwahrscheinliche Erscheinung ist, oder ob dem – hoffentlich – nicht so ist. In jedem Falle wären Entwicklungen über mehrere Generationen hinweg zu modellieren, was dem bedrückenden Eindruck vielleicht entgegenwirken könnte, dass die Menschheit eigentlich nicht lernfähig ist, jedenfalls nicht, was die historische Erfahrung anbelangt. Der neue Komfort politischer Entscheidungshilfen, resultierend aus dem Fundus spielerisch erworbener Kenntnis, von jedem mit einer Spielkonsole vertrauten Teenie realisierbar, könnte u.a. Warnmarken produzieren, etwa rote Blinkleuchten dort, wo ein Weg an einem Abgrund endet, wenn er, selbst in guter Absicht, beschritten wird. Daneben würden freilich auch triviale Erkenntnisse ausgeworfen, z.B. dass man mit den Dienern einer Tyrannei von einst möglichst nicht schon nach einer halben Generation Koalitionen bildet, wenigstens dann nicht, wenn man, wie es unmathematisch verständlicher klingt, noch alle Tassen im Schrank hat. Auch andere gesellschaftspolitische Themen scheinen sich über formalisierbare Struktureinsicht der Mathematik zu erschließen. Z.B. wurde kürzlich bekannt, dass es eine Mathematik des Krieges bzw. der Dynamik des Terrorismus gibt, mit überraschenden Vorhersagen und Beziehungen

---

[70] MILOVAN DJILAS, jugoslawischer Politiker und Schriftsteller, 1911–1995.

zu anderen Anwendungen, etwa der Immunabwehr von Organismen, vgl. [80]. Einer anderen Mitteilung zufolge, vgl. [83], ist man im Begriff, neue Superprogramme zu entwickeln und erfolgreich zu testen, die Verbrechen vorhersagen, einschließlich Wahrscheinlichkeiten von Tatzeit und Tatort, basierend auf einer Art vorausschauender Mathematik, deren Grundlagen bereits auf den Mathematiker GAUSS zurückgehen[71].

---

[71] J. C. F. GAUSS, 1777–1857.

Die Arbeitsgruppe der Max-Planck-Gesellschaft

Die Gründung der Arbeitsgruppen der Max-Planck-Gesellschaft in den Neuen Bundesländern für 5 Jahre ab Januar 1992 erstreckte sich auf unterschiedliche Fachrichtungen, darunter die Mathematik, wo insgesamt zwei solcher Gruppen eingerichtet wurden, eine davon an der Universität Potsdam. In Potsdam siedelten sich noch drei weitere solche Arbeitsgruppen an, eine in Informatik unter der Bezeichnung „Fehlertolerantes Rechnen", eine in der Physik „Nichtlineare Dynamik", sowie eine Gruppe in historischen Studien über „Ostelbische Gutsherrschaft". Die allgemeinen praktischen Schritte wurden durch die Max-Planck-Gesellschaft von München aus koordiniert. Insbesondere ging es um die Bereitstellung von Räumen. Man hatte vorübergehend in Erwägung gezogen, in der Nähe des Campus der Universität Räume anzumieten. Eines der Objekte, das man besichtigt hatte, war ein ehemaliges Institut für Virus-Forschung, in der DDR betrieben für irgendwelche undurchsichtige Projekte, wo auch auf dem Gelände teilweise noch die Käfige vorhanden waren, in denen Versuchstiere vegetiert hatten. Der letzte Direktor soll unter geheimnisvollen Umständen verstorben sein. Trotz der idyllischen Lage am Ufer eines der Potsdamer Seen hatte man sich zum Glück nicht für diese Option entschieden. Die Informatik-Gruppe und wir erhielten schließlich Räume im Gebäude des Instituts für Mathematik auf dem Campus am Neuen Palais, wo ehemals zur Zeit Friedrichs II die Kavallerie untergebracht war, unten die Pferde und ein Stockwerk höher die dazugehörigen Soldaten. Man kann heute an Eingängen noch die Eisenbefestigungen für die Pferde sehen. Die anderen Gruppen kamen ebenfalls auf diesem Campus unter. Die Renovierung der Räume und Flure, sowie die Anschaffung der Möbel wurden durch die Max-Planck-Gesellschaft organisiert und finanziert.

Potsdam liegt südwestlich von Berlin und ist die Hauptstadt des Neuen Bundeslandes Brandenburg. Berlin wird von Brandenburg vollständig umschlossen und ist leicht durch lokale Verkehrsmittel zu erreichen. Potsdam ist durch die ehemalige Residenz „Sanssouci" des Königs von Preußen Friedrich II[72] sowie andere herausragende Sehenswürdigkeiten aus der Geschichte ein Ort von touristischem

---

[72] auch Friedrich der Große, 1712–1786.

B.-W. Schulze, *Erlebnisse an Grenzen – Grenzerlebnisse mit der Mathematik*,
DOI 10.1007/978-3-0348-0362-5_14, © Springer Basel 2013

Friedrich Hirzebruch (Bonn), 1995, Potsdam, Ehrenpromotion an der Universität Potsdam am 26. Oktober 1995

Interesse, und viele der architektonischen Kostbarkeiten sind von den Einwirkungen des zweiten Weltkriegs verschont geblieben, während andere den Bombardements sowie nachträglichen Zerstörungen zum Opfer gefallen sind. Der Park von Sanssouci beherbergt mehrere Schlösser, einmal „Sanssouci" selbst, das dem König Friedrich II als Herberge gedient hatte, weiterhin das „Neue Palais", wesentlich größer angelegt, u. a. zu repräsentativen Zwecken, sowie weitere Bauwerke und Anlagen, die insgesamt ein sehr attraktives und weitläufiges Ensemble bilden. Über Friedrich II sind viele Episoden und Zitate überliefert, die, selbst wenn sie vielleicht nicht alle stimmen, ihn als eine Persönlichkeit großer intellektueller Breite und Originalität charakterisieren, mit vielerlei Begabungen. Interessant ist auch, mit welchen Persönlichkeiten er sich umgab bzw. wen er des persönlichen Kontakts für würdig befand. Neben F.-M. A. VOLTAIRE[73] und P.-L. M. MAUPERTUIS[74] gehörte auch L. EULER[75] zu diesem Kreis, auch wenn mit dem „einäugigen Geometer" EULER, wie Friedrich sich unpassenderweise geäußert haben soll, keine Seelenverwandtschaft aufkommen mochte. EULER hatte sich zwei Jahrzehnte hier aufgehalten und ist dann später einem Ruf der Russischen Zarin Katharina II nach St. Petersburg gefolgt. Der Nachfolger von L. EULER war der französische Mathematiker J. L. LAGRANGE[76]. Auch mit VOLTAIRE war das Vergnügen nicht immer ungetrübt. Später, mit hinreichendem Sicherheitsabstand, war dessen Urteil nicht ausschließlich freundlich über den Philosophen auf dem Königsthron, als den Friedrich sich gelegentlich gesehen hatte. MAUPERTUIS war derjenige, der durch Reisen in den hohen Norden und genaue Messungen die Erdabplattung nachgewiesen hatte. Damit gehörte er, auch durch andere fundamentale Werke, u. a. über das Prinzip der kleinsten Wirkung, zu den Pionieren einer neuen Zeit, deren Weltbild sich an den Fortschritten der Wissenschaften orientierte. Jedoch blieb auch er nicht gänzlich von spöttischen verbalen Nachstellungen verschont, wenn er wieder und wieder vom Glück seiner Entdeckung schwärmte.

Die Schlösser sind reich verziert mit Steinskulpturen, nicht zuletzt mit Göttinnen und Allegorien verkörpernden Damen, und es wurde schon vermutet, dass Friedrich nur Figuren aus Stein um sich tolerierte, während seine Gemahlin Elisabeth Christine im Schönhausener Schloss lebte und „Sanssouci" nicht ein einziges Mal betreten haben soll. Auch H. G. W. VON KNOBELSDORFF[77], der Architekt des Schlosses „Sanssouci" hatte keinen leichten Stand. Abgesehen davon, dass er den königlichen Herrschaften gelegentlich als etwas faul erschien, hatte Friedrich durchaus eigenständige Vorstellungen über die Schlossanlage, die der Architekt nicht immer teilte. Statt wie KNOBELSDORFF es angemessen fand, das Schloss „Sanssouci" auf eine Art Unterbau zu setzen, damit es auf seinem Hügel von unten aus in seiner Pracht auch zu sehen sei, verlangte Friedrich zu ebener Erde zu bauen, womöglich um früh

---

[73] Schriftsteller und Philosoph, 1694–1778.
[74] Mathematiker, Astronom und Physiker, 1698–1759.
[75] L. EULER, 1707–1783.
[76] J. L. LAGRANGE Mathematiker und Astronom, 1736–1813.
[77] Maler und Architekt, 1699–1753.

B.-W. Sch. (Potsdam), B. Fedosov (Moscow) (v. *links* n. *rechts*), 1993, Potsdam

in Hauslatschen unmittelbar ins Freie treten zu können. So gab es also keinen Sockel, und Zeitgenossen sollen hernach gefunden haben, dass das Schloss von unten aussehe wie im Nilschlamm versunken.

Auch JOHANN SEBASTIAN BACH hat Friedrich in „Sanssouci" besucht. Der König schlug ihm ein Thema vor, das der geniale Künstler zu einem Musikstück verarbeiten sollte; es entstand auf diese Weise das berühmte „Musikalische Opfer". Ob Friedrich, selbst im Musizieren und Komponieren bewandert, das Thema bewusst hässlich und amelodisch gewählt hatte, ist schwer zu verifizieren, aber es mag sein, dass er BACH auf die Probe hatte stellen wollen, ob selbst ein solches Thema noch zu retten sei.

Man mag annehmen, dass eine Universität, dessen Campus sich in Sichtweite zum Neuen Palais befindet und selbst Gebäude der alten Schlossanlagen nutzt, auch wenn es nur solche der ehemaligen Domestiken und Soldaten sind, aus dieser Nähe eine besondere Inspiration empfängt und ihr Ehrgeiz beflügelt wird, ein außergewöhnlicher Ort von Bildung und Forschung zu sein. In Anbetracht des völligen Neuaufbaus nach der politischen Wende in Deutschland war hier eine Chance auch wirklich gegeben.

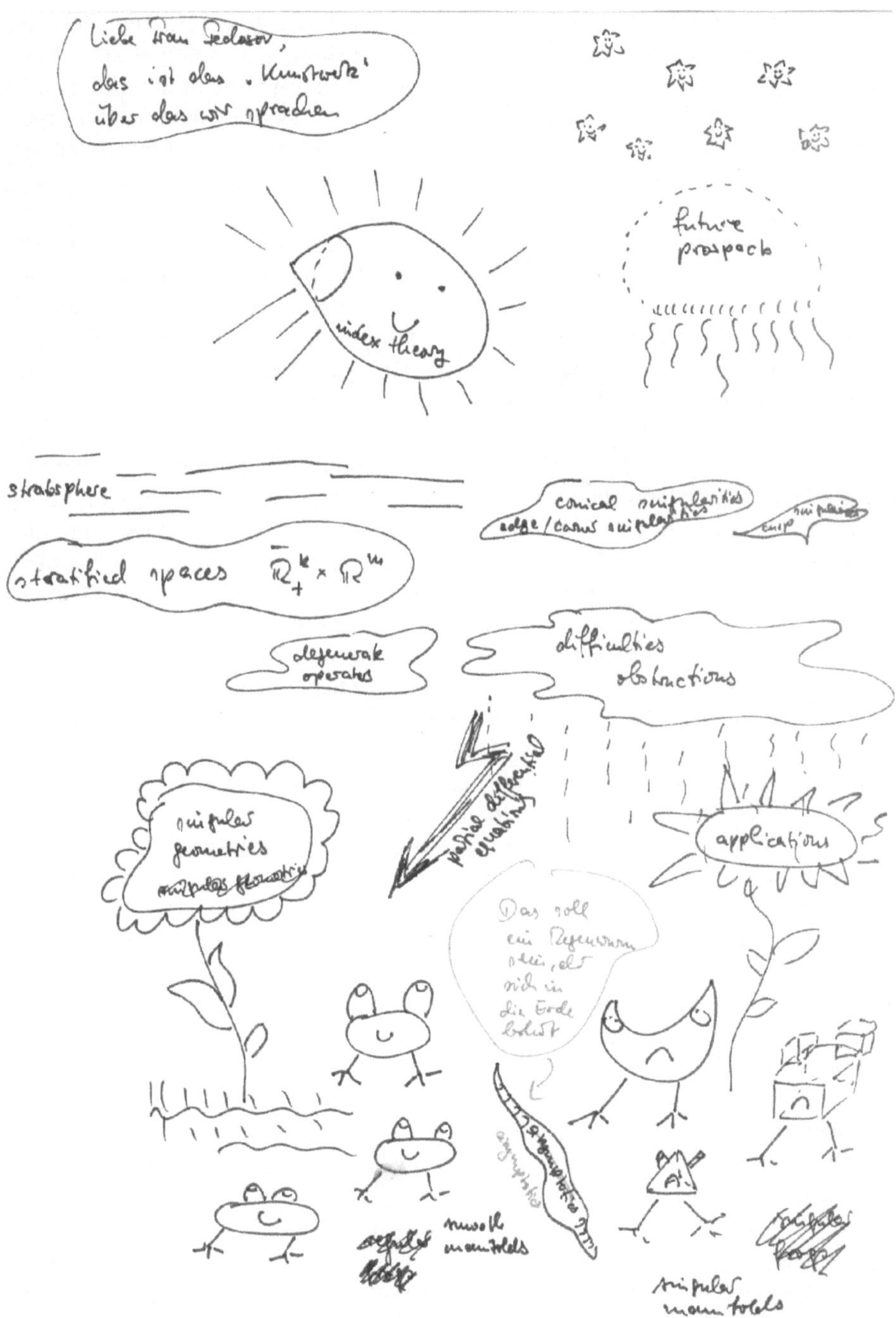

Entwurf eines Posters von B.-W. Sch. über das „Ökosystem der Singulären Analysis", um 2003, Potsdam

Die Einrichtung der Max-Planck Arbeitsgruppen war eine besondere Investition für die jeweilige Universität. In Potsdam ist diese vom Land Brandenburg und der Universität auch begrüßt worden. Immerhin sollte auch die Universität einen Beitrag leisten, u. a. später, nach Ablauf dieser Förderung, die Potentiale dieser Gruppen in die Universität integrieren. Speziell im Institut für Mathematik ist dieser Prozess durch den Gründungsdirektor Prof. Kise in besonderer Weise unterstützt und ermutigt worden. Nicht alle Universitäten in den Neuen Bundesländern fanden diese Konstruktion der Max-Planck-Gesellschaft unproblematisch; immerhin wurde ja in bestimmte Belange der jeweiligen Institution „hereingeredet", aber insgesamt konnte diese Art „Drittmittelbeitrag" in erheblicher Größenordnung die Befindlichkeitsschwierigkeiten überwiegen, Mitglieder eines privilegierten Status im eigenen Hause zu dulden. Der Ausbau der Räumlichkeiten nahm einige Zeit in Anspruch. Durch die Mittel der Max-Planck-Gesellschaft wurden die Möbel angeschafft sowie die gesamte technische Ausstattung mit Computern, Kopiergerät, Bibliotheksbestand, bis hin zur Einrichtung der Toiletten. Weiterhin hatten wir ein bequem bemessenes Jahresbudget, das es erlaubte Gäste einzuladen, Hilfskräfte zu finanzieren, Tagungen und Workshops auszurichten und alle wichtigen Aktivitäten zu bedienen, die zur Arbeit einer Forschungsgruppe gehören. Der Stellenplan sah neben dem Leiter mit der Besoldung einer $C4$-Professur noch eine Stelle einer $C3$-äquivalenten Professur vor, sowie Mitarbeiter- und Doktoranden- bzw. Stipendiatenstellen. Weiterhin hatten wir eine Sekretärin, und zusätzlich wurden wir in der Verwaltung durch das Max-Planck-Institut für Mathematik in Bonn unterstützt. Die $C3$-äquivalente Stelle hatte in den Anfangsjahren Herr Demu inne. Die ersten beiden Doktoranden waren Diplom-Mathematiker von der Freien Universität (FU) Berlin, die Herren Mehb und Orsh, die bis zum Abschluss an der FU dort von Prof. Einf betreut worden waren. Eine halbe Mitarbeiterstelle hatte Dr. Hann erhalten, eine Übernahme aus dem ehemaligen Akademie-Institut. Da die produktive wissenschaftliche Arbeit ohne Verzögerung anlief und wir ein sehr aktives Gästeprogramm gestartet hatten mit nationalen und internationalen Wissenschaftlern, die in unserem Forschungsseminar vortrugen, richteten wir unser eigenes Preprint-System ein, und wir eröffneten einen Zyklus internationaler Tagungen. In diese Anfangszeit fiel auch die Fertigstellung einer neuen Monografie, vgl. [63], die auf einem 10-teiligen Preprint des ehemaligen Akademie-Instituts beruhte.

Eine von der Max-Planck-Gesellschaft vorbereitete Reise führte die Leiter der Max-Planck-Arbeitsgruppen aus den neuen Bundesländern nach Israel, u. a. an das Weizmann-Institute of Science in Rehovot, das Forschung und Ausbildung in vielen Wissenschaftsdisziplinen betreibt und ausgezeichnete Arbeitsmöglichkeiten bietet. Eine Reihe bekannter Mathematiker waren bzw. sind hier aktiv, teilweise aus der ehemaligen Sowjetunion. Auf dem Programm stand auch ein Besuch der Holocaust Gedenkstätte Yad Vashem. Jeder, der diesen Ort gesehen hat, wird das Entsetzen verstehen und den Schmerz, der sich allein bereits mit dem Anblick dieser Erinnerungen verbindet. Später habe ich noch viele Male Israel besucht, insbesondere die Hebrew University in Jerusalem, wo sich auch ein zentrales Archiv für die Schriften von ALBERT EINSTEIN befindet. Weiterhin befand sich dort das „EDMUND

B.-W. Sch. (Potsdam), B. Sternin (Moscow), K. Taira (Tsukuba), B. Gramsch (Mainz)
(v. *links* n. *rechts*), 1995, Potsdam

LANDAU[78] Minerva Center for Research in Mathematical Analysis and Related Areas". An der Hebrew University hatten Mathematiker des dortigen Instituts für Mathematik in Kooperation mit unserer Max-Planck-Arbeitsgruppe und Kollegen aus Deutschland auch eine Internationale Tagung in Partiellen Differentialgleichungen organisiert. Weitere Besuche führten mich nach Haifa an das Technion, wo insbesondere B. PANEAH, ursprünglich aus Moskau, eine neue Wirkungsstätte gefunden hatte und der uns später auch viele Male in Potsdam besucht hat. Viele andere Besucher aus Israel kamen in den folgenden Jahren nach Potsdam, insbesondere BEN ARTZI, L. KARP. Die Besuche wurden teilweise durch Förderprogramme der Minerva-Gesellschaft ermöglicht.

Das neu gegründete Institut für Mathematik in Potsdam ging teilweise aus dem Kaderbestand der ehemaligen Lehrerbildungseinrichtung an diesem Ort hervor, wo Lehrerstudenten zu DDR-Zeiten ihr Studium in Mathematik absolviert hatten. Einige der seinerzeitigen Professoren an dieser Einrichtung wurden in das neue Institut als *C4*-Professoren übernommen, ohne Ansehen ihrer tadellosen Kaderakte, einschließlich Mitgliedschaft in der Sozialistischen Einheitspartei Deutschlands. Das einzige "Nicht-Mitglied" aus dieser Zeit war der neue Gründungsdirektor Prof.

---

[78] E. LANDAU, 1877–1938.

Kise, eine Persönlichkeit von überragender wissenschaftlicher und menschlicher Bildung, der vordem an dem Institut ein eher unbeachtetes Dasein am Rande der Diskriminierung geführt hatte. Er hätte es in seiner früheren Karriere durchaus anders haben können, als es vor Jahren um seine Ernennung als Professor an einer der Berliner Sozialistischen Hochschulen ging. Als man jedoch von ihm verlangt hatte, ein Papier zu unterschreiben, das ihn zur Erziehung der ihm anbefohlenen Studenten zum Hass auf den Klassenfeind verpflichten sollte, war für ihn die Grenze der Zumutbarkeit überschritten. Auf seine Weigerung folgte die „Unterbringung" in Potsdam, wo er im Kreise ideologisch gefestigter Personen offenbar als tolerabel galt. Dass er es dennoch nach der Wende mit großem Einfühlungsvermögen verstand, eine Integration von ehemals auf dem Hohen Ross sitzenden Personen herbeizuführen, gehört zu den vielen „kleinen" bemerkenswerten Geschichten, die die Zeit der politischen Wende in Deutschland charakterisierten.

Diese Konstellation hatte offenbar auch zur Folge, dass Prof. Kise weitgehend ohne Sperrfeuer ehrgeiziger Widersacher den Aufbau des Instituts vorantreiben konnte, wo es zunächst um die wissenschaftliche Orientierung insgesamt ging sowie um die entsprechenden Stellenausschreibungen. Es wurde die Institutsstruktur nach thematischen Schwerpunkten geplant, wie man sich „früher" das Spektrum an Arbeitsrichtungen an einem Mathematischen Institut vorstellte, u. a. mit Analysis, Funktionalanalysis, Mathematischer Physik, Geometrie, Algebra, Zahlentheorie, Mathematischer Logik, Statistik und Wahrscheinlichkeitstheorie, Numerischer Mathematik, Angewandter Mathematik und Didaktik, letztere bei entsprechender Präsenz von Lehramtsausbildung. Weiterhin wurde auch auf eine gewisse Ausgewogenheit und Lebensfähigkeit der einzelnen Schwerpunkte Wert gelegt. Bei der insgesamt beschränkten Anzahl der Stellen war eine solche Zusammensetzung eine Art optimales Minimum. Man hätte sich ansonsten noch weitere Spezialisierungen wünschen können, vor allem solche, die für das wissenschaftliche Profil der Mathematik in Deutschland insgesamt erforderlich gewesen wären. Während letzterer Aspekt meines Wissens an kaum einem Ort in Deutschland je eine Rolle gespielt hat, war selbst der Anspruch, alle wesentlichen Gebiete der Mathematik wenigstens den lokalen Gegebenheiten entsprechend an einem Institut anzusiedeln, geradezu himmelstürmend, und weder bis dahin noch später ist mir zu Ohren gekommen, dass ein solches Prinzip tatsächlich deklariert worden wäre, auch wenn viele mathematische Institute aus einem allgemeinen „Ethos" heraus dazu neig(t)en, in einer solchen Weise zu verfahren. Jedoch ist das Ethos ein zerbrechliches Gut, und jedenfalls ist es ein Segen, wenn sich in entscheidenden Augenblicken auf die Mathematik als Ganzes besonnen wird, wo dann separate Erklärungen, dass man eigentlich auch an die Studenten denken muss, ganz unnötig werden. Aus dieser Sicht hatte das Institut für Mathematik seine Sternstunde. Es hat sie genutzt, und ebenso ist sie dann Jahre später wieder verweht.

Der Neuaufbau in Potsdam war für viele Wissenschaftler der ehemaligen Akademie der Wissenschaften in Berlin eine neue Chance. Der Mathematische Physiker Prof. Mürr, sowie der Statistiker Prof. Stat, beide vom ehemaligen Karl-Weierstrass-Institut, erhielten einen Ruf auf eine entsprechende *C4*-Stelle in Potsdam. Die Aus-

T. Muramatu (Tokyo), B.-W. Sch. (Potsdam) (v. *links* n. *rechts*), 1995, Potsdam, Caputh, Tagung

B.-W. Sch. (Potsdam); M. Vishik (Moscow), V. Chepyzshov (Moscow) (v. *links* n. *rechts*),
1996, in der Mensa der Universität Potsdam, am Neuen Palais

stattung dieser Stellen war den Gegebenheiten entsprechend, und sie konnte jedenfalls eine Arbeitsgrundlage sein. Weiterhin wurde Dr. Weis, ebenfalls vom ehemaligen Karl-Weierstrass-Institut, auf eine Dozentenstelle eingestellt, wo er einen
Studiengang am Institut für Wirtschaftsmathematik völlig neu aufbaute, desgleichen eine entsprechende Zusammenarbeit; vom dortigen Institut wurde er später
zum apl. Professor ernannt.

Übrigens fühlte die Elite der SED-Parteiführung aus der ehemaligen Akademie,
dass Potsdam eine mögliche Nachsorgeeinrichtung sein konnte. So war einer der
ersten Rufe in Potsdam am Institut für Informatik an den obersten Parteisekretär
Prof. Dach gegangen, dem insbesondere die Lösung eines gewissen mathematischen Problems nachgesagt wurde. Nach meinem Empfinden hätte man ebenso
MARGOT HONECKER, die schließlich Oberpädagogin in der DDR war, auf eine Professur in Potsdam berufen können; aber sie hat sich wohl auf keine Stelle
beworben, sonst hätte man bei Berücksichtigung von Frauen gleicher Eignung keinen Moment zögern dürfen, auf solche erfahrenen Kader zurückzugreifen. Die vier
Arbeitsgruppenleiter der Max-Planck-Gruppen in Potsdam hatten damals höheren
Ortes scharf gegen die Pläne protestiert, Dach in Potsdam zu berufen. Die Sache
ist dann als unangemessene Meinungsäußerung behandelt worden, ohne negative
Folgen für die Initiatoren.

In den ersten Jahren richtete sich mein Hauptaugenmerk auf die Konsolidierung und den Ausbau der Max-Planck-Arbeitsgruppe „Partielle Differentialgleichungen und Komplexe Analysis". Die Belange des Instituts für Mathematik in Potsdam als Ganzes waren bei Prof. Kise in den besten Händen. Als ich selbst, noch während der ersten Aktivitätsphase der Arbeitsgruppe, einen Ruf auf eine *C4*-Professur an der Universität Potsdam erhielt, war der Aufbau des Instituts für Mathematik im wesentlichen abgeschlossen. Jedoch die Phase, wo bereits die ersten Stelleninhaber Professuren an anderen Universitäten anstrebten bzw. annahmen, war schneller erreicht als erwartet. Ebenso schnell kam eine Erosion des ursprünglich entworfenen Stellenplans in Gang, wo im Verlauf der weiteren Jahre eine Stelle nach der anderen plötzlich zur Disposition stand und das oben angedeutete minimale Optimum schrittweise ausgehöhlt wurde. Man mochte schnell zu dem Schluss kommen, dass in solchen Erscheinungen ein grundsätzlicher Konstruktionsfehler im Aufbau von Universitätsinstituten liegt. Nicht nur in Potsdam war und ist die Nutzung der vorhandenen Professorenstellen eine Art Gesellschaftsspiel, zugeschnitten auf die Karriereinteressen jeweiliger Inhaber, die in Ermangelung des Vorhandenseins eines die inhaltlichen Schwerpunkte stabilsierenden Mittelbaus allein über die Präsenz notwendiger Lehr- und Forschungsinhalte an einer Einrichtung entscheiden. Begünstigt wurden in den Anfangsjahren die Probleme in Potsdam auch durch geringe Studentenzahlen, wie sie nach einer Universitätsgründung durchaus vorkommen, zusammen mit „schwachen" Jahrgängen. Zusätzlich kursierten Gerüchte, dass sich für den Fall eines Zusammengehens der Bundesländer Berlin und Brandenburg bereits bewährte Abwickelungsspezialisten in Stellung gebracht hatten mit irgendwelchen Zusammenführungsphantasmen, die sich dann aber zerschlagen haben. Neben allen Problemen, die sich aufgetan hatten, waren die ersten Jahre nach der Wende auch von einer gewissen neugierigen Solidarität von Wissenschaftlern aus den alten Bundesländern gegenüber den Neubürgern aus dem Osten gekennzeichnet. Man ließ sie aus den Drittmitteltöpfen naschen, und es gab auch teilweise großzügig bemessene Einladungen zu Arbeitsaufenthalten. So hatte man mich z. B. nach der Wende 6 Monate an die Universität Bonn eingeladen, wo ich Serien von Vorträgen im Seminar von Prof. Eiss gab über Fourierdistributionen und mikrolokale Analysis. In Bonn war zu dieser Zeit Herr Tiff, der dort bei Prof. Eiss promovierte, nachdem er zuvor längere Zeit zu seinem Diplom von M. I. Vishik in Moskau betreut worden war. Später kam er dann in meine Arbeitsgruppe nach Potsdam. Anschließend, nach einigen Zwischenstationen, u. a. am „Imperial College" in London, erhielt er schließlich eine *C4*-Professur in Göttingen. Andere Einladungen in dieser Zeit führten mich nach Münster zu Prof. Beng, einem der wenigen „beglaubigten" Vertreter der Analysis der Hyperfunktionen in Deutschland, sowie nach Dortmund, wo ich von Prof. Riem empfangen wurde. Letzterer erhielt später von dem in Potsdam in meiner Gruppe befindlichen Humboldt-Stipendiaten Napf eine mit dickem Klebeband verpackte Sendung von Arbeiten, deren seltsames Aussehen Riem zu der Frage an mich veranlaßt hatte, ob er das Paket unbeschadet öffnen könne.

K. Wallroth (Potsdam), B.-W. Sch. (Potsdam), H. Begehr (Berlin) (v. *links* n. *rechts*),
1997, Potsdam

Im September 1992 gab es in Potsdam die erste internationale Tagung über Partielle Differentialgleichungen (PDE), unterstützt durch die Max-Planck-Gesellschaft, und konkret organisiert von unserer Forschungsgruppe zusammen mit Herrn Demu. Neben L. HÖRMANDER nahmen auch viele weitere wichtige Repräsentanten in PDE und Mathematischer Physik teil. Die Tagung fand im Hotel „Potsdam", heute „Mercure", an der Havel in der Nähe des historischen Zentrums von Potsdam statt, und sie war der Auftakt einer langen Serie größerer internationaler Tagungen und Workshops mit unterschiedlichen Schwerpunkten, darunter PDE-Tagungen in Potsdam 1993, Holzhau 1994, sowie in Caputh bei Potsdam 1995. Auf dem Exkursionsprogramm der letzteren Tagung war auch eine Besichtigung des „EINSTEIN-Hauses" in Caputh, ein Haus in idyllischer Lage am Caputher See, das einst ALBERT EINSTEIN als Wohnsitz gedient hatte. Hinsichtlich der logistischen Seite der Organisation hatten wir auch die Unterstützung des Max-Planck-Instituts für Mathematik in Bonn. Einige Male kam sogar eine wissenschaftliche Koordinatorin angereist, um sich an Ort und Stelle mit um die Details der Durchführung zu kümmern.

Nach meiner direkten persönlichen Erfahrung ist die Max-Planck-Gesellschaft eine Einrichtung zur im wörtlichen Sinne verstandenen Förderung der Wissenschaften. Während meiner zeitweiligen Zugehörigkeit konnte ich auf unterschied-

B.-W. Sch. (Potsdam), Xiaochun Liu (Wuhan) (v. *links* n. *rechts*),
1999, Wuhan, Campus der Universität

licher Ebene das spezifische Herangehen spüren, das ich bis dato nirgends sonst im Gefüge von Wissenschaftsorganisation in Deutschland ausgemacht hatte, dass nämlich die Wissenschaft und der Erkenntnisgewinn im Vordergrund stehen, daneben natürlich auch nichtentmündigte Wissenschaftler, deren Orientierungen und Entscheidungen nicht a priori unter Verdacht gestellt werden. Es wird vorausgesetzt, dass die Mittel ihrem Zweck entsprechend optimal eingesetzt werden, und selbst wenn, wie in jedem von Menschen gemachten System, Fehler nicht ausbleiben können, so leistet das System insgesamt, was „normale" Menschen von den Wissenschaften erwarten, nämlich an grundlegenden Entwicklungslinien der Forschung zu arbeiten und das zu tun, was die Wissenschaft stets am besten konnte und kann, nämlich ein Angebot an neuer Erkenntnis zu erzeugen, als notwendigen Ausgangspunkt vielseitiger praktischer und kultureller Entwicklungen. Nach erklärtem Bekenntnis werden nur solche wissenschaftlichen Vorhaben für die Verwirklichung in der Max-Planck-Gesellschaft ausgewählt, die in anderem Rahmen nicht möglich wären, z. B. an einer Universität in einer entsprechenden Forschungsgruppe. Naheliegenderweise kann dies nicht flächendeckend geschehen, sondern nach punktueller Auswahl besonders fundamentaler wissenschaftlicher Anliegen. Die Mathematik stand lange Zeit nicht in dem Ruf, eine solche besondere Aufmerksamkeit zu verdienen, denn traditionell wird sie von mathematischen Instituten an

Universitäten getragen, und mathematische Großtaten wurden und werden oft der Leistung einzelner Wissenschaftler zugeschrieben und weniger dem koordinierten Bemühen von Spezialisten an eigens der Mathematik gewidmeten Forschungsinstitutionen. Wir haben bei unterschiedlichen Gelegenheiten bereits betont, dass dies zumindest für die moderne Mathematik in keiner Weise allgemein zutrifft, sondern dass ihre spektakulärsten neuen Ideen aus einem Zusammenwirken unterschiedlicher Teilgebiete erwachsen, die einerseits eigenständig arbeiten und andererseits die Tendenz entwickeln, sich in unterschiedlicher und oft unvorhergesehener Weise zu verbinden. Gerade die Jahrzehnte in der zweiten Hälfte des vorigen Jahrhunderts waren durch solche Synthesen weit auseinanderliegender Teilgebiete der Mathematik gekennzeichnet. Einer dieser Aspekte war und ist der Kreis von Ideen um die Index-Theorie elliptischer Operatoren. Bereits in ihrer Anfangsphase Ende der sechziger Jahre des vorigen Jahrhunderts war die neuartige Qualität dieser Synthese unterschiedlichster Strukturen erkennbar, und wenn es später auch Bestrebungen gab, die mathematische Reinheit des Zugangs wieder zu betonen bzw. zu restaurieren und „separatistische" Bemühungen nicht ohne Erfolg blieben, so ist der Grundansatz doch ein Erfolgsmodell und eine neuartige Erscheinung in der Mathematik geworden. Dabei scheinen bis zum heutigen Tage grundlegende Probleme völlig offen zu sein, wie sie sich seitdem wiederum gestellt hatten, und es dürfte in Zukunft nicht weniger Anstrengungen als seinerzeit in den Anfangsjahren dieser Entwicklung erfordern, erneut die besten und fortgeschrittensten Errungenschaften aus Analysis, Topologie, Geometrie, zusammenzuführen um hier zu neuen Erfolgen zu kommen. Was die „traditionelle" Seite der Index-Theorie betraf, so war es insbesondere der Mathematiker F. HIRZEBRUCH, der hier entscheidende neue Ideen eingebracht hatte. Diese sind dann durch M. F. ATIYAH, I. M. SINGER, S.-S. CHERN, R. BOTT, und später viele andere zu dem verarbeitet worden, was man unter Globaler Analysis verstand und was zu einem völligen Umdenken auf vielen Gebieten der Mathematik geführt hatte und neuartige Anwendungen ermöglichte. HIRZEBRUCH war nun derjenige, der die Gründung des Max-Planck-Instituts für Mathematik in Bonn angeregt hatte, was nach einem zweiten Anlauf auch tatsächlich stattfand. Die Geschichte dieses Instituts mit all ihren Aktivitätsphasen ist faszinierend und aus unterschiedlicher „Mathematik-strategischer" Sicht von eigenständigem Interesse. Jedoch würden Details hierzu den Rahmen dieser Darstellung sprengen. Jedenfalls hieß es, dass nicht alle Meinungsäußerungen im Vorfeld dieses Vorhabens der Idee einer Institutsgründung besonders förderlich gewesen seien. Da möglicherweise bei Begutachtungen auch ein Unfehlbarkeitskomplex eine Rolle spielt und dazu die abgestapelten Akten ein beeindruckendes Langzeitgedächtnis haben, mag sich der Eindruck verfestigt haben, dass eine „kleine" Wissenschaft wie die Mathematik, neben all den „großen" Wissenschaften, wie Physik oder Chemie, mit all ihren vielfältigen Verzweigungen und Inanspruchnahmen, mit einem solchen Institut auf großzügige Weise endversorgt sei. Wenn diese Hypothese zutrifft, so muss man einräumen, dass die nämlichen nicht-mathematischen Wissenschaften, trotz mancher Mathematik-durchfluteter Zirkel, tatsächlich glauben, was sie über die Mathematik verkünden, wenn sie überhaupt etwas verkünden und die Vorurteile nicht ohnehin

B.-W. Sch. (Potsdam), M. Demuth (Clausthal) (v. *links* n. *rechts*), 2006, Clausthal

allgemein akzeptierter Konsens sind. Es wäre ihnen nicht einmal zu verübeln, denn es sind ja nicht selten die Mathematiker selbst, die sich nach Kräften demontieren. Weiterhin, wie schon mehrfach angedeutet, leben die verschiedenen Teilgebiete der Mathematik in unterschiedlichen Universen, im besten Fall Paralleluniversen, und es liegt teilweise in der Natur der Dinge, dass sie sich auch aus inhaltlicher Sicht nicht immer verstehen. Die Kommunikation nach außen ist nicht weniger unproblematisch. Z. B. ist es vermutlich einem Historiker oder einem Meeresbiologen gegenüber nicht leicht zu vermitteln, was sich unter „halbwild eingebetteten Sphärenbuketts" vorgestellt wird, oder „perversen Garben", „seltsamen Attraktoren", „Wiener Würsten", die nicht nach „Wien" sondern nach „NORBERT WIENER" benannte sind, oder „Mengen", die „in Wirklichkeit" Unmengen sind, und die außerdem in der Natur nicht vorkommen. Da haben es Wissenschaftler weitaus leichter, wenn sie sich mit der genetischen Disposition der Taufliege auseinandersetzen; mindestens akzeptiert das Publikum, dass es Taufliegen gibt.

Es ist nun nicht zu leugnen, dass es weltweit mathematische Forschungsinstitutionen sehr wohl gibt, die sich hauptsächlich mit dem Vorankommen der Mathematik befassen und wo man sich durchaus darüber im Klaren ist, dass bestimmte Benachteiligungen dieser Wissenschaft teilweise nur auf besondere Konstellationen zurückzuführen sind; man denke nur an die nebengeordnete Misslichkeit, dass keine Nobel-Preise im Fach Mathematik verliehen werden. Man kann sich generell fragen, wann notwendige Elemente einer Wissenschaft, insbesondere der Mathematik, außeruniversitäre Institutionen brauchen, um überhaupt existieren zu können. Hierzu bedarf es einer Grundausstattung an in die Materie eingeführten Adressaten für Betrachtungen über Defizite oder potentielle Möglichkeiten. Auf einer entlegenen Südseeinsel werden solche Bedingungen normalerweise nicht erwartet, andererseits befinden sich Wissenschaftler, die sich mit solchen Überlegungen tragen, durchaus im Frieden mit der Vorstellung, dass es eben nicht auf jeder Südseeinsel hochkarätige mathematische Forschung gibt. Eine ehrliche Analyse der eigenen Situation beginnt dort, wo man bereit ist, in Betracht zu ziehen, wie wenig uns womöglich auf einem im Grundsatz wichtigen Gebiet von den Gegebenheiten auf jener Südseeinsel unterscheidet; wir könnten ebenso mit dem für Naturforscher faszinierenden Lebensraum „Wüste" argumentieren.

Am ehemaligen Karl-Weierstrass-Institut für Mathematik in Berlin hatte ich einige Jahre die Möglichkeit, mich weitgehend frei mit unterschiedlichen Gebieten der Mathematik zu befassen, von denen ich den Eindruck hatte, dass sie nicht nur inhaltlich notwendig sind und alles aufweisen, was man sich an Herausforderung und zufriedenstellendem Einblick vorstellen kann, sondern für den „näheren" Wirkungsbereich in Deutschland aufgebaut und stabilisiert werden müssten. Es konnte dabei nicht ausbleiben, dass ich auch gravierende Lücken im Spektrum der mathematischen Forschung in Deutschland sah, wo mindestens das Akademie-Institut hätte aufgerufen sein sollen, durch entsprechende Schwerpunktsetzungen aktiv zu werden. Wie wenig dann mit dem Ende dieses Instituts von meinen eigenen Bestrebungen noch geblieben war, habe ich bereits angedeutet. Ich befand mich in Gesellschaft mit mir selbst, plus einem Kollegen, der die Sabotage meiner Forschungsgruppe gerade noch überlebt hatte. Jedoch der Wunsch lebte fort, erneut zu versuchen, solche Schwerpunkte der Analysis zu fördern, wie sie nach meiner Wahrnehmung bisher zu den empfindlichsten Defiziten gehörten, auch wenn der Weg mit einem solchen Bestreben umso einsamer ist, je offensichtlicher das zu behebende Problem ist. Dieses scheinbare Paradoxon lässt sich durch einen Vergleich veranschaulichen: Wo ein Öko-System einmal umkippt, so tut es das zusammen mit seinen Selbstheilungskräften. Allerdings habe ich mir zu keinem Zeitpunkt vorgestellt, der einzige zu sein, der sich mit derartigen Gedanken trägt, auch wenn die Indizien nicht überwältigend waren, hier Mitglied einer schweigenden Mehrheit zu sein. Jedoch traf ich im Laufe der Jahre viele Mathematiker, die sehr wohl ein gesamtmathematisches Verantwortungsgefühl vertraten. Es ist ja auch allgemein nicht zu unterstellen, dass ernsthaft für ihr Gebiet eintretende Wissenschaftler etwas anderes im Sinn hätten, als das Gemeinwohl, wiewohl natürlich auch die Vorstellung aufkommen könnte, sich in einem Dschungel zu befinden, wo alle Spezies in bester Absicht dem Licht bzw. der Sonne zustreben, nicht zu verwechseln mit den Geldtöpfen. Auf dem Felde gut gemeinter Missionierung gibt es allerdings ein nicht zu unterschätzendes subjektives Element: Selbsternannte Inhaber eines „Gewissens der Nation" sind nicht notwendigerweise eine erfreuliche Erscheinung. Dies sollte aber zu verschmerzen sein im Angesicht der Tendenz, dass, im Gegensatz zu den oben erwähnten Habenichtsen, in denjenigen Zirkeln, die sich bereits eine behagliche Üppigkeit zugeeignet haben, die Einrichtung ganzer Institute zu den

Das Neue Palais im Schlosspark Sanssouci; Aufnahme von Christoph Dorschfeldt

Darreichungsformen würdiger Versorgung gehört. Im Grunde könnte man glauben, dass Wucherungen, die ohnehin bereits andere notwendige Inhalte erdrücken, nicht noch durch Sondergratifikationen verstärkt bzw. vervielfacht werden sollten. Jedoch welche Art Regulativ hier zuständig wäre, erscheint ebenso fraglich wie der Trick in der etwas eingestaubten Posse des Barons Münchhausen, der sich am eigenen Zopf aus dem Sumpf gezogen haben wollte. Wie meist in solchen unlösbaren Gedankenkonstrukten, gibt es auch hier eine überraschende und triviale Antwort. Dies sei einstweilen als Übungsaufgabe empfohlen; wir kommen darauf aber später noch zurück.

Die Max-Planck Arbeitsgruppe „Partielle Differentialgleichungen und Komplexe Analysis" an der Universität Potsdam vereinigte in sich die Forschungsprofile, die ich selbst beisteuerte, sowie diejenigen der Mathematischen Physik, repräsentiert durch Herrn Demu, ebenfalls vom ehemaligen Karl-Weierstrass Institut in Berlin. Bekanntlich hat sich die Nachfolgeeinrichtung in Berlin nach der Verabschiedung der „Reinen Mathematik" während der politischen Wende später wieder den Namen „Weierstrass-Institut" verliehen. Die ganzen Abwicklungsvorgänge aus dieser Zeit und vor allem die wie selbstverständlich vollzogene Separation eines wichtigen Teils der gesamten Mathematik hatte in keiner Weise allgemeines Befremden ausgelöst. Zu sehr war man schon daran gewöhnt, dass die „disziplinären" Anliegen der Mathematik nur noch ein geduldetes Dasein führten, jedenfalls an dem vormaligen Institut, aber damit hatte man sogar im Trend gelegen, denn die damaligen entscheidenden Stichwortgeber für die zukünftige Orientierung aus den Alten Bundesländern waren offenbar genau in dieser Richtung orientiert. Übrigens war dabei ein Institut auf der sogenannten „Blauen Liste" von Forschungsinstitutionen entstanden; „Rote Liste" hätte als Bezeichnung aus unterschiedlichen Gründen nicht recht gepasst, aber irgendwie fühlte man sich im Laufe der Zeit an „Blue Movie" erinnert, und so wandelte sich die „Blaue Liste" zur „Leibniz-Gemeinschaft". Ich hatte einmal die Gelegenheit, den neuen Direktor zu fragen, worin das besondere Anliegen der „Blaue Liste"-Institute bestand. Die Antwort war, dass es sich bei den Projekten um Vorhaben von nationaler Bedeutung handele. Mit dieser Aussage haben wir den Höhepunkt dieses Unter-Unter-Abschnitts erreicht, und es bleibt höchstens nachzutragen, dass der Mathematiker und Abwickelkoordinator des Karl-Weierstrass-Instituts späterhin in Bonn dem sogenannten „Caesar"-Institut vorstand, ohne Zweifel ebenfalls von nationalem Interesse. Von internationalem Interesse dürfte die Gründung der „Viadrina", der Europa-Universität in Frankfurt an der Oder gewesen sein, eine Universitätsneugründung der Neuzeit, ohne das Fach Mathematik oder andere nicht unbedingt nötige Naturwissenschaften.

Die Max-Planck-Gesellschaft hatte im Gefolge der Wende in Deutschland nicht nur die Einrichtung der Max-Planck-Arbeitsgruppen initiiert, sie verwirklichte auch ein Programm von Gründungen weiterer Max-Planck-Institute in den Neuen Bundesländern. Wir, d. h. Herr Demu und ich, waren über allgemeine Informationskanäle, die auch andere Institutionen der Max-Planck-Gesellschaft erreichten, in einer relativ frühen Phase dieser Planungen informiert, und man war auch noch dabei, inhaltliche Vorschläge zu ermutigen und zu prüfen. Es ist fast überflüssig zu erwähnen, dass wir einer inneren Überzeugung folgten, als wir den Plan fassten, in diesem Kontext etwas für die Mathematik zu tun. Wir sprachen umgehend Prof. HIRZEBRUCH, den Direktor des Max-Planck-Instituts für Mathematik in Bonn, an und trugen ihm unsere Argumente vor, mit der Bitte um Unterstützung. Ein Antrag auf Einrichtung eines weiteren Max-Planck-Instituts auf dem Gebiet der Mathematik erforderte zügiges Handeln und auch eine realistische Abschätzung der Möglichkeiten und des Herangehens. Vom inhaltlichen Ansatz her waren wir durch die Beobachtung motiviert, dass Deutschland wichtige Entwicklungen der modernen Analysis während der letzten Jahrzehnte verschlafen hatte, und dass diese Tatsache in Ermangelung an für solche Aspekte sensibilisierte Spezialisten auch kaum noch kommunizierbar war. Jahrzehnte zuvor, als die mikrolokale Analysis mit all ihrem Einfluss auf die Mathematische Physik, die Index-Theorie, die Komplexe Analysis, Partielle Differentialgleichungen, Spektraltheorie, etc., international in aller Munde war, hatte ich in einer Arbeitsgruppenleiterversammlung des Karl-Weierstrass-Instituts im Beisein des Direktors Thes auf diesen Sachverhalt hingewiesen. Die Antwort von Thes, der grundsätzlich durchaus darauf achtete, dass die Forschungsinhalte des Instituts, wenn sie schon nicht Projekt- oder Industrie-bezogen waren, wenigstens von der fachlichen Seite her als hochkarätig galten, war damals von unerwarteter Klarheit. Man könne sich nicht bei jeder Erwähnung dieser Entwicklungen von den Plätzen erheben und ehrende Referenz üben. Auch in den Alten Bundesländern gab es Kollegen, die dem Mangel

J. Seiler (Torino), B.-W. Sch. (Potsdam) (v. *links* n. *rechts*),
2000, Potsdam, Arbeitszimmer im Institut

an Aufmerksamkeit solchen Themenkomplexen gegenüber mit Unverständnis begegneten und die in Deutschland nicht nur keine Stelle fanden, sondern sich auch „dumme Antworten" einhandelten, wenn sie versuchten, das Thema zu diskutieren. Diese Leute sind dann aus Deutschland abgewandert, wiederum mit der durch sie repräsentierten mathematischen Kultur im Gepäck.

Prof. HIRZEBRUCH zeigte sich sehr aufgeschlossen dem Gedanken gegenüber, für ein neues Max-Planck-Institut auf dem Gebiet der Mathematik einzutreten. Details für eine entsprechende inhaltliche Anstragstellung koordinierte ich zunächst zusammen mit Herrn Demu unter Mitwirkung weiterer Kollegen, insbesondere Iler von der TU Berlin und Veri, seinerzeit an der Universität Bochum, später dann Bonn. Was weiterhin mit der Initiative geschah ist im Grundsatz bekannt. Wie vorherzusehen, als der Gedanke einmal das Licht der Welt erblickt hatte, gab es unterschiedliche Kräfte, die sich ganz uneigennützig und zum Wohle des Projektes äußerten, inhaltlich alternative Vorschläge einbrachten, zusammen mit völlig berechtigten Vorschlägen für erste Stellenbesetzungen in einem sich abzeichnenden neuen Institut mit dem Sitz in Leipzig. Überglücklich nahm ich auch wahr, dass es im Lande noch weitaus klügere Leute gab als ich bis dato wahrgenommen hatte, und ich hatte mir viele Jahre ganz unnötige Sorgen gemacht, wie es mit der Analysis in Deutschland weitergehen könnte. Der Gründungsdirektor Prof. Opre, den ich noch von meinem Studium in Leipzig kannte, zu dem ich aber über die Jahrzehnte kaum Kontakt pflegte, hatte die Liebenswürdigkeit, detailiert zu kommentieren, wie wenig andere Adressen in Deutschland, auch wenn sie ihm praktisch völlig unbekannt waren, sonst noch für eine Teilnahme an neuen Projekten in diesem Institut in Betracht kamen. Eine direkte telefonische Anregung meinerseits wurde mit der Auskunft beschieden, dass da schließlich jeder kommen könne und womit ich auch nicht der einzige wäre. Das neu gegründete Max-Planck Institut für Mathematik in den Naturwissenschaften in Leipzig ist sicherlich ein potentieller Gewinn für die Mathematik in Deutschland, und es ist ein Verdienst von Prof. HIRZEBRUCH, dass es zu der Gründung überhaupt kommen konnte. Ob es mehr darstellt, als eine Reflexion von mathematischen Inhalten, die man in Deutschland ohnehin bereits besaß und die es an anderen Standorten weiterhin gibt, wird in Zukunft sicher unterschiedlich beurteilt werden.

Die Arbeit der Max-Planck-Arbeitsgruppe in Potsdam setzte sich noch weitere Jahre fort. Nach dem geplanten Auslaufen dieser Konstruktion nach 5 Jahren wurden für weitere 3 Jahre großzügig bemessene Fördermittel von der Max-Planck- Gesellschaft bereitgestellt. Desgleichen gab es weiterhin die Unterstützung des Max-Planck-Instituts für Mathematik in Bonn. Neben einem umfangreichen Gästeprogramm richteten wir regelmäßig internationale Tagungen und Schulen aus, mindestens einmal im Jahr. Die längerfristig anwesenden Gäste entwickelten ihrerseits umfangreiche wissenschaftliche Aktivitäten. Neben Originalarbeiten wurden auch einige Monografien in Potsdam verfaßt, insbesondere von FEDOSOV, STERNIN, SHATALOV und NAZAIKINSKIJ, teilweise in Kooperation mit Mitgliedern unserer Arbeitsgruppe. Darüberhinaus riefen wir eine Serie von Büchern ins Leben über aktuelle Forschungsthemen auf dem Gebiet der Partiellen Differentialgleichungen und der Mathematischen Physik, die in J. Wiley VCH erschien, mit einem internationalen Herausgeberkreis, übrigens eine Fortsetzung des „Seminar Analysis" des ehemaligen Karl-Weierstrass-Instituts, das seinerzeit von meiner Arbeitsgruppe herausgegeben worden war, zusammen mit Mathematikern aus der ehemaligen DDR. Inzwischen gibt es eine Unterserie „Advances in Partial Differential Equations" der von I. GOHBERG gegründeten Birkhäuserreihe „Operator Theory, Advances and Applications", die ihrerseits die vormaligen Ideen fortsetzt. Außer unserem eigenen Forschungsseminar, wo die Gäste unserer Arbeitsgruppe sowie wir selbst vortrugen, hatten wir auch ein Seminar „Partielle Differentialgleichungen und Gravitationsphysik", das gemeinsam mit dem „Albert-Einstein-Institut" in Golm, dem „Max-Planck-Institut für Gravitationsphysik" organisiert wurde.

Neben dem „Routine"-Betrieb war das wissenschaftliche Leben reich an unterschiedlichen Facetten. Prof. HIRZEBRUCH erhielt die Ehrendoktorwürde der Universität Potsdam. Das Institut für Mathematik hatte ihm viel zu verdanken, nicht allein die Förderung der Max-Planck-Arbeitsgruppe, sondern auch die Mitwirkung am Ausbau des Instituts für Mathematik in Potsdam insgesamt, wo er in den Kommissionen für wichtige Stellenbesetzungen mitwirkte. In Berlin wurde ihm der Orden „Pour le Mérite" für seine Verdienste um grundlegende Fortschritte der Mathematik verliehen. Zu dieser Zeremonie waren auch die Leiter der Max-Planck-Gruppen eingeladen. HIRZEBRUCH erfreute sich sehr breiter Wertschätzung unter

R. Airapetyan (Kettering Univ.), G. Harutyunyan (Yerevan), A. Harutyunyan (Yerevan), K. Wallroth (Potsdam), B.-W. Sch. (Potsdam), R. Wallroth (Sohn v. Frau Wallroth, Potsdam) (v. links n. rechts), 1996, während der internationalen Tagung „Partial Differential Equations" im Residence Hotel, Potsdam

den Mathematikern in Deutschland, denn er besaß die seltene Gabe, zugleich mit seiner Forschung auch in vielfältiger Weise wichtige Aspekte der Organisation des wissenschaftlichen Lebens konstruktiv und nachhaltig zu beeinflussen.

Potsdam ist durch das Campus Am Neuen Palais, das teilweise zu der Schlossanlage „Sanssouci" gehört, ein Ort von einzigartiger Ausstrahlung und ein sehr beliebter Ort für internationale Veranstaltungen. Auch wir veranstalteten hier einen großen Teil unserer Workshops und Schulen; eine dieser Tagungen war im Rahmen des „Clay Mathematical Institute" gefördert, und es nahmen insbesondere A. CONNES, P. BAUM, R. NEST, N. TELEMAN, J.-M. BISMUT und viele andere Vertreter der internationalen Mathematik teil. Auch das „benachbarte" Albert-Einstein-Institut (AEI) hatte sich der Möglichkeiten Am Neuen Palais bedient, einmal zufälligerweise in derselben Woche, als wir einen unserer Workshops veranstalteten. Die parallele Tagung bot auch die Gelegenheit, die dortigen Vorträge zu besuchen, insbesondere von S. HAWKING[79], wo es wegen Überfüllung auch Übertragungen in andere Räumlichkeiten gab. Im Vorfeld hatte es eine ganz unnötige Posse gegeben, als uns nämlich der Veranstalter des AEI aufforderte, unseren Work-

---

[79] S. HAWKING, englischer Astrophysiker, Inhaber des Lehrstuhls für Mathematik, den einst ISAAC NEWTON und später P. DIRAC innehatten.

B.-W. Sch., 2006, Rosh Hanikra, Israel

shop abzusagen, obgleich wir Räume bestellt hatten und die Organisation langfristig vorbereitet war. Es ging letztlich auch parallel sehr gut, nicht ohne belehrt worden zu sein, dass sich unsere Teilnehmer nicht an der Pausenversorgung der AEI-Tagung zu vergreifen hätten; autark waren wir ohnehin. Es kam in diesen Jahren nicht allzu oft vor, dass meine Höflichkeit ernsthaft auf die Probe gestellt wurde, ganz im Gegensatz zu späteren Gelegenheiten. Es wäre ein trauriger Bericht, wenn es nicht immer auch heitere Momente gegeben hätte. Als der amtierende Kanzler der Universität zu dieser Zeit seine Tätigkeit beendete, gab er einen kleinen Empfang, zu dem auch ich mich mit einem Blumenstrauß im Gefolge derer anstellte, die sich artig für die erwiesene Unterstützung bedanken wollten. Als ich dann an die Reihe kam und meinen Vers aufsagte, wurde ich sanft daran erinnert, dass ich weiterzugehen hätte, da noch andere hinter mir warteten.

Unsere internationalen Workshops und Schulen befassten sich mit Themen der Index-Theorie, Operator Algebren auf Mannigfaltigkeiten mit Singularitäten, Asymptotik von Lösungen, Partielle Differentialgleichungen, Geometrische Analysis, sowie mit verschiedenen Anwendungsfeldern. Die Tradition dieser Tagungen in Potsdam hat sich bis in die jüngste Zeit erhalten, und es sind neue interessante Themen hinzugetreten. Eine der Tagungen konzentrierte sich auf SCHRÖDINGER-Operatoren, insbesondere mit singulären Potentialen. Das Tagungsposter teilte versehentlich mit, dass wir eine Tagung über SCHRÖDER-Operatoren planten; glücklicherweise war der Versand noch nicht eingeleitet worden, und so ist uns diese Art allgemeine Aufmerksamkeit erspart geblieben. Üblicherweise gab es immer auch einen Nachmittag, der Exkursionen vorbehalten war. In Potsdam, das reich an Seen ist, bis in die Innenstadt hinein, mit Inseln, bestückt mit Schlössern und Parks, wo teilweise auch Pfauen würdevoll durch die Landschaft schreiten, sowie weitläufigen Waldgebieten, konnte man auch Schiffsreisen buchen, und wir haben dies für Tagungen verschiedentlich getan. Bei einer dieser Gelegenheiten, als sich die Gäste erwartungsvoll an der Schiffsanlegestelle versammelten, stellte sich zu unserem Unglück heraus, dass mit dem Datum der Bestellung ein Irrtum passiert war, d. h. wir waren für den Tag darauf gebucht. Hier war es einer unserer Mitarbeiter, ein ursprünglich aus Chicago kommender Mathematiker Yero, der von einem Schemel aus von erhöhter Position den anwesenden Gästen die Situation in so warmherzigen Worten erklärte, dass am Ende alle glücklich waren, erst am nächsten Tag mit dem Schiff unterwegs zu sein.

Sanssouci avec souci

Das planmäßige Auslaufen der Max-Planck-Arbeitsgruppe in Potsdam definierte das Ende einer Reihe wissenschaftlicher Aktivitäten, die bereits zu einer Tradition geworden waren und deren Erhaltung nicht vollkommen durch Mittel der Universität fortgesetzt werden konnten, obwohl die Berufungszusagen für meine Professur verhältnismäßig großzügig ausgefallen waren. Jedoch standen maximal 2/3 der versprochenen Mittel tatsächlich zur Verfügung, und selbst diese unterlagen in dieser Zeit unerwarteten Haushaltssperren. Wie es andere auch taten, setzen wir die arbeitsaufwendige Antragsmaschine um sogenannte Drittmittel in Bewegung, und wir erfreuten uns dann in der Tat unterschiedlicher und teilweise umfangreicher Bewilligungen. Ich habe bisher nicht versucht, festzustellen, ob es auch Zweitmittel, Viert- oder Fünftmittel gibt und ebensowenig, ob eine direkte oder umgekehrte Korrelation zwischen Drittmitteln und Erstklassigkeit besteht. Meine Tätigkeit in Lehre und Forschung als Professor an der Universität Potsdam setzte sich in normaler Weise fort. Die Zahl der Studenten in Mathematik war in diesen Jahren nicht beeindruckend, und so ging ein wenig die Sorge um, wie es um die Zukunft des mathematischen Instituts bestellt sei. Die Studenten werden zu völligem Recht als wichtigstes Gut einer Universität angesehen. Obgleich ihr Schicksal und ihr Fortkommen tatsächlich von nationalem Rang ist, liegt die sogenannte Bildungshoheit bei den Kleinstaaten, in denen sich die jeweilige Einrichtung befindet. Zu dieser Zeit herrschte noch die Ausbildung bis zum Diplom, u. a. in Mathematik, und meine Lehrtätigkeit richtete sich z. T. auf Vorlesungen in Grundkursen, insbesondere die Analysis. Wenn mir die kurze Zeit meines Mathematikstudiums in Leipzig eines vermittelt hatte, so war es die Methode, Schulabgängern mit einem Abitur „von der Pieke auf" die Grundlagen des jeweiligen Gebietes schlüssig und lückenlos beizubringen. Sowohl der eminente Umfang des Stoffes, verglichen mit dem Schulwissen, als auch die Geschwindigkeit der Darbietung, und nicht zuletzt auch die Natur der Inhalte, sind für einen Studienanfänger eine völlig neue Erfahrung, wo es ohne ein „richtiges" Herangehen zu frühzeitigen Enttäuschungen kommen kann. Man hat teilweise versucht, und tut es noch, den Übergang durch sogenannte Brückenkurse zu erleichtern. Mir selbst sind keine Inhalte bekannt, die die Stoffver-

B.-W. Schulze, *Erlebnisse an Grenzen – Grenzerlebnisse mit der Mathematik*,
DOI 10.1007/978-3-0348-0362-5_15, © Springer Basel 2013

mittlung des regulären Studiums irgendwie vorbereiten oder substituieren könnten, und es ist problematisch einen Glauben zu fördern, etwas anderes als engagiertes Arbeiten vom ersten Tage an könne zum Erfolg eines Studiums führen. Es mag natürlich sein, dass ich die Sommerlager, wo angebliche Studienvorbereitungen abliefen, völlig unterschätzt habe. Im Nachhinein scheint es mir, dass ich mir Erklärungen, was z. B. in meinen eigenen Vorlesungen zu erwarten war, energisch hätte verbitten müssen. Mindestens scheint der Hinweis gefehlt zu haben, dass die Vorlesungen in der Regel auch tatsächlich besucht werden müssen und bereits der Ausfall von wenigen Stunden zu nahezu unüberbrückbaren Lücken führt. Es ziert den Hochschullehrer nicht, wenn er bekennen muss, dass Studenten nicht regelmäßig erscheinen, in den hinteren Reihen während seiner Vorlesung Karten spielen, und/oder vernehmlich die Verpflegung auspacken und das Frühstücksei auf dem Pult aufschlagen. Auch den schlummernden Studenten erreicht die gute Botschaft des Lehrenden nur ganz indirekt. Dieses Bekenntnis gebe ich nicht ab; in den Anfangsjahren gab es so wenig Studenten, dass ich einer Kneipe vorgestanden hätte, wenn diese schönen Seiten des Studiums dominiert hätten.

Zur richtigen Gesittung im Lehrbetrieb trägt auch der Aspekt der Evaluierung der Hochschullehrer durch die Studenten bei. In den Jahren meiner Lehrtätigkeit an dieser noch jungen Universiät war ich nicht voll in den Genuss dieser für alle Beteiligten segensreichen Gepflogenheit geworden. Es ist mir allerdings kein einziger Fall bekannt, dass ein Professor wegen Unfähigkeit entlassen worden wäre. In alter Zeit glaubte man bekanntlich daran, dass der Professor als letzte Instanz seines Fachgebiets nicht nur keine Empfehlungen über die Lehrinhalte befolgen müsse, für die Wahrnehmung der Verantwortung für die Erkenntnis, der er auch gegen den Strom Geltung verschaffen müsse, bekam er schließlich sein Geld, und querköpfige Professoren gehörten sogar zum anerkannten Erscheinungsbild, wenigstens in der dichtenden Literatur. Der Professor durfte auch so seine Marotten haben, was seine Auftritte gegenüber den Studenten betraf. In heutiger Zeit sind diese alten Zöpfe weitgehend verschwunden. Von Freiheit in Lehre und Forschung ist keine Rede mehr, der Lehrbetrieb strebt einer totalen Verschulung zu, und die Professoren, die sich seit langem nicht mehr Ordinarien nennen dürfen, nicht einmal Lehrstuhlinhaber, man könnte ja an den Heiligen Stuhl denken, werden mehr und mehr ordinäre und disziplinierte Bedienstete. Das wissen auch die Studenten, die Haltung hierzu mag nicht einheitlich sein, aber es gibt gelegentlich Aufmüpfigkeiten gegen die Verschulung. Der damalige Rektor der Universität gehörte zu einer Generation, wo man in dieser Funktion noch erwarten durfte, mit „Magnifizenz" angesprochen zu werden. Bei festlichen Gelegenheiten sah man ihn auch mit Amtskette. Gewöhnlich vermerken das Publikum und die gemeinen Mitarbeiter das Zeigen der Insignien zeitloser Weisheit mit der nötigen Ehrfurcht, aber irgendwie schienen diese Garnierungen ihren Wert zu verlieren, nicht allein deshalb, weil die Amtskette entgegen der barocken Erwartung etwas schäbig wirkte, es schien auch am Respekt zu fehlen, denn es hieß, dass der Rektor die genannte Anrede nach seinem Empfinden viel zu selten hörte. Dabei war er zweifellos etwas wie akademisches Urgestein, der noch dazu das Herz am rechten Fleck hatte, wenn er im Anbetracht der in immer kürzeren Abständen erfolgenden Mittelkürzungen für die Universität, im Bettlergewand vor das Landesministerium zog, um milde Gaben für seine Universität zu erflehen.

Eine alte Gouvernantenweisheit will wissen, dass ein wenig Abstand die Freundschaft erhält; mit dem Anstand wird es sich ähnlich verhalten. Das fragile Gleichgewicht im pädagogischen Kontext zwischen gezeigter Zuwendung und gespielter Unfehlbarkeit und lehrmeisterlicher Strenge ist durch Psychologen ohne Zweifel tiefgründig analysiert worden. Noch besser sind vermutlich die Tierheger informiert, wenn es darum geht, die Persönlichkeit eines Hündchens oder eines Jagdfalken zu bilden. Jedenfalls glaubte ich einmal aus Äußerungen in einem Bericht im Fernsehen aus einer Abrichtungsfarm signifikante Ähnlichkeiten zwischen den dort angewendeten Prinzipien und der Schulpsychologie im Stalinismus herausgehört zu haben. Es versteht sich, dass die Kunst der Ausbildung an einer Universität nicht einmal daran denken darf, auf solch eine verachtende Weise zu handeln. Eine Kunst bleibt es aber jedenfalls, und hier ist viel Feingefühl gefragt, einen in Nebenaktivitäten entrückten Studenten wieder zum akademischen Leben zu erwecken. Es kann übrigens zu erbosten Reaktionen führen, wenn ein Hochschullehrer sich erdreistet, an das Schulwissen zu appellieren, das nach altertümlicher Vorstellung der dritten oder vierten Klasse zugehört. Die Grundvorlesungen, jedenfalls wenn sie noch professionell gehalten werden, verlassen sich aber ohnehin in keiner Weise auf die Schulkenntnisse. Dies wird in anderen Fachrichtungen vermutlich ähnlich sein; z. B. dürfte ein angehender Mediziner in einem Nebensatz erfahren, wo sich eigentlich der Magen befindet, den es dann im einzelnen zu betrachten gilt. So erklärt insbesondere auch die Grundvorlesung in mathematischer Analysis, was von den allgemein bekannten Zahlen Glaubensartikel sind, d. h. Axiome, und wo und nach welchen Regeln die mathematische Deduktion beginnt. Alles was zum herkömmlichen Rechnen gehört wird im ersten Semester sorgfältig vorgestellt, einschließlich Dezimalbrüche und natürlich auch dyadische Zahlen, die ja bit für bit die Computer bevölkern. Als ich nun brav an der Tafel die Folge der Zahlen ... 0,7, 0,8, 0,9 ... erklärte, meldete sich eine Studentin zu Wort, was 0,9 bedeute und ob es nicht $0,a$ heiße. Meine Antwort, hier im Notfall das Schulwissen zu konsultieren, war nun wirklich sehr unpassend. Nach der Vorlesung im Hörsaal baute sich ihr boyfriend zornbebend vor mir auf und stellte mich weithin vernehmlich zur Rede, was ich mir einbilde, ich sei als Bediensteter im öffentlichen Dienst, hätte einen Auftrag, und wofür ich auch mein Geld bekäme, hätte dies und hätte das zu tun, usw. Es handelte sich übrigens um eine Lehramtsstudentin, die irgendwann in der Schule Mathematik unterrichten wollte. Die Sache hatte dann sogar ein Nachspiel. Einer meiner lieben Mitarbeiter, hatte eine Woche danach eine Vertretungsstunde übernommen, und der boyfriend war noch immer aus dem Häuschen. In umwerfender Freundlichkeit war mein Mitarbeiter ganz Verständnis und zugleich Unverständnis über meine Ungehörigkeit, und stellte in Aussicht, dass man in einer solch gravierenden Angelegenheit eine Beschwerde an den Rektor der Universität verfassen müsse. Dass er zu keinem Zeitpunkt die Absicht hatte, sich in dieser Sache lächerlich zu machen, hatte er den Studenten aber nicht offenbart.

Wenn sich Hochschullehrer selbst wirklich ernst nehmen, so sehen sie sich an der Spitze einer Hierarchie von unterschiedlich in der jeweiligen fachlichen Disziplin ausgebildeten und verantwortlich handelnden Personen, die, auch wenn es etwas aufgeblasen klingt, nicht allein niemanden über sich sehen, der ihnen noch Ratschläge geben könnte, sondern die selbst substantiell zum Fortschritt ihres Fachgebietes durch eigene Forschungsleistung beitragen. So ist es wenigstens im lokalen Rahmen; international sehen sich die sogenannten Päpste ihres Fachs noch weitaus höher angesiedelt gegenüber dem mittelmäßigen Gegrummel derer, die sitzen geblieben sind wie ein Kuchen, der nicht genügend Backpulver hatte. Das muss aber dem Idealismus keinen Abbruch tun und auch nicht dem Sozialprestige, das Professoren früher einmal hatten. Normalerweise gehörte es mit zum Beruf, und es war in jedem Fall der Ehre wert, die grundsätzlichen Anliegen der Universitäten als höchste Bildungseinrichtung des Landes zu verkörpern. Wie bereits angedeutet, scheint die ganze Sache etwas ins Bröckeln geraten zu sein. Da ist zunächst und vor allem, welches eigentlich die Grundanliegen sind; die Frage betrifft nicht allein die Ausbildung als Abfüllvorrichtung von Wissen, sondern auch die Inhalte und wieviel Wissenschaft eine Universität sich gönnen darf und will. Man könnte vieles schlüssig aus dem „zum Besten für die Studenten" herleiten, d. h. das Beste sollte gerade gut genug sein. In dessen Besitz müsste man sich aber logischerweise erst einmal befinden. Es bestände dann auch keinerlei Widerspruch zu dem, was ansonsten noch zu den Erwartungen an eine Universität gehört, nämlich der Hort und das Gefäß des besten und fortgeschrittensten Wissens der Zeit zu sein. Die Sachlage ähnelt ein wenig dem als positiv zu empfindenden Spannungsfeld zwischen Grundlagenwissenschaften und Anwendungen, wo es ähnlich darum geht, was genau eigentlich angewendet werden soll und um dessen Besitz und Pflege man sich gegebenenfalls bemüht haben muss. Die weltweit zur Zeit als zu den anerkanntesten „Polytechnischen" Einrichtungen zählenden Hochschulen, wie etwa das MIT[80] in Boston, sind gerade auch für die kreativsten Köpfe in den jeweiligen Wissenschaftsdisziplinen bekannt, auch in der „abstraktesten" aller Wissenschaften, der Mathematik. Für die Realisten im Tagesgeschäft der Wissenschaftsplanung und Organisation sind solche Vorbilder weit weg und im Grunde genommen irrelevant. Es geht hier nicht darum, zu erklären, wer die Schuld daran trägt, dass man eine irgendwie geartete „Exzellenz" den Hochschulen erst gar nicht allgemein zuerkennen kann und man dann Programme braucht, um ausgebrannte[81] Gemäuer für die Wissenschaft wieder bewohnbar zu machen, sondern es sind die eingetretenen Strukturen, die seit langem ein eigenes Leben führen und dem Zweck, dem sie eigentlich dienen sollen, die Lebenskraft entziehen. Wo die Mehrheit der Wissenschaftler den Boden unter den Füßen verliert, sie weniger und weniger selbst über den Fortgang ihrer Projekte entscheiden können und zu immer grotesker werdender Kurzatmigkeit ihrer Planungen veranlasst werden, wird die wissenschaftliche Arbeit dominiert vom Kampf ums Dasein, um letzte Resourcen, wo es nur noch darum geht, *irgend etwas* zu erhalten

---

[80] Massachusetts Institute of Technology.
[81] d. h. unterfinanzierte.

und nicht um ein langfristiges Interesse der Disziplin oder der Einrichtung. Hier ist es nun auch die Respektierlichkeit von Magnifizenzen und Spektabilitäten, die auf die Probe gestellt wird, wenn sie sich biegen und bücken müssen wie Gewächse im Sturm an einem kargen Hang.

Eines der Fördererlebnisse war vom DAAD[82] angeboten worden, wo ganz unerwartet exzellente junge Wissenschaftler aus unterschiedlichen Herkunftsländern großzugig bemessene 3 Jahre Promotionsstudium an der Universität Potsdam absolvieren sollten. Das Programm war fächerübergreifend; hauptbegünstigt und hauptverdient war die Geophysik, die Mathematik war beteiligt, und so mussten exzellente Kandidaten in phantastisch kurzer Zeit benannt werden, die auch in einer definierten Zeit zur Verfügung zu stehen hatten. Wenn unserer Forschungsgruppe junge Wissenschaftler mit den gewünschten Qualitäten aus dem Stand heraus bekannt gewesen wären, so hätten diese sich nicht auf dem freien Markt befunden. Normalerweise werden sie frühzeitig auf das Arbeitsgebiet ihrer entsprechenden lokalen Betreuer festgelegt, und sie sind dann bis auf wenige Ausnahmen auf lange Zeit in der betreffenden Arbeitsrichtung fixiert. Allerdings traf es sich, dass sich zwei Mathematik-Absolventen aus Rumänien mit einer sehr soliden Ausbildung gerade in dieser Zeit bei uns beworben hatten. Da die Initiative jedoch nach Höherem strebte, dachte man eher an bestimmte Top-Universitäten, u. a. aus Russland. Nachdem aber eine entsprechende Begründung gedrechselt worden war, kam es zur Einstellung der Kandidaten aus Rumänien, die dann später tatsächlich sehr schöne Dissertationen geschrieben hatten. Da es sich in einem solchen Kontext immer um „halbe Stellen" handelte, war noch Kapazität vorhanden, um sich um einen der bevorzugten Herkunftsstandorte zu bemühen. Hier trat einer unserer Mitarbeiter Napf in Aktion, seinerseits aus Russland, von wo die Empfehlung eines Kandidaten aus Novosibirsk ausging. Die Be- und Erwerbung fand in der Tat statt, und wir erfreuten uns dann einige Jahre der Mitwirkung eines weiteren Mitglieds Onov unserer Gruppe. Im Vorfeld hatte es einen gemeinsamen Termin zwischen den begünstigten Forschungsgruppen der Universität Potsdam und koordinierenden Persönlichkeiten des DAAD gegeben. Der Gedankenaustausch bestand in einem ca. einstündigen Referat einer der leitenden Koordinatorinnen, in fließendem Deutsch vorgetragen, voll subtiler und bindend gewobener Regularien and Kriterien, darunter ein als überaus hoch erklärter wissenschaftlicher Anspruch. Dabei deutete nichts darauf hin, was wohl auch nicht der Auftrag dieses Auftritts war, dass hier irgendeine Nähe zu den Mechanismen wissenschaftlicher Arbeit eine Rolle gespielt hätte. Mindestens kam klar herüber, dass es mitnichten Geld gäbe, wenn die in Rede stehenden Wissenschaftler nicht aufs Wort gehorchten. Wo käme man auch hin, wenn jeder machte, was er wollte, und Wissenschaftler kann man nicht oft genug daran erinnern, was gut für die Verwaltung ist. Zuwendung ist etwas schönes, auch wenn es ums Geld geht, und die erzieherische Arbeit in diesem Metier ist so willkommen wie die eines Naturhüters im Regenwald, wenn er genau denjenigen Kindern der Schöpfung eine Wachstumsberechtigung erteilt, die in einem Katalog stehen und strenge Re-

---

[82] Deutscher Akademischer Austauschdienst.

geln befolgen. Was den jungen Wissenschaftler Onov betraf, so war die Betreuung eine neue Erfahrung. Die regelmäßigen Konsultationen zum Fortgang seiner Arbeit erweckten in mir das unvermutete Talent, durch Induktion und Beschwörung eine Art mentale Duldung der zu der Dissertation gehörenden mathematischen Inhalte zu erreichen. Darüberhinaus lernte ich, was allgemein als Tugend gilt, mich auch zurückzunehmen, wenn er in meinem Büro während dieser Diskussionen am Tisch einschlummerte und ich ihn, wenn er dann frisch gestärkt wiederkehrte aus der Lethargie, ermutigte und freundlich hinauskomplimentierte. Dass die Angelegenheit dann dennoch „befriedigend" ausging, war nicht zuletzt das Verdienst von Napf, der einen ganz andersartigen Ansatz gefunden hatte.

Der Aufbau einer stabilen Forschungskultur in einer Gruppe, die junge Wissenschaftler anregt und ausbildet, kann viele Jahre dauern und ist mit Problemen verbunden, die es auch sonst im Alltag gibt. Ein ehemaliger Mitarbeiter am Karl-Weierstrass-Institut, Herr Pner, hatte einmal von einer Studie berichtet, die erklärte, was ein Forschungsteam besonders erfolgreich macht. Neben selbstverständlichen Merkmalen wie eine wichtige und attraktive Zielstellung, sollte sie eine besondere Zusammensetzung haben, darunter den Visionär und Ideengeber, das wandelnde Lexikon, den ewigen Nörgler, sowie verschiedene Spezies von Arbeitstieren, die das Kondensat aller dieser geistigen Bemühungen in Resultate umsetzen. Mindestens ist in solchen Betrachtungen implizit gefordert, dass ein Forschungsteam eine sinnvolle Mindestgröße haben sollte. Um Nörgler muss man sich normalerweise nicht lange bemühen, sie kommen gern von selbst und von außerhalb des Teams und sind auch nicht immer hilfreich, wenn sie letztlich nicht interessiert sind, dass das Programm vorangeht. Ansonsten können sie aber ein wirkliches Regulativ sein, wenn sie z. B. klarstellen, dass bereits der Abstieg im Gange ist, wo leichtsinnigerweise geglaubt wird, sich in einer Spitzenposition zu befinden[83]. Davon werden selbst berühmte Institutionen nicht verschont, auch wenn die Ansichten nicht einheitlich sind, wo und inwiefern der Höhepunkt einer Entwicklung überschritten ist oder ob man sich unversehens an einem Nebenschauplatz wiederfindet, weil eine neue Entwicklung verschlafen wurde. Als Korsett, der Aufweichung entgegenzuwirken, ist in solchen Fällen die Einbildung ein überaus bewährtes Hausmittel. Vermutlich gehören solche Beobachtungen zur Standarderfahrung von Kreativitätsanalysten, doch setzen diese voraus, dass die betreffende Gruppe die erforderliche Zahl von Mitgliedern besitzt und nicht im Extremfall ausschließlich aus dem Kritiker besteht und dabei noch ohne Ideen auskommt. Es gibt auch noch andere Aspekte im Wissenschaftsgeschehen, die Produktivität und Ausstrahlung wesentlich beeinflussen. Sie haben etwas mit den Rahmenbedingungen oder der Gesamtstrategie der Einrichtung zu tun, die es noch erlauben oder verhindern, langfristig zu denken, und ob diese Zielstellungen überhaupt noch vermisst werden, wo sie über die Generationen bereits vergessen sind. Die Situation ist ein wenig zu vergleichen mit dem Erfolg eines Wirtschaftsunternehmens, das zwar einerseits den Markt erkennen muss, um

---

[83] Selbst im alten Rom sollen neue Kaiser in ihrem Triumph eine Person um sich gehabt haben, deren Aufgabe es war, ihnen ins Ohr zu raunen, dass auch sie sterblich seien.

sich durchzusetzen, sich aber andererseits nicht alle paar Jahre einebnen darf, wenn es z. B. den Bau moderner Gebäude betreibt und nicht von Hundehütten. Auch ein Weingut muss mit seiner Kultur eine genügend lange Lebensdauer haben, wenn es mehr sein will, als die nächste Schnapsdestille zu beliefern. Wer noch nicht völlig im Drittmitteltopf verschwunden ist, hat bisweilen auch von der Wissenschaft gehört, dass sie mindestens in Jahrzehnten, wenn nicht in Jahrhunderten denkt. Jedenfalls tut sie es dort, wonach sich bei festlichen Rezetativen und Arien bei Zelebrierungen gelegentlich die Hälse gereckt werden bzw. in ehrfürchtigem Tremolo erinnert wird, dass dorten, wo die wissenschaftliche Disziplin auf höchstem Niveau noch lebt, unsere Leitfiguren wirken und schaffen, wobei die Anrufung der mit ihren Namen verbundenen Tradition dann auch auf uns einen flüchtigen Abglanz von Größe wirft.

Die Bewusstheit von Tradition, womöglich Schulenbildung, ist im Universitäts- und Forschungsalltag unterschwellig ein wenig in Verruf gekommen, wo solides und universales Wissen in den Verdacht von Verholzung und Erstarrung gebracht wird. Dagegen kann ganz entspannt zu neuen Ufern geschippert werden, wo unnötiger Tiefgang eher hinderlich wäre. Mit leichter Kost sind Studenten viel leichter zu erreichen, und es hilft sehr, wenn man alles auch einfacher haben kann. Die Methode, Ersatzstoffe dem normalerweise als gültig angenommenen wissenschaftlichen Bildungshintergrund vorzuziehen, ist nicht zu verwechseln mit dem Arbeitsprinzip „learning by doing", wo man im Idealfall ein komplexes und mit vielen Einflussparametern versehenes Projekt mit der Unbefangenheit unkonventioneller und womöglich absurder Ansätze angeht, und neben einem problemorientierten Handeln gleichzeitig altes oder neues Handwerk lernt. Die Sache hat allerdings auch ihre Schattenseiten, wenn damit die Vorstellung einhergeht, dass ein unabhängig erzeugtes Resultat auch eine erstmalige Entdeckung sei. Außerdem wird es nicht die Regel sein, dass ein Bastelbetrieb, der von Null auf beginnt, etwas bleibendes erschafft. Auch Institute, die immer wieder neu vom Nullpunkt anfangen, dürften ihren Aufstieg zu einer leistungsfähigen Einrichtung kaum erleben.

Bekanntlich halten das akademische Leben wie auch das übrige Leben für den aufgeschlossenen Beobachter Elemente von allgemeinem Unterhaltungswert bereit. Selbst unsere klassische Dichtung wäre ein ödes Abhaken von Banalitäten, wären es nicht herausragende Auffälligkeiten in den charakterlichen Anlagen oder Beweggründen der handelnden Personen, die dem Geschehen eine nichttiviale Bedeutung geben. Eine unterschwellige Botschaft dabei scheint zu sein, dass die dichterische Freiheit auch ein kräftiges Überzeichnen erlaubt. So wird gelegentlich bereits den Schülern höherer Klassen vorbeugend vermittelt, dass das orgiastische Baden in überdrehten Charakteren z. B. in den Geschichten von BALSAC[84] die lebendige Realität nicht immer tatsächlich darstellt. Historiker wissen solche Dinge besser, wenn sie sich von Berufs wegen mit den Monsterparaden von Tyrannen der Geschichte befassen. Es müssen allerdings nicht immer Welten stürzen, damit sich Leidenschaften entzünden; man ist auch gelegentlich zufrieden, wenn sich eine ille-

---

[84] HONORÉ DE BALSAC, Schriftsteller, 1799–1850.

gale Himbeerranke unter dem Zaun zum Garten des Nachbarn durchfrisst. Während meiner Lehrtätigkeit in Potsdam habe ich viele Dissertationen betreut; die meisten sind mit höchstem Lob für die Kandidaten abgeschlossen worden. Allerdings hat es einige Ausnahmen gegeben, und eine davon soll hier in Augenschein genommen werden. Es ging um einen Doktoranden Mehb, dem ich ein Thema der Analysis der elliptischen Operatoren auf Mannigfaltigkeiten mit Kanten-Singularitäten vorgeschlagen hatte. Es ging um den Nachweis der Äquivalenz von FREDHOLM-Eigenschaft und Elliptizität, wobei letztere sich auf die inneren skalaren Symbole zusammen mit den operatorwertigen Kantensymbolen bezog. Als Hilfsobjekte sollten ordnungsreduzierende Isomorphismen innerhalb der entsprechende Algebra von Pseudo-Differentialoperatoren konstruiert werden. Es ist für einen jungen Mathematiker eine erhebliche Herausforderung, ein solches Problem erfolgreich zu bearbeiten, und es war notwendig, den gesamten mathematischen Hintergrund durch regelmäßige Seminare und individuelle Konsultationen vorzubereiten. Der Kandidat brachte aber den notwendigen Elan mit, so dass sich das Vorhaben erfolgversprechend entwickelte. Gegen Ende jedoch tat sich eine unvorhergesehene Schwierigkeit auf. Herr Mehb zeigte Anzeichen von Erschöpfung, und es kam zu einer Blockade seiner Aufnahmefähigkeit, die es ihm offenbar unmöglich machte, die letzten entscheidendenden Schritte zu tun. Es half in dieser Situation auch nichts, dass ich ihm die notwendigen Strukturen erklärte, die zum Erfolg führen mussten. Ich hatte mir vorgestellt, Herrn Mehb nach Abschluss seiner Promotion in eine unbefristete Mitarbeiterstelle in meiner Arbeitsgruppe einzusetzen. Er hatte Ehrgeiz und Talent, und er hatte über die Jahre gut gearbeitet. Was den substantiellen Stand seiner Dissertation zum besagten Zeitpunkt betraf, so konnte man mit einigem Recht sagen, dass das, was bereits in der Arbeit erreicht war, dem normalerweise geforderten Umfang an neuen und relevanten Resultaten entsprach. Leider war aber nun der Fortgang zum Stehen gekommen, und es wären noch immer Anstrengungen und entscheidende Ideen erforderlich gewesen, dem Manuskript eine abgerundete und überzeugende Form zu geben. Da ich nicht davon ausging, dass die besagte Schwierigkeit von Dauer wäre und ich in Zukunft ohnehin eine engere Zusammenarbeit ins Auge fasste, entschloss ich mich, den verbleibenden Teil der Arbeit in seinem Beisein in einer Art intensiver Konsultationen für ihn niederzuschreiben. Es hatte sich wegen der in Aussicht genommenen Stelle ein Zeitdruck aufgebaut, und so saßen wir einige Wochen in meinem Arbeitszimmer zusammen, oft bis nach Mitternacht, wo ich den laufenden Text in Gestalt umfangreicher Stapel von Manuskripten produzierte, so dass er nur noch eingefügt werden musste. Ich erklärte Herrn Mehb jedoch, dass bei einer solchen Methode ein rechtliches Problem entsteht und die Legalität des Verfahrens nur dann gewahrt bliebe, wenn wir diesen Teil der Arbeit zum Produkt direkter Zusammenarbeit erklärten, was in einer gemeinsam verabredeten Notiz in den Vorbemerkungen der Dissertation zum Ausdruck kommen sollte. Es ging mir hier nicht so sehr um die Originalität der Beiträge. In weiteren fördernden Diskussionen hätte sich die Methode dem Kandidaten möglicherweise ohnehin erschlossen, aber in diesem Moment schien es mir nicht vorstellbar, als Betreuer einer Dissertation ohne ein solches Vorgehen die Arbeit zu empfehlen. So wurde das Manuskript beendet, der besagte eher unauffällige Hinweis fand sich in den Vorbemerkungen, und so sollte das Promotionsverfahren anlaufen. Als ich jedoch im Laufe dieses Prozesses eine weitere Kopie der Arbeit in Augenschein nahm, war dieser Hinweis wieder entfernt worden. Ich stellte Herrn Mehb zur Rede, aber ich kam zu keiner vernünftigen Auskunft. Es blieb mir nur noch der bittere Weg, als Gutachter der Arbeit diesen Mangel im Verfahren selbst zu beleuchten und öffentlich zu verlangen, dass das Manuskript entsprechend korrigiert werde. Von vertrauensvoller Zusammenarbeit in der Zukunft konnte keine Rede mehr sein. Zum Überfluss sah ich mich in den weiteren Wochen Verleumdungen innerhalb meiner Arbeitsgruppe ausgesetzt und am Ende noch empörten Vorhaltungen seiner Freundin, die bei uns eine wissenschaftliche Hilfskraftstelle innehatte. Die Angelegenheit erlebte selbst Jahre später noch eine Renaissance seitens eines sogenannten Herrn Napf, der die Episode selbst gar nicht miterlebt hatte. Welche Rolle ein anderer erfahrener Mitarbeiter meiner Arbeitsgruppe gespielt und wo der tatsächliche Auslöser gelegen hatte, ist mir insgesamt weitgehend verborgen geblieben, auch auf direkte Anfrage hin. In den weiteren Jahren sollte ich noch reichlich Gelegenheit erhalten, über das Wohlmeinen der im Umfeld erschienenen Person nachzudenken. Nachdem ich in anderem Zusammenhang wieder und wieder die Folgen meiner überbordenden Großzügigkeit anderen gegenüber erfahren musste, bis hin zu einem Bodensatz von Freundeskreis in meiner nächsten Umgebung, mit Bespitzelung meiner Doktoranden, Denunziation, Drohbriefen und Diffamierung aus dem Kreis von Familienangehörigen, hätte ich mich eigentlich „bessern" und mir mein argloses und undifferenziertes Fördern anderer als ein fundamentales Versagen anrechnen sollen. Dass ich es nicht tat, musste ich dennoch keinen Augenblick bereuen, denn die letztlichen Erfolge meiner Arbeitsgruppe, die bis zum heutigen Tage andauern, wären ohne diese Fehler ebenfalls nicht möglich gewesen.

Mit den Zielvorstellungen einer wissenschaftlichen Einrichtung hängen naheliegenderweise auch die Stellenbesetzungen zusammen, und auch hier können sich unvermutete Leidenschaften entfalten. Es scheint geraten, ein wenig abzuschweifen und den Bezugspunkt, den die Überschrift dieses Unterabschnitts erklärt, zu verlassen. Ein lieber Kollege von einer Universität in einem der Europäischen Partnerländer erklärte mir einmal, dass man in Deutschland noch ganz in Unschuld lebt, wohingegen in dem besagten Land eine mehrtausendjährige Erfahrung in der Kunst der Intrige besteht, sie dort schon so etwas wie ein eingesessenes Kulturgut ist und man normalerweise das Nachsehen hat, wenn man sich unvorbereitet in einem solchen Umfeld bewegt. Wie glücklich dürfen wir uns daher fühlen, dass die Stellen in Deutschland öffentlich ausgeschrieben werden und dann eine nach diversen Strukturvorgaben zusammengesetzte Kommission eine Liste mit einer entsprechenden Platzierung für die Kandidaten beschließt. Intrigen sind ja übrigens nicht ausschließlich schlecht, wenigstens nicht für diejenigen, die durch sie am Ende erfolgreich sind, und womöglich dient das Ganze im Einzelfall noch einem guten Zweck, wenn man auf der Seite der Guten ist. Außerdem belehrt uns bereits die Geschichte, dass man nicht ohne Recht und Gesetz aufs Schafott gelangte und aus dieser Sicht die Bösewichte das Nachsehen hatten, wenn sie auf höfischem Parkett dumme Fehler machten und in verdienter Schande untergingen. So nimmt man an, dass auch hierzulande tendenziell das Gute siegt, und es wäre ein mindestens diskriminierender Zustand, wenn hier in weniger professioneller Weise manipuliert würde als in anderen klassischen Kulturnationen. Vermutlich trifft dies aber ohnehin nicht zu, denn wir dürfen uns auf vielen Gebieten herausragender Talente rühmen, obwohl eine solche Analyse etwas Zurückhaltung verdient und bei Bedarf bekanntlich auch gröberes Werkzeug seinen Dienst tut. Insgesamt haben wir hier aber keinen Grund, nicht ganz ohne Sorge in die Zukunft zu blicken.

Zu dem Charme des Universitätsstandorts Am Neuen Palais in Potsdam gehört auch die liebevolle Zuwendung, die Studenten und Personal am Campus durch das Studentenwerk erfahren, das die Mensa betreibt und wo die Mitarbeiter nicht nur ihren zuverlässigen Dienst tun, sondern Herz und Initiative investieren. Nicht allein dass sich die handelnden Personen in ihre Aufgabe einfühlen, wenn z. B. asiatisch oder mexikanisch gekocht wurde, auch wenn eher selten beobachtet wurde, dass dem Anlass angemessene spitze Hütchen oder Sombreros an der Kasse getragen wurden. Aber es gab machmal eindrucksvolle Darbietungen in der Nähe der Tische, wo man zum Essen Platz nahm. Als es eines Tages hieß, es gibt Schweizerisch, tauchte plötzlich eine Gruppe junger Leute mit riesigen Alpenhörnern auf, die glaubwürdig vermittelten, dass sie aus der Schweiz kamen und die Studenten betuteten. Man mochte gar nicht mit dem Essen aufhören um das Konzert länger zu genießen, aber als es denn doch sein musste, fühlte man sich auf die freundlichste Weise heimgetutet.

Sehnsucht Asien

Seit meiner Schulzeit, wo ich an einer Spezialklasse für Chinesische Sprache teilgenommen hatte, träumte ich davon, China einmal zu besuchen. Von aktiven Kenntnissen in Chinesisch hatte im Anschluss zwar keine Rede sein können, jedoch hatten wir einiges über China erfahren was zumindest das Interesse wecken konnte. Im Nachhinein erscheint es fast wie ein Wunder, dass es im Anbetracht der von der Parteibürokratie zur Zeit der DDR kontrollierten Informationspolitik überhaupt etwas gab, das zur Mitteilung über ein fremdes Land noch übrig blieb. Einmal war es hinter Gefängnismauern generell nicht ratsam, die Sehnsucht nach der Ferne zu wecken. Dazu kam, dass im Falle von China aus ideologischen Gründen es mehr die Chinesische Neuzeit nach dem Untergang des Kaiserreiches war, die zur Bewunderung freigegeben werden konnte, wohingegen die spezifisch Chinesische Kulturleistung in der Chronik der Menschheitsgeschichte eher älteren Ursprungs ist. Diese ist aber unglücklicherweise mit der Vorstellung von Erstarrung im Feudalismus und allgemeiner Entrechtung verbunden, und die überkommenen Schätze waren zudem gerade im Begriff, durch MAOs Kulturrevolution flächendeckend abgeräumt zu werden. Ideologisch funktionierte das Einvernehmen mit dem neuen China auch nicht, mit dem alten schon gleich gar nicht, denn auch die Kunde asiatischer Religionen war nicht wünschenswert; hier war man sich ausnahmsweise mit den Christlichen Konfessionen einig. Schließlich war die konfuzianische Philosophie zumindest etwas irritierend und übrigens alles andere als revolutionär im herkömmlichen Sinne; dabei hielt sie eigentlich für den Machterhalt einer Herrschaftsform durchaus passende Grundsätze bereit. Man wusste in der DDR allerdings ohnehin, was zu geschehen hatte, um an der Macht zu bleiben, dazu war die Diktatur des Proletariats schließlich da. So musste sich mit politikfreien Tuschepinseln, Chinesischen Gemälden und Landschaften, sowie Ansichten historischer baulicher Überbleibsel zufriedengegeben werden. Letztere waren aber immer noch so beeindruckend, dass die peinliche Oberflächlichkeit der Information nicht zu offenkundig wurde.

Nach der politischen Wende in Deutschland, wo die Dominanz der Person MAOs auch in China längst der Vergangenheit angehörte, konnten die ehemals ostdeut-

B.-W. Schulze, *Erlebnisse an Grenzen – Grenzerlebnisse mit der Mathematik*,
DOI 10.1007/978-3-0348-0362-5_16, © Springer Basel 2013

schen Wissenschaftler einen völlig neuen Zugang zu den Kulturleistungen ihrer Kollegen in Asien finden. Für die mathematische Analysis, d. h. dasjenige Gebiet der Mathematik, das sich mit der Differentialgleichungstheorie beschäftigt, war es hier hauptsächlich Japan, das in den vergangenen Jahrzehnten Bahnbrechendes geleistet hatte, z. B. auf dem Gebiet der mikrolokalen Analysis und der Hyperfunktionen. Meine Arbeitgruppe baute Beziehungen zu verschiedenen wichtigen Vertretern dieser Disziplin in Japan auf, es kamen Besucher zu unseren Tagungen nach Potsdam, und wir besuchten entsprechende Institutionen in Japan, insbesondere in Tokyo, Osaka, Kyoto, oder den in die freie Landschaft hineingebauten Universitätskomplex von Tsukuba. Japan ist bekanntlich auch von herausragendem touristischen Interesse. Die diesbezüglichen Stationen meiner Besuche können hier nicht im Detail beleuchtet werden. Es sind auch eher die Eindrücke, die nicht in jedem Reiseführer stehen, der Aufmerksamkeit wert. Z. B. bekommt man statt der bei uns üblichen Curry-Wurst an Imbiss-Buden in Parks in Japan rohe Krakenbeine angeboten, mit köstlichem weißen Fleisch, naturbelassen an den Rändern coloriert in rot bzw. violett.

Im China der 1990iger Jahre gab es nur wenige Gruppen, die auf den genannten Gebieten der mathematischen Analysis aktiv waren, und man schien sich noch in einer Orientierungsphase zu befinden. Über eine gut funktionierende Beziehung zu einer Gruppe an der Universität in Turin, Italien, lernte ich einen Professor von der Universität in Wuhan, Chen Hua, kennen, der auch eine Entwicklung von wissenschaftlichen Kontakten zu Deutschland sehr begrüßte. Es kam zu gegenseitigen Einladungen, insbesondere auch an jüngere Mitarbeiter, und eine Mathematikerin aus Wuhan, Frau Liu Xiaochun, wurde als erste Doktorandin aus China in unsere Arbeitsgruppe aufgenommen. Die Betreuung hatte ich gemeinsam mit Herrn Dr. Tiff vereinbart, der in unsere Forschungsgruppe in Potsdam nach seiner eigenen Promotion in Bonn eingetreten war, sowie gleichzeitig mit Prof. Chen Hua in Wuhan. Es ging um ein Thema der singulären Analysis, das in Potsdam zu den aktiven Forschungsschwerpunkten gehörte. Nach einigen Jahren wurde die Arbeit erfolgreich abgeschlossen, und Frau Liu trat eine Stelle an der Universität in Wuhan an, wo sie Jahre später schließlich selbst eine Professur erhielt und nun ihrerseits eigene Doktoranden betreut.

Wuhan befindet sich am Zusammenfluss des Yangtsekiang mit dem Han Fluss. Der Yangtsekiang ist mit seinen 6380 Kilometern der längste Fluss Chinas. Wuhan dürfte augenblicklich eine Bevölkerungszahl von 10 Millionen haben. Bevor ich Leute von dort kennenlernte, hatte ich noch kaum von einer Stadt Wuhan gehört, ebensowenig wie von der Provinz Hubei, deren Hauptstadt sie ist. Ein Tagungsbesuch auf Einladung von Chen Hua war der Auftakt einer langjährigen Beziehung, die sich über die Jahre immer mehr vertiefte, und die schließlich zu einem Kooperationsabkommen zwischen ca. je 10 Universitäten in China sowie Deutschland führte auf dem Gebiet der Partiellen Differentialgleichungen, gefördert durch die NSFC (National Science Foundation of China) und die DFG (Deutsche Forschungsgemeinschaft). Zuvor hatte ich bereits in Shanghai die Fudan-Universität besucht, eine der wichtigsten Universitäten Chinas. In Wuhan hatte ich auch erstmalig Ge-

B.-W. Sch. (Potsdam), H. Komatsu (Tokyo), M. Miyake (Nagoya), L. Rodino (Torino), Hua Chen (Wuhan), Jian Li (Wuhan), P. Godin (Brussels), O. Liess (Bologna) (v. *links* n. *rechts*), 1999, Exkursion zu den drei Schluchten des Yangtsekiang anlässlich einer Tagung „Partial Differential Equations" in Wuhan, China

legenheit zu erleben, wie normal es an den Hochschulen Chinas ist, mindestens ein Universitätshotel zu besitzen, einschließlich Restaurants mit entsprechender Versorgung von Gästen der Universität, u. a. auch bei Tagungen. Daneben gab es einen eingespielten Transportdienst von Autos, die routinemäßig Gäste vom Flughafen und zurück transportierten. Diese Dinge wären keiner Erwähnung wert, wenn für die Universitäten in Deutschland solche Einrichtungen natürlich wären. Ausnahmslos jedes der mindestens 20 Universitätscamps, in den entlegensten Teilen des Landes, die ich seit dieser Zeit besucht hatte, war in dieser Weise ausgestattet.

Der Besuch eines Landes wie China bietet für den Europäer mannigfache Eindrücke von exotischem Reiz. Bereits während meiner ersten Fahrt vom Flughafen in Wuhan zur Universität durch den innerstädtischen Verkehr waren Szenen von seltsamer Eindringlichkeit zu erleben. Z. B. fuhr längere Zeit vor uns ein riesiger Transporter, beladen mit übereinandergestapelten Käfigen voller Hühner, die einen ohrenbetäubenden Lärm verursachten und in ihrer Panik ständig Eier fallen ließen, die dann auf der Straße aufschlugen. Ich gebe zu, dass mir die verlorenen Kreaturen unendlich leid taten, obwohl das traurige Dasein benutzter Lebewesen eine weltweite alltägliche Erscheinung ist. Die sogenannten 100-jährigen Eier, die zu den berühmten Spezialitäten Chinesischer Küche gehören, wecken ganz andere Assoziationen; man hat sie uns viele Male angeboten, und abgesehen von dem optischen Eindruck war nichts daran auszusetzen. Auf andere Delikatessen wie geröstete Blattwanzen und Heuschrecken, knusprig und urgesund, oder Hund in Aspik, komme ich noch zurück, denn China mit seiner herausragenden Kochkunst verdient es, gewürdigt zu werden. Übrigens findet man in China rohes Fleisch, wie es in Deutschland konsumiert wird, schwer vorstellbar. In Wuhan besuchte ich zusammen mit der Familie meines Gastgebers CHEN HUA auch ein mehrstöckiges Restaurant nahe des Jangtsekiang, wo MAO TSEDONG immer gespeist hatte, nachdem er den Fluss unter den Blicken des begeisterten Publikums durchschwommen hatte, eine Tradition, die er bis ins hohe Alter gepflegt haben soll. In dem Restaurant war neben diversen Delikatessen auch Schildkröte serviert worden, was kein billiges Essen ist. Tiere wie Fische, Frösche, Schildkröten, oder Schlangen werden in vielen Gaststätten in Becken bzw. Terrarien gehalten, wo sie auf die Mahlzeiten warten. Auch „unsere" Schildkröte war zugegen und verspeiste friedlich ihre Blätter, bevor sie dann ihre schicksalhafte Begegnung mit dem Küchenmeister hatte. Bei anderer Gelegenheit hatten wir Schlange. Es ist das Privileg des Gastes, rohes Blut zusammen mit den ausgedrückten Augen zu trinken; es wurde mir aber nachgesehen, dass ich dem zuvorkommenden Angebot nicht nachkam. Hinsichtlich der Gastfreundschaft während meiner Besuche in China fand ich mich auf eine Weise umsorgt, wie ich es sonst nirgends auf der Welt erfahren habe. Neben den Pflichten, die ich während dieser Arbeitsaufenthalte wahrnahm, wie Vorträge in Kolloquien vor Hochschullehrern an den entsprechenden Universitäten, oder Vorlesungsreihen für Studenten, versuchte ich den Grundstein für zukünftige Kooperationsbeziehungen zu legen. Dieses Bemühen ist auf unterschiedliche Weise fruchtbar geworden. Während eines späteren Besuchs, der mich auch an die Jiaotong Universität in Shanghai führte, war mein Gastgeber Professor KONG DEXING, ein direkter Nachfahre, ein 67-facher Ur-Ur-...-Ur-Enkel des Chinesischen Philosophen KONFUZIUS[85] (KONGTSE). Er arbeitete dort auf dem Gebiet der nichtlinearen partiellen Differentialgleichungen. Inzwischen wechselte er an der Zheijang Universität in Hangzhou. KONG DEXING hatte mir eine seiner Studentinnen WEI YAWEI empfohlen; sie kam dann für mehrere Jahre nach Potsdam als eine meiner Doktorandinnen, wo sie mit höchstem Lob ihre Promotion abschloss. Jetzt hat sie eine Stelle an der Nankai-Universität in Tianjin. Ich hatte bei einem meiner späteren Besuche in Beijing nahe der Verbotenen Stadt den Konfuzius-Tempel besucht. Im Gelände des dazugehörigen Parks steht auch eine Marmorskulptur von KONFUZIUS; eine Ähnlichkeit zu Professor KONG DEXING war nicht unmittelbar auszumachen.

Das Erlernen der chinesischen Sprache ist für einen Besucher aus Europa eine nahezu hoffnungslose Angelegenheit. In den chinesischen Schulen ist Englisch seit langem die dominierende Fremdsprache, und man trifft inzwischen zunehmend Personen, mit denen die Kommunikation auf Englisch kein Problem ist. Die Hochschullehrer und auch viele Studenten sprechen mit wechselnder Perfektion

---

[85] KONFUZIUS, 551 v.Chr.–449 v.Chr.

Huan Song Zhuo (Wuhan), B.-W. Sch. (Potsdam), Minyou Qi (Wuhan), Weian Liu (Wuhan)
(v. *links* n. *rechts*), 1999, Exkursion zu den drei Schluchten des Yangtsekiang anlässlich einer
Tagung „Partial Differential Equation" im Wuhan, auf der Stadtmauer von Jing Zhou City,
Hubei Provinz, China

Englisch, und für mich, der ich mich ohnehin meist in Begleitung einer Person
aus der jeweils besuchten Institution befand, gab es in der Regel keine Verständi-
gungsschwierigkeiten. Auch meine Vorträge bzw. Vorlesungen wurden in Englisch
gehalten. In den letzten Jahren bietet man an chinesischen Universitäten verstärkt
Lehrveranstaltungen in Englisch an. So dürfte sich die sprachliche Hürde mit der
Zeit weiter abbauen. Vor Jahren soll ein deutscher Kollege in den USA mit einem
Chinesen zusammen in einer gemeinsamen Wohnung gelebt haben, d. h. mit gemeinsamer Küchenbenutzung, etc., und als der chinesische Gast eines Tages mit
seiner Freundin telefonierte war der deutsche Mitbewohner zugegen und hörte aus
einiger Entfernung dem Gespräch zu. Im Anschluss, um eine höfliche Anmerkung
zu machen äußerte dieser, dass es ja eigentlich wirklich nett und interessant sei, mal
richtiges Chinesisch zu hören. Jedoch war hier ein Missverständnis aufzuklären,
denn der Gast erklärte, dass man Englisch gesprochen habe. Bei meinen Besuchen
in China versuchte ich systematisch, mehr und mehr Schriftzeichen im Gedächtnis zu behalten. Vermutlich ist diese Methode, Chinesisch zu lernen, nicht sehr
effizient. Man muss bedenken, dass Schriftzeichen und Aussprache völlig unabhängig sind. Für die Aussprache der Silben, z. B. „chen", gibt es 4 verschiedene
Möglichkeiten, von denen zwar die Bedeutung grundlegend abhängt, diese aber

in keiner Weise eindeutig festlegen. Dies zeigt z. B. die Silbe „shi", die es abgesehen von der Betonung in dutzenden Bedeutungen gibt, und deren Aussprache in den verschiedenen Varianten auch ein wenig Übung erfordert, nach meinem laienhaften Eindruck leicht kehlig, lispelnd, zischend, mit von unten an die Schneidezähne angelegter hohl gestellter Zunge, mit nicht zuviel Atemdruck. Die übliche Lateinumschrift findet im sogenannten *pinyin* statt. Dieses wiederum gibt nach deutsprachigem Lautbildungsmodus noch keineswegs einen endgültigen Hinweis auf die Aussprache; diese Regeln müssen also ebenfalls noch gelernt werden. Z. B. ist „q" als „*tj*", ähnlich wie in „*tj*(a, so ist das nun mal)", auszusprechen, während „ch" wie „*tsch*" auszusprechen ist, wie es in „(Pa)*tsch*(händchen)" vorkommt, laut Anweisung in Langenscheidt's Wörterbuch. Abgesehen davon ist es mit den Einzelsilben keineswegs getan, denn meist geht es um Wortzusammensetzungen, die ihrerseits eine eigenständige Bedeutung haben. Texte in chinesischen Schriftzeichen sind aber nach meinem Empfinden ein ausgesprochen ästhetischer Anblick, und banalste Botschaften werden zu Kunstwerken, wenn man sie nicht versteht. Die berühmte chinesische Kalligraphie hat es hier zu höchster Vollendung gebracht. Auch die Mathematik ist u. a. eine Sprache, und ihre Ausdrucksformen haben sich gleichfalls über die Jahrtausende entwickelt. Ihre eminente Kraft mag man darin erahnen, dass sie Sachverhalte formulieren kann, die jenseits unseres natürlichen Erfahrungsbereichs liegen, etwa der Physik der Elementarteilchen oder wie man sich die geometrische Evolution des Universums seit dem Urknall vorstellt. Auch im alten China gab es herausragende Naturwissenschaftler. Ein Gebäude auf dem Gelände des Lama-Tempels in Beijing beherbergte eine Art mathematische Abteilung, wo die Großtaten von Mönchen verzeichnet waren, die vor Urzeiten bereits die Länge des Jahres mit höchster Präzision bestimmt hatten; bei einem meiner letzten Besuche hatte ich diesen Ort aber dort nicht mehr wiedergefunden. Der Haupttempel beherbergt übrigens eine ca. 18 Meter hohe Buddha-Statue, aus einem einzigen Stamm Sandelholz geschnitzt. Diese Kostbarkeit wäre beinahe der Kulturrevolution zum Opfer gefallen, aber Truppen, die von ZHOU ENLAI befehligt worden waren, hatten das Schlimmste verhindern können. Man besaß im alten China auch eine originelle Methode, die Richtung, aus der ein Erdbeben kam, zu ermitteln. Die Gerätschaft bestand aus einem Möbel in Gestalt einer Art Säule, an der symmetrisch in verschiedenen Richtungen Kugeln auf Halterungen ruhten. Um diese herum warteten Skulpturen in Gestalt von Fröschen mit weit aufgesperrten Mäulern, in die bei Erschütterungen, abhängig von der Richtung, die Kugeln fallen sollten.

Als Wiege der chinesischen Zivilisation wird die Region um den Gelben Fluss angesehen. Dieser durchquert die Provinz Henan mit der Hauptstadt Zhengzhou. Der Gelbe Fluss wird gern durch eine Mutter symbolisiert, die China, ihr Baby, in den Armen hält. Das Baby ist inzwischen kräftig gewachsen, was aber die Bedeutung dieses Gleichnisses eher unterstreicht. Eine andere wichtige Institution im Bewusstsein der Chinesen sind die Drachen; ihr Charakter ist nicht immer leicht zu ergründen, vermutlich können sie auch lieb sein, sind aber nicht als Schoßtiere zu verstehen, sondern genießen Verehrung und Respekt. Was sie sonst noch im einzelnen tun ist mir nicht bekannt, aber die Chinesischen Kaiser traten als die

Yiming Long (Tianjin); N. Lerner (Paris); M. Mascarello (Frau von L. Rodino, Torino);
L. Rodino (Torino); B.-W. Sch. (Potsdam); Shuxing Chen (Shanghai) (v. *links* n. *rechts*),
1999, vor dem Haupteingang zur „Chu-Town" in Wuhan (am Ostsee), China

Nachkommen der Drachen auf. In Zhengzhou besuchte ich eine der Universitäten
zu Vorträgen. Dort ist eine Gruppe in Mathematischer Physik aktiv, die sich insbesondere mit der Solitonentheorie befaßt. Die Provinz Henan beherbergt Stätten
einzigartiger Kultur. Hier befindet sich u. a. der Shao Ling Tempel, der durch seine Kampfkunst Kungfu weltweit bekannt ist, der aber auch für den Buddhismus
in China von großer Bedeutung ist. Bei meinem ersten Besuch dort hatte ich auch
einen Betrag für die Rekonstruktion der Tempelanlagen gespendet, was mir eine
Notiz in einer Chronik einbrachte, die einstens auf einer Steinstele verewigt werden
sollte. Als ich kürzlich wieder dort war, konnte ich die nämliche Stele nicht entdecken, aber darum war es mir auch nicht gegangen. In jedem Falle werden nahezu
Wunderdinge über die Kungfu Kämpfer der Vergangenheit berichtet. So haben einige alte Bäume dort tiefe fingerdicke Löcher im Holz, die hochtrainierte Mönche
mit der bloßen Kraft ihrer Finger hineingehämmert haben sollen. Die kostbaren alten Manuskripte aus dem Tempel, wo die Geheimnisse der alten Kunst verzeichnet
waren, sind, wie viele andere Hinterlassenschaften dieser Kultur der Kulturrevolution zum Opfer gefallen. Heute sind in der Nähe der Tempelanlage selbst und auch in
der umliegenden Region große Sportschulen am Werk, die ncuc Generationen begeisterter Schüler der Kungfu-Kunst ausbilden. Auch eine allgemeinbildende und
ethische Erziehung gehört zum Programm. Bei Trainingsaktivitäten, die auch die

Besucher mit ansehen können und wo atemberaubende Übungen stundenlang praktiziert werden, mit Sprüngen und Saldi, bei denen sich normale Leute vermutlich die Knochen brechen würden, erhalten die aufgeführten Nummern eines Teilnehmers den Beifall der Truppe, selbst dann, wenn durch eine Ungeschicklichkeit ein Kunststück danebengeht.

China hat in den vergangenen Jahrzehnten erhebliche Anstrengungen unternommen, seinen Universitätsektor auf- bzw. auszubauen. Die neu erbauten Universitätskomplexe stellen vieles in den Schatten, was man an Europäischen Universitätsstandorten sehen kann. Ich könnte nicht quantitativ aufrechnen, wieviel China prozentual in seinen akademischen Sektor investiert, verglichen mit dem, was z. B. in Deutschland getan wird. Es scheint in China auch erhebliche regionale Unterschiede zu geben, aber die Aufbauleistung ist für den Besucher vielerorts atemberaubend. Es bedürfte einer gründlichen Analyse, qualitative Vergleiche zu führen. Die Universitäten in China legen Wert auf gute Platzierungen nach diversen vergleichenden Kriterien. Nach solchen Erhebungen sind insbesondere die Beijing-Universität sowie die benachbarte Tsinghua-Universität hochrangig plaziert. Im Kommen ist offenbar auch die Jiaotong-Universität in Shanghai; sie scheint der Fudan-Universität in Shanghai den Rang abzulaufen, die aber nach wie vor einen exzellenten Ruf hat. Die Platzierungen sind mir im Detail nicht alle bekannt, sie verschieben sich auch immer wieder. Ähnlich wie andere vergleichende Aussagen weltweit oder auch in Deutschland hängt die behauptete Qualität sehr stark von den Fachrichtungen ab. In Wuhan ist seit vielen Jahren der Aufbau einer modernen mathematischen Analysis erfolgreich, wie man sie andernorts in China in dieser Form zu wenig besitzt. Viele Arbeitsrichtungen an Hochschulen und Forschungsinstitutionen sind eingewandert durch das Studium chinesischer Studenten an ausländischen Universitäten, z. B. in den USA oder Europäischen Ländern, genauer, durch diejenigen, die zurückkamen nach China und dort an einer der Hochschulen eine Stelle antraten. Seit einiger Zeit verbessern sich auch die Gehälter, was ein zusätzlicher Anreiz zur Rückkehr ist. Auch die Chinesische Staatsführung erkennt die Schlüsselrolle der Wissenschaften für die Entwicklung des Landes an. Unter den Staatspräsidenten oder höheren Bediensteten befinden sich Universitätsabsolventen, und es erhält sich offenbar dann eine solidarische Beziehung bzw. ein fest verankertes Bewusstsein, dass man den Hochschulsektor nicht vernachlässigen darf. Es gibt in China unterschiedliche Beispiele unkonventioneller Institutsgründungen, die offenbar auf direkte Unterstützung eines einflussreichen Funktionsträgers zurückzuführen sind. Einen solchen Hintergrund hat auch das Chern-Institut für Mathematik, benannt nach dem chinesischen Mathematiker SHIING-SHEN CHERN, der 1946 die nach ihm benannten CHERN Klassen eingeführt hatte[86]. Auf CHERN geht bereits die Gründung 1981 des „Mathematical Sciences Research Institute" (MSRI) in Berkeley zurück. In Tianjin, an der Nankai Universität, gründete er 1985 das „Nankai

---

[86] S.-S.CHERN, 1911–2004; die CHERN Klassen sind charakteristische Klassen komplexer Vektorraumbündel; der sogenannte CHERN Charakter spielt in der Formulierung des ATIYAH-SINGER Index-Theorems eine wichtige Rolle.

Institute of Mathematics", das er bis zu seinem Tode leitete und das dann 2005 zu seinem Gedenken in „Chern Institute of Mathematics" umbenannt wurde. Bei der Zeremonie und der damit verbundenen Tagung war ich gerade Gast an diesem Institut. Seitdem habe ich mich noch mehrere Male zu Tagungen und Arbeitsbesuchen im Rahmen des von CHEN HUA und mir initiierten Kooperationsprogramms am Chern-Institute aufgehalten. Das Institut ist auch von seinen geometrischen Abmessungen her beeindruckend; die Lobby im Erdgeschoss ist so groß, dass man dort Jogging machen könnte. Es steht dort auch eine Büste, die an den Institutsgründer erinnert sowie weiterhin eine großformatige Seidenstickerei, die CHERN zusammen mit dem chinesischen Physiker und Nobelpreisträger CHEN NING YANG[87] zeigt, der den Institutsteil „Theoretische Physik" innerhalb dieses Instituts gegründet hatte. Bei der Ehrentagung 2005 gab es übrigens ein erlesenes Menü, wo auch leckere Krabben zum auspulen und eine hervorragende Froschsuppe nicht gefehlt haben. Tianjin ist eine der regierungsunmittelbaren Städte, d. h. ohne eine zugehörige Provinz, neben Beijing, Shanghai und Chongqing. Der Name Tianjin hat sinngemäß die Bedeutung von „Furt des Himmels", nach dem Sohn des Himmels, dem Chinesischen Kaiser, im ca. 100 km entfernten Beijing, dessen die ihn beschützenden Krieger eingedenk sein sollten, die in Tianjin stationiert waren. Tianjin ist nicht weit entfernt vom Gelben Meer und war eines der Einfallstore der Hölle für China während der Zeit der kolonialen Begierden, als sich Europäische Mächte für die Reichtümer des Landes interessierten. Sie hinterließen auch Stadtviertel, erbaut im Europäischen Stil aus dieser Zeit, wo die eingedrungenen Statthalter ihre Residenzen hatten. Heute gelten die betreffenden Gebäude, soweit sie noch erhalten sind, als vornehme und attraktive Wohnquartiere. Die „Hölle" scheint in Taiwan ein allgemein akzeptiertes Lehnwort zu sein, wenigstens wenn man nach dem Fernsehkanal „Höllywood" geht, geschrieben sogar mit dem Original-Umlaut „ö", wo vornehmlich Horrorfilme im Programm sind. Der in China im Gebrauch befindliche Ausdruck „Kindergarten" ist demgegenüber absolut positiv besetzt.

Seitdem Hong Kong „Duftender Hafen" am Südchinesischen Meer wieder zu China gehört, gehen auch von den dortigen Universitäten Impulse für die Wissenschaften im übrigen Teil Chinas aus. In Hong Kong sind noch viele Spuren aus der Zeit als „Britische Kronkolonie" zu erkennen. Dazu gehört auch der schwarze Tee, im Unterschied zum grünen Tee, der ansonsten hauptsächlich in China getrunken wird. Allerdings gibt es in China neben anderen Zubereitungsarten auch den Pu'er Tee aus der Provinz Yunnan, der an großen Bäumen wächst, rabenschwarz ist, und mit ab 40 Jahren innerer Reifung die besten Jahre erreicht. Es sind seit der Übernahme durch die Volksrepublik China 1997 viele Mathematiker von dort als Professoren an Universitäten nach Hong Kong gegangen, und auch Gastaufenthalte von Wissenschaftlern sind zur Normalität geworden, auch wenn ansonsten Hong Kong eine Sonderverwaltungszone ist und Chinesen nicht ohne besondere Erlaubnis einreisen können. Auch der Hong Kong-Dollar als Währung unterscheidet

---

[87] CHEN NING YANG, *1922, YANG-MILLS-Theorie; nach CHEN NING YANG und ROBERT L. MILLS.

L. Rodino (Torino), Dame der Dai Minorität, B.-W. Sch. (Potsdam), Weian Liu (Wuhan)
(v. *links* n. *rechts*), 2005, Wuhan, China

sich weiterhin von der Chinesischen Währung, dem Yuan. Ich habe zu verschiedenen Zeiten in Hong Kong die Chinese University[88] sowie die City University besucht. Diese Hochschulen bieten auch für herausragende bereits emeretierte Wissenschaftler aus dem Nicht-Chinesischen Raum Wirkungsmöglichkeiten, ganz im Unterschied zu den jeweiligen ehemaligen Heimatstandorten, wo dies vielerorts die Ausnahme ist. Z. B. ist S. SMALE[89] an die City University gegangen, wo er dort offenbar sehr attraktive und originelle Projekte mit jungen Wissenschaftlern aufbaut. Über diese hat er im Herbst 2011 an der Universität in Wuhan vorgetragen, wo er auch eine Ehrenprofessur verliehen bekam. Beeindruckend ist an diesen Universitäten u. a. auch die Dichte des wissenschaftlichen Programms in Gestalt von internationalen Gästen und Tagungen. Während meines ersten Aufenthalts in Hong Kong gingen dort mit Regelmäßigkeit tropische Regengüsse nieder; sie waren aber perfekt organisiert, indem sie hauptsächlich nachts stattfanden, währen am Tage auch touristische Unternehmungen möglich waren. Es wurde gewarnt, an den Bambusbäumen zu rütteln, wozu man vielleicht verleitet wird angesichts der exotischen Schönheit der Vegetation. Studenten aus dem Campus soll es schon passiert sein,

---

[88] Direktor des Institute of Mathematical Sciences ist SHING-TUNG YAU.

[89] S. SMALE, Mathematiker, bekannt u. a. durch seinen Beweis der POINCARÉ Vermutung für den Fall $n > 4$; Fieldsmedaille 1966.

dass sie dann von grünen giftigen Schlangen gebissen wurden, die sich herabfallen ließen. Mir selbst ist nichts dergleichen widerfahren.

Gemessen an der Wirtschaftskraft und der internationalen Ausstrahlung ist Hong Kong ein nicht zu unterschätzender Faktor im aufstrebenden China. Man schlachtet nicht ein Huhn, das goldene Eier legt. Eine andere Motivation, den hergekommenen Lebensstil aus der Britischen Kolonialära nicht zu sehr anzutasten, könnte sein, dass China noch einen weiteren Beitrittskandidaten erwartet, der besser aus innerer Überzeugung als unter Druck den Weg in die Volksrepublik findet, und zwar Taiwan. Es ist schon lange nicht mehr Hong Kong allein, das sich als dominierende Zierde des Riesenreichs betrachten darf, was auch ohnehin aus vielerlei kulturellen Gründen nicht berechtigt wäre. Es ist hier Shanghai, das vermutlich mit seiner atemberaubenden Modernität, u. a. dem Stadtviertel Pu Dong, selbst Manhatten in den Schatten zu stellen beginnt, und eben auch Hong Kong. Atemberaubend andererseits auch deshalb, weil der Smog in der Innenstadt bei ungünstigen Wetterlagen bedrohlich wirkt und von der ganzen Pracht nur die Hälfte durchscheinen lässt, während wiederum die Schönheit der Landschaft in Hong Kong hinreißend ist und der Hafen vergleichsweise immer noch duftet.

In Taiwan gibt es mehrere größere Universitäten, insbesondere in Taipei im Norden, Kaosiung an der Südspitze, wo der Campus der Universität Zugang zum freien Meer mit einem Hochseehafen hat, weiterhin auch Universitäten und Forschungsinstitutionen in anderen Städten, darunter Hsin-chu, ca. 100 km südlich von Taipei. In Taipei schließlich gibt es auch eine Chinesische Akademie der Wissenschaften mit einem Mathematischen Institut und einer Bibliothek, die im Ruf steht, in ihren Beständen vollständig zu sein, was die moderne wissenschaftliche Literatur betrifft, insbesondere Zeitschriften. Hsin-chu hat ein mathematisches Forschungszentrum innerhalb der Tsinghua University, die den gleichen Namen trägt wie die betreffende Universität in Beijing. Wie anscheinend überall in China ist der Universitätscampus mit einem Hotel versehen und besitzt die Atmosphäre einer Parklandschaft. Die modern eingerichteten Institute mit exzellenten Arbeitsbedingungen, auch für Gäste, sind ein Zeugnis für die Anstrengungen, Taiwan zu einem attraktiven Wissenschaftsstandort zu machen. Von einem Turm tönt zu den jeweiligen Zeiten eine Nachahmung des Geläutes von Big Ben durch den Campus, was an diesem Ort, der nicht gerade in nächster Nachbarschaft zum Originalschauplatz lebt, wie eine sehnsuchtsvolle Anrufung aus der Einsamkeit wirkt. Eines der turnusmäßigen Erdbeben war während des Besuches einer Tagung in Kaosiung zu erleben. Das Zentrum lag nahe Hsin-chu, und so waren wir zufälligerweise weit weg. Man mag es kaum glauben, dass moderne hohe Gebäude einigermaßen sicher sein sollen. Es fallen dem Laien mindestens alle möglichen großformatigen Fassadenelemente ein, die dann herunterbrechen könnten, selbst wenn das Gebäude als Ganzes die Erschütterungen übersteht. Besonders unbehaglich fühlt man sich in diesem Zusammenhang in dem imposanten neuen Hochhaus-Turm des Namens 101 in Taipei, der allerdings im 101. Stockwerk eine riesige Kugel mit flexibler Aufhängung beherbergt, die im Bedarfsfall die Schwingungen gegenläufig kompensieren soll. Ein Umkippen des Gebäudes wird offenbar nicht in Betracht gezogen; vielleicht hat man vor Baubeginn einen Wahrsager konsultiert, dass sich gerade hier die Erde nicht auftut wenn es zu einem großen Beben kommt. Man hat auch in Japan in den vergangenen Jahrzehnten spektakuläre Hochhäuser gebaut. Ich hatte bei einem Besuch in Tokyo einen der Kollegen gefragt, wie es mit der Erdbebensicherheit steht. Die Antwort war, dass man die Situation mit der Differentialgleichung des schwingenden Stabes modelliert habe; das hatte mich ungemein beruhigt. Immerhin sind die Hotelzimmer mit Taschenlampen ausgerüstet, wenn plötzlich der Strom unterbrochen ist, und an den Fundamenten der Gebäude gibt es leicht zu erreichende Wasseranschlüsse, die im Notfall für Löschwasser sorgen sollen. In Taiwan hatte ich auch Gelegenheit, an einer mehrtägigen Rundfahrt durch einen der Nationalparks teilzunehmen. Die Reise führte uns per Bus u. a. entlang der Ostküste nach Süden, in halber Höhe durch zerklüftetes Gebirge. Beeindruckend war dabei auch die Vegetation mit für mich völlig unbekannten Spezies, z. B. Farnen, die ähnlich zu Berichten aus der Erdgeschichte, hier in Gestalt größerer Bäume wachsen. Taipei hat auch ein sehr beeindruckendes Nationalmuseum, wo ein großer Teil der Kunstschätze lagert, die einst von den Truppen CHIANG KAI-SHEKS aus der Verbotenen Stadt in Beijing bei seinem Rückzug nach Taiwan abtransportiert worden waren. In der Volksrepublik China ist man über diese Sachlage nicht glücklich. Den Kaiserpalast aus der Ming-Dynastie selbst hatte man nun allerdings nicht mitgenommen, und er strahlt nach wie vor eine Würde aus, die der Museumsneubau in Taipei jedenfalls nicht erreicht.

Im Rahmen des Kooperationsprogramms zwischen China und Deutschland, das immer noch fortbesteht und auch in Zukunft vermutlich weiterhin fruchtbar bleibt, sind eine große Zahl von Tagungen organisiert worden; diese waren meist noch um weitere internationale Teilnehmer erweitert worden. In Deutschland fanden derartige Tagungen in Potsdam, Clausthal, Konstanz, und Freiberg statt, in China in Wuhan, Weihai, Xian, und Tianjin. Es ist von eminenter Wichtigkeit für eine ausgewogene Wissenschaftsstrategie in den jeweiligen Regionen, voneinander zu lernen und zu beobachten, wie man andernorts verfährt. Z. B. die eingesetzten Mittel, wenn man davon absieht, dass China ganz andere Größenordnungen investiert, scheinen in China Spielräume zu erlauben, die zumindest in Deutschland auszusterben drohen oder nie existiert haben. Das Drittmittel(un)wesen und die Begutachtungspraxis fördern in Deutschland eine Gesellschaft von Bedenkenträgern und Buchhaltern, die die Wissenschaft nicht braucht und die wie ein fetter Engerling an ihren Wurzeln nagt. China hingegen macht trotz seiner uralten Hochkultur den Eindruck einer jungen Nation, die sich im Aufbruch befindet, und wo bei all den Problemen, die man auch dort zur Genüge hat, wenigstens im Wissenschaftsbereich die Ziele noch erkennbar bleiben und man zu großflächiger Planung in der Lage ist. Inwieweit dies von Dauer ist oder sich langfristig Routine und Ermattung durchsetzen, werden die nächsten Generationen erfahren.

China ist trainiert, in Jahrhunderte alten Dynastien zu denken, und man weiß um die Mechanismen, die zur Alterung eines administrativen Systems beitragen; hier sind die alten Chroniken von erfrischender Treue zum Detail. Es besteht demgegenüber aber auch Respekt vor dem Alter und der damit verbundenen erwarteten

B.-W. Sch., 1998, Umgebung von Osaka, Japan

Hua Chen (Wuhan), B.-W. Sch. (Potsdam) (v. *links* n. *rechts*), 1999, Wuhan, China

Weisheit. Ob ein ähnlicher Geist sich auch in der Hege der Universitätsparks in China manifestiert, kann von meiner Seite nur vermutet werden, und auf direkte Anfrage erhielt ich nur lächelnde beiläufige Antworten. Es ist z. B. auf dem Campus der Universität in Wuhan für den Besucher sehr auffällig, dass trotz des vordergründigen Eindrucks von sich selbst überlassener Wildnis, wenigstens in einigen Gebieten des riesigen Geländes, sehr aufmerksam vermerkt wird, wenn ein Baum dem offenkundigen Ende seines Lebens zugeht. Er wird dann gestützt, die Verletzungen werden versorgt, und er darf sich selbst dann noch des Lichtes erfreuen, wenn er kaum noch die Kraft hat, sich zu erhalten. Aus anderer Sicht sind die prachtvollen japanischen Kirschbäume in Wuhan eine Zierde des Campus. Sie veranlassen jedes Jahr zu einer Art Frühlingsfest mit vielen Besuchern. Um diese Bäume gibt es mancherlei Raunen, dass sie einst gefährdet waren als eine blühende Reminiszenz an Ereignisse der jüngeren Geschichte mit Japan in der ersten Hälfte des vorigen Jahrhunderts. Jedoch wurde offenbar kein einziger Baum deshalb zur Verantwortung gezogen.

Was ein Besucher in Asien an Sehenswürdigkeiten und auch Naturphänomenen erleben kann, hängt stark von der jeweiligen Region ab. Die Provinz Yunnan im Südwesten Chinas mit der Hauptstadt Kunming ist ein Land der Blumen. Viele der in unseren Breiten bekannten Gartenblumen kommen dort wild wachsend vor, z. B. die „Studentenblume" oder die „Cosmea", die in unterschiedlichen Farben

B.-W. Sch. (Potsdam), B. Paneah (Haifa) (v. *links* n. *rechts*), 2003, Große Mauer, China

weit verbreitete Blumenteppiche bildet und auch zu einer lokalen Kosmetikindustrie beiträgt. Auch wachsen dort merkwürdige Pflanzen ohne jedes Blattgrün oder Wurzeln wie flachgedrückte graue Kartoffeln in der Erde. Diesen werden besondere Heilkräfte zugeschrieben, jedenfalls sind sie verhältnismäßig teuer. Ich hatte mir hier eine große Packung gekauft, bei der die Wunderkartoffeln hinter einem kleinen Stück Folie auch zu sehen waren: Man bekommt was man sieht. In diesem Fall war es exakt, was sich verlustfrei hinter dem Fenster drapieren ließ. Der Rest bestand aus Pappverkleidung. Auch die sogenannten Drachenaugen in getrockneter Form lassen sich auf ähnliche Weise vorteilhaft anordnen. Drachenaugen sollen ebenfalls wohltätig sein; frisch stellen sie eine Art Früchteimbiss dar, und getrocknet finden sie sich u. a. als Zusatz in diversen Kräutertees. Die Provinz Yunnan, die ansonsten eine weniger wohlhabende Provinz ist, um nicht zu sagen bettelarm, ist berühmt für den Pu'er Tee. Dieser Tee spielte bereits in alter Zeit eine Rolle als Tribut an das Chinesische Kaiserhaus und wurde gern zur Winterszeit geschlürft, während im Sommer grüner Tee feinster Sorten gereicht wurde. Die Chinesische Herrscherin CIXI[90] mochte besonders auch den Oolong Tee, der eine Art Zwischenstellung zwischen grünem und schwarzem Tee einnimmt. Die verschiedenen Chinesischen Kaiser werden im Rückblick durchaus unterschiedlich bewertet. Während CIXI nicht als „richtige" Kaiserin durchgeht, ist die einzige tatsächliche Kaiserin der chi-

---

[90] CIXI, oder in anderer Umschrift TZE HSI, 1835–1908, späte Qing-Dynastie.

B.-W. Sch., 1999, Wuhan, Gelbe Kranichpagode, China

B.-W. Sch., 2009, Beijing, Kaiserpalast, China

B.-W. Sch. (Potsdam), C.-I. Martin (Wien), Tianhe Li (Kaifeng) (v. *links* n. *rechts*),
2008, Qingming Park in Kaifeng, China

nesischen Geschichte WU ZETIAN[91]. Sie scheint bis zum heutigen Tage, wie die
Tang-Dynastie insgesamt, allgemeine Verehrung zu genießen. Während eines Ta-
gungsbesuchs von Xian, Provinz Shanxi, gab es sogar eine Theateraufführung mit
Szenen aus der Tang-Dynastie. In Xian befindet sich auch die berühmte Terakotta-
Armee, die zu Recht den Status eines Weltwunders genießt. Der Bauer, der einst
bei Feldarbeiten Spuren des betreffenden Gabmals fand und dann die Ausgrabungen auslöste, saß viele Jahre in einem der üppigen Souvenierläden und versah mit
seiner Unterschrift die Bildbände mit den Sehenswürdigkeiten. Die Stadtmauer von
Xian ist in Teilen sehr gut erhalten. Sie wirkt oben wie eine mehrspurige Auto-
bahn. Mit Mauern kannte man sich im alten China bestens aus, wie das Beispiel
der Großen Mauer beweist, die zum obligatorischen Ziel von China-Reisenden gehört. Ein anderer bleibender Eindruck ist die chinesische Küche, die nicht durch für
Europäische Besucher exotisch klingende Details als gewöhnungsbedürftig herab-
gemindert werden darf. Ich selbst hatte auch keinerlei Vorbehalte gegen zuckende
Seidenraupen, die in Tianjin angeboten wurden und vor denen sich sogar meine
chinesische Begleiterin aus dem Chern-Institut fürchtete, noch gegen geröstete In-
sekten in der Gui Zhou Provinz. Während ich bei Hund bei einem Besuch in Jinan,
Provinz Shandong, nicht widerstehen konnte, hatte ich bisher keine Gelegenheit zu

---

[91] WU ZETIAN, 625-705, Tang-Dynastie.

einem Snack aus Ratte, aber bei einem kürzlichen Besuch in einer Bergregion nahe Guilin hatte man auch eine lebendige Ratte im Marktangebot; es hieß, dass sie ganz Bioprodukt war, wild gefangen in den Reisterassen. Naturkostprodukte dieser Art sind auch in China durchaus nicht jedermanns Geschmack. Jedenfalls blieb der Beifall aus, als Herr Demu und ich in Wuhan über unsere Einkäufe in Guilin berichteten, u. a. getrocknete Ameisen, die man in Alkohol ansetzt und daraus ein stärkendes Getränk zubereitet. Auch den dort weit verbreiteten Schlangenlikör ließ man nicht gelten, und auch Bienenlarven, frisch aus der Wabe, konnten nicht überzeugen. Insgesamt jedoch kann man in China mit erlesenen Kostbarkeiten chinesischer Küche verwöhnt werden, und die hierzu gehörige Kochkunst, die offenbar aus einer Jahrtausende alte Erfahrung schöpft, scheint weltweit unübertroffen zu sein.

Die Globalisierung in der Mathematik

Es steht außer Frage, dass die Mathematik in der modernen Welt eine globale Bedeutung besitzt, ebenso wie die meisten anderen Wissenschaften. Jedoch inwieweit die Mathematik die Merkmale einer globalen Verflechtung aufweist, was im üblich gewordenen Sprachgebrauch unter Globalisierung verstanden wird, ist nicht so leicht zu beantworten. Wir wollen aber diese eingebürgerte Bezeichnung zum Anlass nehmen, einige raum- und zeitübergreifende Aspekte der Mathematik zu betrachten, die mit den internationalen Aktivitäten der Gemeinschaft der Wissenschaftler zusammenhängen. Die Mathematik hat ähnliche globale Auszeichnungen für Wissenschaftler wie die nichtmathematische Wissenschaftswelt, wo es der Nobel-Preis ist, hier in der Mathematik insbesondere die Fields-Medaille[92]. Die „technischen" Details um die Natur der Fields-Medaille und mannigfache Einzelheiten über die Verdienste der Preisträger sind in heutiger Zeit durch die elektronischen Medien leicht zugänglich; sie sind nicht der Gegenstand dieser Erörterungen. Man müsste über jeden der Ausgezeichneten auch mindestens ein Buch schreiben, wollte man ihm gerecht werden. Es sei aber wenigstens daran erinnert, dass eine Fields-Medaille im Regelfall nicht posthum zu erwarten ist, da der Kandidat ein Höchstalter von 40 Jahren nicht überschritten haben darf. Von einem Mindestalter war bisher noch weniger die Rede. Eine globale Auszeichnung ohne Altersbeschränkung ist der 2002 gestiftete Abel-Preis[93], der für die Mathematik von zum Nobel-Preis vergleichbarer Wichtigkeit ist.

Die sogenannten Wunderkinder, die es auch in der Mathematik gibt, streben normalerweise nicht im Senkrechtstart zu den Spitzen der mathematischen Forschung vor. Vielleicht liegt es an der eminenten Komplexität mathematischer Inhalte, wo bereits deren Formulierung eine Herausforderung sein kann. Manchmal freilich klingen die Aussagen auch sehr einfach, wie etwa der Letzte Fermatsche Satz, dessen Verifizierung durch A. WILES für Aufsehen sorgte, mit einer späteren Preis-

---

[92] benannt nach JOHN CHARLES FIELDS, 1863–1932, Präsident des ICM 1924 in Toronto.
[93] benannt nach dem Mathematiker NIELS HENRIK ABEL, 1802–1829.

B.-W. Schulze, *Erlebnisse an Grenzen – Grenzerlebnisse mit der Mathematik*,
DOI 10.1007/978-3-0348-0362-5_17, © Springer Basel 2013

verleihung 1998, einer durch DON ZAGIER[94] als „quantized Fields medal" bezeichneten Auszeichnung, da die Altersgrenze überschritten war. Die kürzliche positive Beantwortung der Poincaréschen Vermutung in der Dimension 4 hatte übrigens zu keiner Preisverleihung geführt, da der betreffende Mathematiker G. PERELMAN die Entgegennahme der Fields-Medaille 2006 abgelehnt hatte, wohingegen ein anderer sich vergeblich das Recht der Entdeckung mit einer beispiellosen bis in die Medien reichenden Campagne erstreiten wollte. Schwieriger stellen sich mathematische Probleme dar, die überhaupt keine eindeutige Antwort zulassen. Hierzu gehörte die berühmte Kontinuumshypothese, wobei auch in diesem Fall ein „ja" oder „nein" auf die entsprechende Frage sinnvoll erschienen wäre. Wer sich hier in der mathematischen Kunst betätigte, mochte sich in einer ähnlichen Lage fühlen wie ein Virtuose auf einem Instrument, das überhaupt nicht existiert, obwohl er es in der Hand zu haben glaubt. Die Kontinuumshypothese von CANTOR ist bereits relativ alt; wie ein böses Gespenst hatte sie auch die Internationale Mathematiker-Tagung 1904 in Heidelberg heimgesucht, und die bis an die Grundfesten der mathematisch-philosophischen Anschauungen reichenden Dispute waren sogar zum Großherzog vorgedrungen, wo dann der Mathematiker F. KLEIN[95] anzutreten hatte, um über das skandalöse Konstrukt zu berichten. Eine Nichtantwort war dann im 20. Jahrhundert gefunden worden, indem man feststellte, dass es nicht nur keine ja/nein Antwort gibt, sondern dazu noch ganze Kontinua derartiger Kontinuumshypothesen, die ein seltsames Schattenreich bevölkern. Eine andere alte Hypothese ist die RIEMANNsche Vermutung, ebenfalls von verhältnismäßig einfacher Gestalt, mit der sich hochansehnliche Persönlichkeiten bis zum heutigen Tage vergeblich plagen. Es ist ein wenig, als wäre unser rudimentäres Riechzentrum im Gehirn doch ein wenig groß geraten, mit dem wir zwar nicht besser riechen, aber der Platz anscheinend fehlt, um die naheliegendsten Fragen zu klären, ein Problem, das allerdings kein Monopol der Mathematik ist. In meiner Arbeitsgruppe war einst ein sehr bewanderter Besucher Prof. Greb zu Gast, der seit vielen Jahren mit der RIEMANNschen Vermutung experimentierte, auch mit numerischen Tests, die auf eine positive Antwort hindeuteten. Eines Tages zeigte Greb Symptome eines schwer deutbaren psychischen Ausnahmezustands, induziert durch eine wilde Erwartung, die um Himmels Willen nicht vorzeitig offenbart werden sollte. Unter dem Siegel strengster Verschwiegenheit vertraute er schließlich einem Herrn Napf an, dass er die RIEMANNsche Vermutung bestätigt hätte. Nur ein kleines unbedeutendes Lemma sei noch zu ergänzen, dann wäre das Jahrhundert-Problem gelöst. Leider hatte sich aber das Lemma letztlich nicht beweisen lassen, und so war eine große Hoffnung zerstoben. Napf hatte übrigens Jahre später umfangreiche Teile aus dem Werk von Greb einer Lehramtsstudentin als Hausarbeit geschenkt, nicht ohne ihr in den Mund bzw. in den Griffel gelegt zu haben, dass an Grebs Arbeiten irgendetwas nicht stimmte. Während meiner Studienzeit in Leipzig hatten wir einen hoch geachteten

---

[94] Wissenschaftliches Mitglied und Direktor am Max-Planck-Institut in Bonn.
[95] F. KLEIN, Mathematiker, 1875–1925.

Professor SALIÉ[96], der bei uns eine zweisemestrige Vorlesung über Funktionentheorie gehalten hat, einschließlich Elemente der analytischen Zahlentheorie. Auch die Riemannschen Vermutung gehörte zum Programm, desgleichen weitere ungelöste Probleme, an denen die komplexe Funktionentheorie nicht arm ist, und von denen seither auch einige tatsächlich aufgeklärt worden sind. Er äußerte auch seinen Eindruck hinsichtlich neuerer Entwicklungen der Mathematik, die ihm nicht ganz behagten, und er fand, dass die Mathematik, anstatt die schwierigen offenen Probleme zu lösen, sich eigentlich nur aufgeblasen habe.

Würdigungen von Würdigungen sind ein ergiebiges Gesellschaftsspiel unter Wissenschaftlern, und es ist manchmal aufschlussreich, die mentalen Beben der Wissenschaftsgemeinde zu verfolgen, die sich im Nachklang hoher Auszeichnungen über viele Jahre ausbreiten. Zwar kann man nach Aussagen in Fernseh-Krimis für dasselbe Vergehen nicht mehrmals bestraft werden, man kann aber für eine gute Tat viele Male belohnt werden. Ob Anbetungs- und Verklärungsaspekte, bezogen auf die inthronisierte Person, unbedingt wünschenswert sind, wird selten hinterfragt. Vielleicht sind wir stammesgeschichtlich auch viel zu sehr festgelegt, daran etwas fragwürdig zu finden. Nichtsdestoweniger scheint es auch typisch zu sein, dass höchster Intellekt oft mit einem liebenswürdigen persönlichen Verhalten einhergeht sowie mit einer aus den Tiefen der Überzeugung geborenen Bescheidenheit. Abgesehen von der jubilierenden Würdigungsmure, die dann stets zu Tal geht, sind es daher oft die individualisierenden Beobachtungen, die den globalen Fortschritt fühlbar machen. In der Regel gehören dazu auch wissenschaftliche und verwertende Veranstaltungen und Spezialseminare, wo es sogar einen Fall gegeben haben soll, wo ein am Ende zu kurz gekommener Verkünder seiner Ansprüche Eintrittsgeld verlangt hatte. In den Auswirkungen von Auszeichnungen liegen zweifellos formierende Elemente für die jeweiligen Wissensgebiete, d. h. für zukünftige wissenschaftliche Orientierungen.

Es sei hier noch an die Ehrung von L. HÖRMANDER durch eine Fields-Medaille 1962 erinnert, die er für seine Verdienste auf dem Gebiet der linearen Differentialoperatoren erhielt. HÖRMANDER hat auch die Analysis der Pseudo-Differentialoperatoren mitbegründet, und auf ihn gehen weitere fundamentale Resultate der Analysis zurück. Bereits in meiner frühen Entwicklungsphase in der Mathematik hegte ich große Verehrung vor diesen Leistungen. Als HÖRMANDER 1969 bei einer internationalen Tagung in Berlin zu Gast war, hatte ich sein erstes Buch über Differentialgleichungen bei mir, allerdings in Russischer Übersetzung. Bei einem Schiffsausflug bat ich ihn um ein Autogramm, das er mir auch bereitwillig gab, und zwar in Russisch.

Am Modell der Pseudo-Differentialoperatoren soll ein wenig veranschaulicht werden, wie subtil eine neue Entwicklung das Befindlichkeitsgefüge von Wissenschaftlern beeinflussen kann. Operatoren dieser Art sind in unterschiedlicher Weise zu motivieren. Die vielleicht direkteste Art, sie zu erzeugen, ist die Konstruktion von Parametrizes elliptischer Differentialoperatoren auf einer offenen Mannigfal-

---

[96] H. SALIÉ, 1902–1978.

tigkeit, z. B. dem Euklidischen Raum. Hier ist der „klassischste" Vertreter der LA-PLACE-Operator, ein Differentialoperator zweiter Ordnung. Das ebenfalls klassisch zu nennende NEWTONsche Potential kann man als eine Parametrix ansehen; es ist ein Pseudo-Differentialoperator der Ordnung -2. Die in diesem Kontext betrachteten Operatoren haben ein sogenanntes homogenes Hauptsymbol, eine Funktion im Phasenraum, in den Variablen p und $q \neq 0$. Ohne auf weitere Einzelheiten einzugehen heißt Elliptizität, dass das homogene Hauptsymbol nirgends den Wert 0 annimmt. Daher hat es ein multiplikatives Inverses, und dieses ist gerade das homogene Hauptsymbol einer Parametrix des betrachteten Operators. Bei einem Differentialoperator liegt ein Polynom in q vor, während das Inverse dann kein Polynom ist. „Pseudo" heißen Operatoren, bei denen wie in diesem Fall statt der gewöhnlichen Differentiation nicht-polynomiale Funktionen des Differentiations-symbols auftreten. Beispielsweise kann man grob gesprochen ein halbes mal, oder $-3/4$ mal differenzieren, was aus der Sicht der gewöhnlichen Differentialrechnung etwas abenteuerlich klingt. Insbesondere differenziert das NEWTONsche Potential die Materiedichten -2 mal, da der LAPLACE-Operator durch ein Polynom vom Grad 2 definiert ist. Es ist ein wenig so, als könne man ein Gemälde -1 mal schaffen, wenn es einmal im herkömmlichen Sinne möglich ist, oder $-3/2$ mal eine Fernsehsendung sehen. In Elementarschulen alter Tage hatten die Lehrer manchmal durchaus ihre Not, den Schülern zu erklären, dass man 5 von 3 abziehen kann. Die liebe Omi eines Schülers soll denn auch einmal erbost in einer Schule. bei Erfurt aufgetaucht sein und erklärt haben, „desch geit doch garnich"[97], und welcher Unsinn hier erklärt würde. Die aufgeklärte neuere Zeit hat zumindest eingesehen, dass man statt eines Guthabens durchaus auch Schulden haben kann, was Zahlen mit negativem Vorzeichen entspricht. Die Reaktionen der Fachwelt auf die Pseudo-Differentialoperatoren war äußerst differenziert. Einmal, wie es immer ist, wenn etwas plötzlich das Licht allgemeiner Aufmerksamkeit erblickt, war zu entdecken, dass andere schon viel früher im Besitz dieser Begriffsbildung waren, auch wenn „Pseudo" sich erst durch einen Bezeichnungsvorschlag von NIRENBERG eingebürgert hatte, der übrigens zusammen mit KOHN eine viel beachtete Arbeit [31] über solche Operatoren publiziert hatte. Es konnte nicht ausbleiben, dass die „pseudo"-Bezeichnung als ein wenig störend empfunden wurde und Leute behaupteten, Probleme für Pseudo-Differentialoperatoren seien Pseudo-Probleme. Als besonders knifflig hatte sich ein Problem mit der sogenannten Psi-Eigenschaft erwiesen, dessen allgemeine Lösung für Differentialoperatoren bekannt war, für Pseudo-Differentialoperatoren aber lange Jahre einfach nicht gelingen wollte. Schließlich war es N. DENCKER, ein Schüler von HÖRMANDER, der die endgültige Antwort gab. Aber die Bosheit wollte auch hier nicht ruhen, wenn gemäkelt wurde, dass die Pseudo-Differentialoperatoren Probleme lösen, die sie selbst geschaffen hätten. Außerdem hatte sich die Sache auf eine Weise hingezogen, dass man schon die hoffnungsvollen Talente bedauerte, die ihr Leben der Aufklärung des Psi-Phänomens widmenten, denn es hatte durchaus die Möglichkeit bestanden, dass

---

[97] das geht doch gar nicht.

die Anstrengung für nichts hingegeben würde. Dies ist zum Glück nicht eingetreten, und dem Entdecker wurde die Genugtuung zuteil, dass eine frühere vorwitzige Inanspruchnahme einer einfachen Anwort durch einen anderen Mathematiker, der in diesem Zusammenhang schonend verschwiegen wird, endgültig ad absurdum geführt wurde.

Die Strukturierung der Pseudo-Differentialoperatoren als Kalkül durch KOHN, NIRENBERG, HÖRMANDER, und die späteren langen Fortsetzungsszenarien in Gestalt von FOURIER-Integraloperatoren mit vielerlei Anwendungen waren im Vorfeld bereits durch Ideen aus mannigfachen unabhängigen Quellen vorbereitet worden. Zu den Wegbereitern gehörten insbesondere WEYL, CALDERÓN und ZYGMUND, LAX, MASLOV, und die Entwicklung ist durch viele weitere Beiträge bereichert worden, insbesondere von VISHIK, ESKIN, EGOROV, KUMANO-GO, SEELEY. Besonderer Wertschätzung und Anwendung erfreute sich der von HÖRMANDER stammende Begriff der Wellenfrontmenge einer Distribution, durch L. GÅRDING vorzugsweise als singuläres Spektrum kommuniziert. Es kam hier zu energischen Anmerkungen der japanischen Schule der mikrolokalen Analysis, wo man eine analoge Erscheinung weitaus früher besessen hatte, und zwar im Kontext von Hyperfunktionen durch SATO. Wer unbedingt etwas auszusetzen haben wollte an der mikrolokalen Analysis, konnte auch auf den Makel zurückgreifen, dass sie hauptsächlich lineare Operatoren betrachte, während wie jeder wisse ja ein Entwicklungsschwerpunkt der Zukunft und eine zentrale Herausforderung der Analysis die nichtlinearen Probleme seien. Fast war es nur ein schwacher Trost, als es dann durch J.-M.BONY zu einer nichtlinearen Variante der Pseudo-Differentialoperatoren kam, wobei diese dann ebenfalls prompt in ihren Grenzen gesehen wurde.

Seitenhiebe ganz unerwarteter Art gab es auch von Vertretern der globalen Analysis, genauer der Index-Theorie, die anfangs ihre Impulse aus der Beziehung zwischen elliptischen Operatoren auf Mannigfaltigkeiten und einer nahezu analysisfreien Kohomologie-Theorie, der K-Theorie, empfing, und wo das Index-Theorem gerade aus der Gleichheit unterschiedlich hergeleiteter Zahlen bestand, und zwar dem *analytischen* FREDHOLM-Index und dem *topologischen* Index, ausgedrückt auf der Ebene der K-Theorie, kombiniert mit topologischen Daten der unterliegenden Mannigfaltigkeit. Letztere Aussage hat als das ATIYAH-SINGER[98] Index-Theorem Furore gemacht; es war eine mathematische Großtat, wo auch die oben erwähnten Mathematiker HIRZEBRUCH und CHERN wesentliche Strukturerkenntnisse beigetragen hatten. Die beteiligten Mathematiker haben natürlich auch in vielen anderen wesentlichen Gebieten der Mathematik ihre Spuren hinterlassen; diese können hier nicht ansatzweise alle gewürdigt werden. Aber es gibt eine relativ kurze Arbeit von ATIYAH [4], wo in selten geübter verschmitzter Offenheit ein konkurrierendes mathematisches Großunternehmen ermahnt wird, und zwar die Analysis, mal tunlichst die Breite der anderweitig vorliegenden mathematischen Möglichkeiten für ihre ureigensten Belange auszuloten. Da, wie schon mehrfach

---

[98] M.F. ATIYAH, Fields-Medaille 1966, Abel-Preis 2004 zusammen mit I.M. SINGER.

angedeutet, in einer Wissenschaft wie der Mathematik nahezu jeder jeden über etwas zu ermahnen und zu belehren hat, ist dies nicht weiter tragisch, wenigstens dann nicht, wenn sich mit dem selbst zuerkannten Anspruch nicht ein Bestreben verbindet, andere notwendige Anliegen der Mathematik verdorren zu lassen.

Über die Jahrzehnte und Jahrhunderte sind in an und abschwellender Intensität global fokussierende Bekenntnisse oder Bewegungen erschienen und wieder verebbt, z. B. die Hilbertschen Probleme, eine Liste von 23 mathematischen Problemen, vorgestellt von D. HILBERT[99] auf dem internationalen Mathematiker-Kongress 1900 in Paris, die die Entwicklung der weiteren Mathematik eminent stimuliert hatten. Im Jahr 2000 lobte das Clay Mathematical Institute Preisgelder für sieben als wichtig deklarierte „Millennium-Probleme" aus; jedoch scheint diese Liste nicht die Berühmtheit von HILBERTs Liste zu erreichen. Es ist auch zumindest zu hinterfragen, ob die relevanten neuen Ideen in einer Wissenschaft vornehmlich aus Listen stammen, oder ob sich die „Natur" der wissenschaftlichen Forschung nicht viel spontaner und unvorhergesehener ihren Weg bahnt, als man es in diesem Zusammenhang zugeben möchte. In der belebten Natur, die ihre Ideenfindungen nicht aus dem Katalog bezieht, geht man eher davon aus, dass für die Zukunft dann etwas recht getan ist, wenn die Bedingungen für eine fruchtbare Entwicklung bereitet sind. Vielleicht sollte einmal ein Preis ausgelobt werden für die Konstruktion der Struktur einer Wissenschaftslandschaft, wo die Talente nicht so leicht wieder verloren gehen wie es vielerorts der Fall ist. Ob das Vorbild der Evolution in der belebten Natur genau das Richtige wäre, müsste nichtsdestoweniger sorgfältig untersucht werden. Man hat ja z. B. Hinweise, dass das Leben im Kambrium in dem „Moment" einen Evolutionssprung vollführte, als die Lebewesen lernten, sich gegenseitig aufzufressen, wohingegen sie vorher mit anorganischer Kost zufrieden waren.

Ein anderes Vorhaben mit dem Ruf überragender Relevanz für die Mathematik war oder ist eine Bewegung, die sich mit dem Namen NICOLAS BOURBAKI verbindet, ein Pseudonym für eine Gruppe hauptsächlich französischer Mathematiker, die seit 1934 an einer „sehr-viel"-bändigen Darstellung grundlegender Inhalte der Mathematik arbeit(et)e, und zwar solcher Gebiete der Mathematik, die sich axiomatisch entwickeln lassen. In Paris findet noch regelmäßig ein BOURBAKI-Seminar statt, jedoch ist seit vielen Jahren nichts mehr im ursprünglichen Sinne publiziert worden. Abgesehen von prinzipiellen Restriktionen die man sich für den Charakter der Darstellung auferlegt hatte, und kritisiert von denjenigen Disziplinen, die von vornherein ausgeschlossen waren, z. B. angewandte Mathematik, aber auch Zahlentheorie oder Geometrie, war das Vorhaben zu einem unbeherrschbaren Dinosaurier geworden, bei dem der Kopf zu weit vom Schwanz entfernt war (P. CARTIER). Zweifellos ging es hier aber ursprünglich um einen Traum, eine Art reine Mathematik, den man sich unbedingt hatte erfüllen wollen, eine absolut unverfälschte und härtesten Qualitätskriterien unterworfene mathematische Präsentation mit einem Reinheitsgebot, wie es analog hochwertige Diamanten von billigen Glit-

---

[99] 1862–1943.

zerkettchen auf dem Flohmarkt unterscheidet. So nimmt BOURBAKI eine Position in der Respektiertheitsskala in der Mathematik ein, das einem unerreichten Ideal nahekommt, wenn man die Mathematik als solche meint, und dem man am besten nicht zu nahe kommt, wenn man die Mathematik als Werkzeug braucht oder sie erlernen will. Letzteres ist immer noch in einem sehr allgemeinen Sinne zu verstehen, nicht etwa nur bezogen auf diejenigen, die an der Spitze der Nahrungskette die Rolle der Allesfresser einnehmen, sondern auch der mehr ätherischen Zirkel, die aber eben nicht so ganz dazugehören. Zu den Kritikern des Bourbakismus gehörte auch V.I. ARNOLD[100], der diesen dogmatischen Formalismus als ein Verbrechen an den Studenten bezeichnete. BOURBAKI eignete sich gelegentlich sogar zum Kokettieren. Z.B. gratulieren die Autoren M. F. ATIYAH, R. BOTT und L. GÅRDING in ihren Artikeln [9], [5] BOURBAKI zu seinem n-ten Geburtstag. Es sei noch bemerkt, dass sich L. GÅRDING u. a. auch mit einer verhältnismäßig „angewandten" Frage der Mathematik befaßte, und zwar mit der mathematischen Modellierung des Singens der Wale. Man muss, wie er in verschiedenen Vorträgen durch eigene Gesangsnummern eindrucksvoll demonstrierte, auf die Geometrie der klangbildenden Organe achten und ansonsten die entsprechenden Rand-Anfangswert-Probleme für hyperbolische Gleichungen berücksichtigen.

Die Mathematik als eine weltumspannende Wissenschaft trägt in hohem Maße dazu bei, den Gedanken einer Weltgemeinschaft friedlicher ihrer Disziplin verpflichteter Wissenschaftler zu fördern. Bei aller Aggression, die man biologischen Spezies in ihrem „naturbelassenen" Verhalten gelegentlich zuschreibt, scheint es so, dass sich die entfesselten Leidenschaften vornehmlich gegen die Widerborstigkeit der zu lösenden Probleme richten. Konflikte können sicherlich dort entstehen, wo man sich in einer Wettbewerbssituation befindet. In einer besonderen Spielart lassen sich diese sogar entspannt genießen, wenn Autoren die Wichtigkeit ihrer Entdeckungen mit der Zahl der gefüllten Seiten belegen. Es gibt auch andere Quellen von Bestätigung, nämlich wenn man einen Weg findet, auf einigermaßen überzeugende Weise die Nähe des eigenen Problems zu einer Fields- oder Nobel-Preis gewürdigten Leistung zu begründen. Im schlimmsten Fall behilft man sich mit diversen Namen, die das betreffende Problem interessant fanden. Man kann auch mit herausgehobenen Orten argumentieren, wo man sich eine Zeit lang aufgehalten hat. So ist der Kampf ums Dasein von Wissenschaftlern ein facettenreiches Unternehmen. Höchstens von außen betrachtet offenbart sich manchmal die Gefahr, dass die Beschäftigung mit sich selbst, statt mit den Inhalten oder auch der Rahmenbedingungen, die sie erzeugt, den Blick verstellt auf tatsächliche Bedrohungen der Wissenschaftslandschaft als Ganzes. Gefahr ist z. B. immer dann im Verzug, wenn wissenschaftsfremde Betrachter vom Elfenbeinturm schwadronieren, in dem die Wissenschaftler sich angeblich befinden, solange sie ihre Wissenschaft noch betreiben. Im Augenblick scheint das globale Pendel einmal wieder in Richtung Zerstörung der disziplinären Integrität der Einzelwissenschaften auszuschlagen, u. a. in

---

[100] 1937–2010; im Jahr 1974 sollte er die Fields-Medaille bekommen, dies wurde aber von der damaligen Sowjetunion abgelehnt.

der Mathematik. Was am Ende übrig bleibt, kann durchaus immer noch gewaltig sein, wie etwa die ägyptischen Pyramiden, an denen Jahrtausende lang herumgehämmert worden ist und die immer noch da sind.

Die Farm der alpha-Tiere
und das Bokassa-Syndrom

Nach vorherrschender Interpretation ist durch die politische Wende in Deutschland ein Alptraum von Mauer, Bevormundung, und ökonomischem und kulturellem Verfall zu Ende gegangen. Nostalgiker, die sich diese Geborgenheit zurückwünschen, sollten Kuraufenthalte in Weltgegenden in Betracht ziehen, wo die Lehre von der Führungsrolle einer Partei und eines entsprechenden weisen Führers noch gelebt wird. Ich bin nicht so hartherzig, ein Ticket ohne Wiederkehr zu fordern, aber an den wichtigsten Anwendungen sollte nicht gespart werden. Zur Vorfreude und als Touristeninformation ist z. B. „Die Farm der Tiere" von GEORGE ORWELL[101] zu empfehlen.

Nachdem wir nach der Überwindung der Teilung Deutschlands zu der Ansicht gelangten, dass es durchaus erlaubt ist, nicht nur unkonventionell zu denken, sondern sich auch gelegentlich zu äußern, ohne gleich die Stasi zu Besuch zu haben, sei zunächst daran erinnert, dass es zu unterschiedlichen Zeiten der Geschichte schon viele „Beste aller Welten" gab, zu denen sich Bürger ehrlichen Herzens bekannten. Z. B. war auch der bereits erwähnte Physiker J. C. MAXWELL der Meinung, dass es in der Gesellschaft immer Herren und Knechte geben werde und müsse. Der Mathematiker, der es gewohnt ist, allgemeine Strukturfragen zu stellen, kann hier durchaus noch nützliche Beobachtungen beisteuern. Zu den fruchtbaren Ideen in der Mathematik gehören die Invarianten, d. h. solche Merkmale von Objektklassen, die unter Transformationen zwischen Objekten innerhalb einer betrachteten Kategorie erhalten bleiben. Als Transformation kommt hier z. B. die zeitliche Translation in Frage. So kann man untersuchen, was seit der Antike bis zum heutigen Tag bei all den gesellschaftlichen Umbrüchen, die zwischenzeitlich stattgefunden haben, invariant geblieben ist. Einem Spaßvogel würde womöglich einfallen, dass ein leerer Nachttopf meist oben schwimmt, ob auf einer Kloake oder in reinstem Quellwasser. Man befände sich in ungemütlicher Nähe zu der These, dass sich im Grunde überhaupt nichts ändert. Mindestens zeigen jedoch solche Beispiele, dass es Invarianten durchaus geben kann, und die Frage ist, ob darunter einige besonders wichtig sind.

---

[101] George Orwell, britischer Schriftsteller, 1903–1950.

B.-W. Schulze, *Erlebnisse an Grenzen – Grenzerlebnisse mit der Mathematik*,
DOI 10.1007/978-3-0348-0362-5_18, © Springer Basel 2013

Unsere Haltung zur Geschichte ist dominiert von der Vorstellung, in einer besonders aufgeklärten Zeit zu leben und in allem besser und klüger zu sein als unsere Vorfahren. Wenn man sich vor Augen hält, dass Phänomene und Strukturen in der Vergangenheit, die von den Zeitgenossen für absolut normal gehalten wurden, etwa das Analphabetentum in Ermangelung allgemeiner Schulbildung, in späterer Zeit als offensichtlich undiskutabel galten, so möchte man sich vorstellen, dass auch unsere Neuzeit mit ihren heute als selbstverständlich akzeptierten Grundsätzen sich eines Tages auf eine Weise überlebt haben wird, dass sich unsere Nachfahren fragen, weshalb das offensichtlich Richtige nicht schon seit jeher erkannt und praktiziert worden ist. Man muss nicht lange vermuten, was z. B. dazugehören könnte, etwa der sorglose Umgang mit dem Erbe, dass die Natur uns als gegenwärtigen Stand ihrer Evolution hinterlassen hat, wenn man einmal unterstellt, dass sich die Natur als Erbtante sieht, die irgendwann gestorben ist und ausgerechnet den Menschen erkoren hat, die verrotteten Reste aufzubrauchen. Es könnten auch die Hyänen sein, die im Kampf um die letzten Resourcen erfolgreicher sind, oder die Schaben mit ihren weniger hochgeschraubten Ansprüchen. Die höher organisierten Lebewesen, die in Gruppen auftreten, neigen dazu, eine Rangordnung zu praktizieren, beginnend mit den alpha-Tieren, die den gesetzten Lebensumständen ganz besonders gewachsen sind. Die übrigen Individuen der Gruppe haben es nicht unbedingt schlecht, wenn sie die Ergebenheitsrituale richtig praktizieren, und so hat alles seine Ordnung, solange die Dinge in einem stabilen Wertesystem ablaufen, das mindestens solange Bestand haben muss, dass die alpha-Tier-Strategie einen Überlebensvorteil bietet. Die alpha-Kaste der Gesellschaft, um sie der Einfachheit halber so zu nennen, wirkt aus wohlverstandenem Eigeninteresse auch auf die äußeren Umstände stabilisierend zurück. Umgekehrt mag eine neue Idee unwillkommen sein, wenn sie die Potenz entwickelt, das Organisationsgefüge zu destabilisieren. Man stelle sich vor, es wäre für die Hyänen plötzlich von Vorteil, wenn diese, statt ihre angestammten Konzerte aufzuführen, Volkslieder auf der Zither klimpern müssten, weil die Fütterung durch interessierte Touristengruppen davon abhängt. An die Stelle der Ellbogengesellschaft müsste dann die Herrschaft neuartiger Schöngeister treten, und jedenfalls würde die Machtfrage in der Horde völlig neu gestellt. Im Zirkus gibt es mitunter ähnliche Szenen, wenn Elefanten oder Nilpferde veranlasst werden sollen, im Spitzenröckchen Tanznummern aufzuführen.

In anderem Zusammenhang mag die Originalität der Leistung eines einsamen Genies unter zur Konvention geronnenen Umständen unterdrückt werden, wo Nachruhm und Neubewertung dann viel später erst zu einer Anpassung der Wahrnehmung führen, wobei diese ihrerseits nach einiger Zeit erneut zur sterilen Gepflogenheit werden kann. Z. B. ist eine Episode aus einem fast vergessenen alten Film über das Leben von FRANZ SCHUBERT[102] aufschlussreich, wo dieser in ärmlichen Lebensumständen verzweifelt und mit wenig Erfolg mit einem Verleger um ein auskömmliches Honorar für seine Werke verhandelte, an denen dieser bereits üppig verdiente. Die stimmungsvolle Szene rundete sich ab, wie der Verleger mit

---

[102] FRANZ SCHUBERT, Komponist, 1797–1828, Schöpfer z. B. des Forellenqintetts.

fetten Wurstfingern seinem ebenfalls zu fett geratenen Dackel Schokolade einfüllte, hier ein Stückchen, da ein Stückchen, während der Komponist, nicht einmal zum Sitzen aufgefordert, mit abgeschabtem Gehrock danebenstand, bevor er sich schließlich still zurückzog. Man stelle sich nun vor, SCHUBERT höchstselbst würde durch ein wunderbares Geschick in einem modernen Konzertsaal materialisieren, wo seine Werke erklingen, und er würde durch das Publikum erkannt. Zweifellos würden gesetzte Damen und Herren vor Verzückung aufkreischen oder vor Ehrfurcht würdevoll in Ohnmacht sinken, oder vielleicht den angebeteten Künstler mit Mozartkugeln ausstopfen.

Es ist wert zu untersuchen, ob die gegenwärtig als im Prinzip erforderlich gesehenen Organisationsformen in der Wissenschaft, z. B. der Mathematik, als zivilatorisch fortgeschritten gelten können, nachdem sie offenbar schon heutzutage typische Alterserscheinungen aufweisen, und inwieweit zu erwarten ist, dass in fernerer Zukunft gerade eintritt, was schon in anderem Zusammenhang als Misshelligkeit erschien. Und zwar dass eine dem Systemerhalt verpflichtete alpha-Kaste nur noch Machtrituale bedient, dabei ursprünglich gut gemeinte Mechanismen inhaltlich aushöhlt und dafür sorgt, dass gigantische Mittel in eine Kultur von Mittelmaß fließen, wo sich Resultate zwar nach hinten heraus gelegentlich vernehmlich machen, jedoch originelle Gedanken und neue Entwicklungen unterdrückt werden. Es scheint sich um eine der vermuteten Invarianten zu handeln, dass eine jede Systemlösung in einem Gefüge von Organisation, hier der Wissenschaft, einem Alterungsprozess unterliegt und Gebrechen entwickelt, die sich selbst dann einstellen, wenn sie ursprünglich auf zunächst dynamisch und überzeugend klingenden Grundsätzen aufgebaut war. Umso problematischer wird es freilich, wenn von letzterem nicht die Rede sein kann.

A priori ist nicht zu unterstellen, dass im modernen demokratisch verfassten Teil der zivilsierten Welt jemand mit voller Absicht und dabei weitgehend unwidersprochen die absurdesten aller denkmöglichen Systemlösungen für Organisation und Finanzierung der Wissenschaften ersinnt und praktiziert, wo einfachste, ja banale Modelle sich zumindest aufdrängen. Es sei vorweggeschickt, dass man sich mit solchen Betrachtungen außerhalb aller Konvention befindet, wo nahezu jeder zu diesem Thema beteuert, es könne nichts angemesseneres geben, als dass ein aus der Gemeinschaft der Wissenschaftler gewähltes Gremium nach bestem Wissen und Gewissen und sorgfältiger Begutachtung nach Antragstellung die wertvollsten und verdientesten Gedanken und Projekte zur Förderung auswählt und dann schließlich unterstützt. Es soll zunächst eine Bemerkung vorangestellt werden über den allgemeinen Konsens, der vor einigen hundert Jahren Teil des physikalischen Weltbildes war, und wo schon etwas verrückt gewesen sein musste, der von dem seinerzeit offensichtlich richtigen Standpunkt abwich. Z. B. war es völlig normal, die Erde für eine Scheibe zu halten und nicht für eine Kugel, da ja schließlich auch der Suppenteller flach ist und man bestimmte Probleme gehabt hätte, die Suppe auf einer Kugel zu servieren. Außerdem sah man schon damals den Mond immer nur von einer Seite, daher war er offenbar eine Art kreisförmiger dekorativer Teller an der Himmelstapete. Im Nachhinein, wenn nach einigem Hin und Her alle wieder dasselbe glauben, der Grundlagenforschung sei Dank, erscheint es schon fast als eine Beleidigung, etwas mit Einsichten erklären zu wollen, die heutzutage im Weltverständnis eines jeden Gymnasiasten angelegt sind. Insgesamt neigen wir am Ende dazu, denjenigen Gedankenkonstrukten zu vertrauen, die mit den wahrgenommenen Realitäten noch einigermaßen in Einklang zu bringen sind, wohingegen die Grundannahmen des oben angedeuteten Systems, ich meine, das mit den Gremien, usw., sich nicht nur auf den ersten Blick, sondern auch nach gründlicherer Analyse als abwegig und realitätsfern erweisen.

Man kann, um dem Verdacht kleinlicher Unterstellungen zu begegnen, die Zeitreise nochmals rückwärts antreten, und sich vorstellen, die über die Jahrhunderte im Gedächtnis der Wissenschaft gebliebenen Vertreter wären ausersehen gewesen, über das Schicksal der Projekte anderer Wissenschaftler ihrer Disziplin zu entscheiden. Der Vorteil dieser Betrachtungsweise ist, dass man schon mit einer Vorsortierung umgeht, wo das Mittelmaß weitgehend aus der Optik verschwunden ist, sowohl auf der Bewerber- als auch der Gutachterseite. Man muss wohl den Gedanken nicht fortführen, um zu erkennen, was in einem solchen Modell passiert, da die betreffenden Vorgänge so gravierend waren, dass auch diese in die Geschichte eingingen. Man stelle sich z. B. vor, NEWTON hätte über die Ideen von LEIBNIZ zu befinden gehabt, ob die angeblichen Plagiate von LEIBNIZ wert wären, entwickelt und vertieft zu werden. NEWTON seinerseits ist von einigen Kritikern seiner Zeit als Rechenknecht gesehen worden, der nur nachrechnete, was die Physiker ohnehin bereits wussten. Auch GALLILEI, obgleich selbst in der Bredouille durch höchst einflussreiche päpstliche Gelehrte, hatte wenig anerkennendes über das Werk KEPLERS zu erklären. Die Liste solcher Beobachtungen ließe sich beliebig bis in die Neuzeit fortsetzen, aber ihre Spezifik ist auf eine Weise evident, dass es wiederum fast peinlich ist, mit solchen Vorgängen zu argumentieren. Wie immer man es dreht und wendet, das System geht von der Annahme aus, dass eine Person „alpha" die Kompetenz hat über die ganze Fülle neuartiger Ideen und Forschungsabsichten von „beta", „gamma", etc. -Personen zu entscheiden. Dabei ist diese Annahme nicht nur aus der Luft gegriffen, sondern in geradezu obszöner Weise unzutreffend. Wie angedeutet, die Großmeister der Wissenschaftsgeschichte sind offenbar keine Kronzeugen für das besagte Prinzip. Das Problem wird auch nicht dadurch behoben, dass man einfach Personen mit der wünschenswerten Kompetenz postuliert. Der Ausweg, „niederrangige" Individuen als Gutachter in Betracht zu ziehen, kann ebenfalls nicht die Antwort sein, denn erstens ist nicht zu verlangen, dass sich jemand als niederrangig erklärt, und zweitens hat die genannte Problematik nichts mit der wissenschaftlichen Hochkarätigkeit der Beteiligten zu tun. Wäre nun die Lösung nicht ohnehin offensichtlich – diese hebe ich mir aber für eine spätere Kommentierung in diesem Abschnitt auf – so wäre eine vorläufige Antwort folgende: Ehe in Kauf genommen wird, dass Beckmesserei, Eitelkeit, Mangel an Überblick, etc. die Förderungsentscheidungen dominieren, wird die Verteilung von Mitteln am verantwortungsvollsten durch das Los entschieden, es sei denn, man käme von vornherein auf die Idee, den Institutionen die Mittel zu geben, die sie brauchen, ähnlich wie vom Klempner nicht verlangt wird, die Rohre mit den Fingernägeln zu bearbeiten.

Wenn dieser Vergleich zu direkt erscheint, können die gängigen Verfahrensweisen auch durch Modellierungen transparent gemacht werden. Z. B. ist es lehrreich, sich vorzustellen, dass, um etwa einem hypothetischen Mangel an Spielzeug für unserer lieben Kleinen vorzubeugen, eine „DKG" (Deutsche Kindergartengesellschaft) für die Verteilung knapper Mittel die Verantwortung übernimmt, unterstützt durch ein Gremium erfahrener Kids. Wenn die entscheidenden Erfahrungsträger des Lesens überhaupt mächtig sind, so ist zu erwarten, dass nicht die Spezialisten für unbekümmertes Spielen den Zuschlag bekommen, sondern diejenigen, die in ihren Anträgen am glaubwürdigsten erklären können, dass gerade ihr Anliegen besonders wichtig sei. Allerdings, wie Psychologen herausgefunden haben wollen, ist in einer Baby-Society alles viel einfacher als in komplexeren Modellen. Überraschenderweise neigen Babies in der überwiegenden Mehrheit dazu, auch teilen zu können und anderen Individuen etwas von dem zu gönnen, was sie selbst haben. Man darf hier nicht notwendigerweise von den lieben Küken bei Vögeln ausgehen, deren Mitbewohner auch mal unfreiwillig das Nest verlassen. Größere Babies neigen hingegen durchaus auch dazu, sich selbst nicht ganz zu vergessen. Für die Bedürfnisse der ganz Kleinen ist übrigens auch der Weihnachtsmann zuständig, wo per def. ebenfalls Anträge gestellt werden können.

Wenn man statt dessen unter „DKG" die Deutsche Kneipengesellschaft versteht, die für Betriebsgründungen, Lizensen, Gütesiegel der Küche, etc., zuständig ist, so tun sich in einem entsprechenden Modell ganz andere Merkmale einer Antrags- und Bewilligungskultur auf. Hier ähneln die Verhältnisse schon etwas mehr den Realitäten im Wissenschaftsbetrieb, oder, um es etwas prägnanter zu formulieren, viele Aspekte lassen sich nahezu eins zu eins in die Kneipenszene übersetzen. Wie in jeder Modellierung einer Situation, die auf ernsthaftes Verständnis der Phänomene hinarbeitet, sollte am Ende eine Anleitung zum Handeln stehen. Da es hier aber um die Bewertung einer hypothetischen Kneipenszene geht, wird die Beschreibung eher zu einer Büttenrede führen. Wie jedes seriöse Herangehen müsste man von Bewertungskriterien ausgehen, z. B. ob es an der nächsten Ecke noch eine weitere Kneipe geben muss, ob vorstellbar ist, dass der Koch beim Konkurrenzunternehmen womöglich besser kocht und unvorhersehbare neue Ideen entwickelt, und vieles mehr. Es ist dem wohlmeinenden Beobachter anheimgestellt, zu beurteilen, ob ein Gremium von Kneipiers mit einer solchen Aufgabe überfordert wäre, und ob es überhaupt wünschenswert wäre, dass sich ausgerechnet die Konkurrenz gegenseitig begutachtet. Mit anderen Worten, die freie Wirtschaft hätte gute Gründe, ein solches Konzept von vornherein abzulehnen.

Es ist belehrend und erfreulich, sich weitere solche Modelle und die sich ergebenden Schlussfolgerungen anzusehen. Z. B. ist die Kultur in einem Haifischbecken schwerlich einer Teilsozietät anzuvertrauen, die bestimmt, wer wieviel von den Resourcen frisst, und wer aus welchen tiefschürfenden Gründen der Würdigste unter den Wettbewerbern ist. Die Liste typischer und instruktiver Modellbildungen ließe sich beliebig verlängern, ob wir nun das System der Buden auf einem Flohmarkt als

Hintergrund wählen, oder eine Vereinigung von Lyrikern, oder aber die Farm der Tiere, wo es in einer der eindrucksvollen Episoden darum ging, wer in Ermangelung an Nutzen für das Kollektiv in die Abdeckerei gehörte. In jedem dieser Beispiele ist vorhersehbar, wie das Urteil von in Konkurrenz stehenden Individuen ausfällt.

Kommen wir nun zurück zu den lehrenden und forschenden Wissenschaftlern (lfW) an deutschen Hochschulen, weise reglementiert und zu ihrem Besten eingeschränkt durch die Hochschulrahmengesetzgebung, und mit dem richtigen Maß an Dung versehen durch die DFG (Deutsche Forschungsgemeinschaft), die recht zu unterscheiden weiß, ob ein berufener und seit Jahrzehnten aktiv schaffender Wissenschaftler fördernde Mittel verdient oder nicht. Die obigen Betrachtungen lassen Raum für Phantasie, worin die inneren Triebkräfte in einem solchen System bestehen, auch wenn der Stil der Auseinandersetzung nicht mehr dem Intrigenreservoir an Höfen mittelalterlicher Potentaten entstammt. Statt den Mitbewerber in ein stinkendes Loch zu wünschen hat sich alles mehr vergeistigt, auch wenn durch anonyme Unterstellung, Verdächtigung, unbelegte oder unbelegbare Behauptungen in Gutachten der Schaden mindestens ebenso groß sein kann, nicht unmittelbar für den Betroffenen, wohl aber für die Gemeinschaft, und hier jedes Regulativ versagt, indem es gar nicht existiert. Natürlich sind alles dies unbelegte Hypothesen, denn wie wir ja wissen, sehen sich die Gremien mit Leuchttürmen an Integrität besiedelt. Nichtsdestoweniger, wie es die Mathematik gern tut, kann es nicht schaden, diverse Modellvorstellungen heranzuziehen. Das haben wir oben gerade getan, und wir kamen darauf zu sprechen, wie z. B. eine Baby-Republik tickt, nicht der ganz Kleinen, sondern von einem Alter an, wo man dem anderen schon auch einmal etwas nicht gönnt. Wenn man abzieht, was die oben etwas salopp eingeführte alpha-Kaste sich zunächst einmal selbst gönnt, mag für normale Bewilligungsverfahren durchaus noch etwas übrigbleiben. Hier scheint es nun in der Tat zwingend, dass das Los entscheiden sollte, so ähnlich wie Schiffbrüchige durch Los denjenigen herausfinden, der zuletzt zugrunde geht bzw. zuerst verspeist wird. In praxi geschieht dies allerdings nicht, es muss andere Gründe geben, den einen darben zu lassen, den anderen nicht, und so kommt zur Niederlage des Benachteiligten noch die Botschaft, dass der Bewerber eben halt irgendwie randständig ist, was eine rücksichtsvolle Umschreibung von Dummheit und Inkompetenz ist, und daher, wenn er nicht einmal die dürftigen Mittel seines Antrags verdient, eigentlich eine Fehlbesetzung in seinem Gebiet ist. Hier erreicht die Erörterung einen sehr zentralen Punkt. Im Moment der Berufung eines Professors sollte festgestellt worden sein, dass ihm hinfort das System zutraut, seine fachlichen Entscheidungen selbst zu treffen und seine wissenschaftlichen Strategien nach eigenem Ermessen zu verfolgen. Ansonsten wäre es so, als bezahlten die Krankenkassen den behandelnden Arzt erst nach gutachterlicher Prüfung dessen was er tut, mit einer Ablehnungsrate von, sagen wir, 70 Prozent. Das Ableben der betroffenen Patienten müsste eben dann halt dem höheren Prinzip zuliebe akzeptiert werden. Die lfW-Demokratie ist offenbar Sklave einer Praxis geworden, die in keinem anderen der betrachteten Modelle einer Erwägung wert wäre. Dennoch ist der Glaube unerschütterlich, einerseits, weil verdrängt wurde, dass in den vergangenen Jahrzehnten bereits soviel Defizit im universitären

Bereich angespart worden ist, dass man einfach nicht mehr einräumen kann, dass eine Universität eine ernstzunehmende wissenschaftliche Bibliothek braucht, dass an die Lehrstühle, auch wenn diese sich nicht mehr so nennen dürfen, mindestens ein bis zwei Doktoranden oder Stipendiaten gehören, und dass auch ein Mittelbau an die Institute gehört, wo die nachwachsenden Wissenschaftler zunächst in sichergestellten Verhältnissen an den Aktivitäten der Einrichtung teilnehmen können, wo sie ja ohnehin gebraucht werden, um dann entsprechende Aufstiegschancen zu haben, wie andere Berufsgruppen auch, wo normalerweise der Betrieb nicht nur aus einigen Chefs, plus fristgerecht zu entsorgenden Fußabtretern besteht.

Um nun zur Auflösung des Rätsels zu kommen, sei an ein Modell erinnert, das, soweit ich es selbst in der MPG[103] erlebte, ebenso genial wie einfach ist. Man bekennt sich schlicht zu der Größe, denjenigen Wissenschaftlern, die einmal berufen wurden, zuzutrauen, ihr Fachgebiet nach eigener Kompetenz zu betreiben. Allerdings wird auch hier gelegentlich evaluiert, wo übrigens auch eine ähnliche Schwachstelle liegt, wie sie oben in anderem Zusammenhang beschrieben wurde. Letzteres ist wirklich schwer zu kontrollieren. Kontrolle der Kontrolle, ihrerseits zu kontrollieren, stößt an die Grenzen menschlichen Vermögens, wo Irrtümer geradezu gesetzmäßig auftreten, wenn die handelnden Personen hinter undurchsichtigen Paneelen verschwinden und in solchen Momenten die tatächlichen Beweggründe nicht mehr hinterfragt werden können. Jedoch im Ganzen ist hier ein Weg gefunden, dass Wissenschaftler tatsächlich tun können, wozu sie berufen sind, wobei die Verwaltung, die es auch in einem solchen System geben muss, gleichfalls ihre Erfüllung in der Förderung der Wissenschaften sieht und nicht in ihrer Verhinderung.

Die bisher betrachtete Situation ist den Verhältnissen der Forschung angepasst. Die Universitäten haben noch andere Aufgaben, eben nicht zuletzt die Lehre, aber hier ist das Debakel noch weitaus größer als im Forschungsbereich, wo die Entmachtung der lehrenden Wissenschaftler bereits in die Statuten eingeflossen ist und Freiheit von Lehre und Forschung eine so abwegige Metapher ist, dass sie im Sprachgebrauch gar nicht mehr vorkommt. Es ist hier allerdings einzuräumen, dass der Niedergang eines Erfolgsmodells auch durch die unbewusste Natur in ihrer Evolution vorgelebt wird, wenn sich die Rahmenbedingen geändert haben. Die Welt als Ganzes hat ja das Leben durch die Verwüstung von Umweltbedingungen nicht verloren; das Leben ist halt nur weitergewandert in eine andere geographische Region.

Wenn wir hier die Hypothese vertreten, dass in Konkurrenz befindliche Beteiligte im Regelfall kein ungetrübtes Urteil voneinander haben, so heißt dies nicht, dass es nicht auch Ausnahmen geben kann. So erfreulich diese sein mögen, auch ihre Bewertung unterliegt der unabweisbaren Einsicht, dass man über alles durchaus unterschiedlicher Meinung sein und die richtige Orientierung für die eine Partei das Gegenteil für die andere bedeuten kann. Es wäre noch zu reflektieren, nach welchen Kriterien im Idealfall, d. h. wenn die subjektive Befindlichkeit ausgeklammert bleibt, die Entscheidungen für oder gegen eine Forschungsabsicht getroffen wer-

---

[103] Max-Planck-Gesellschaft zur Förderung der Wissenschaften.

den. Wenn eine Wissenschaftsorganisation das der Allgemeinheit gehörende Geld mit vollen Händen zum Fenster hinauswirft, so muss dies nicht heißen, dass sie es mit böser Absicht tut. Auch der Eimer ist ja nicht eigentlich böse, wenn sein Inhalt durch alle möglichen Umstände im Nichts versickert. Das Problem liegt in der Steuerung dieser Vorgänge. Nehmen wir einmal ganz aus der Luft gegriffen an, die angestrebten wissenschaftlichen Resultate sollen fundamental sein und/oder originell, und die Förderabsicht orientierte sich an solchen Merkmalen, die auf jeden Fall nicht in Frage zu stellen wären. Das Problem, das sich dann auftut, ist noch weitaus schwieriger als die in Diskussion gebrachte zu erbringende Leistung, und zwar zu beurteilen, ob die zukünftigen Ergebnisse diese Kriterien erfüllen. Ob ein wissenschaftliches Resultat fundamental ist, weiß man naheliegenderweise erst, wenn man es erzielt hat, eigentlich sogar erst nach einer Periode, wo sich eine solche Wertung verifiziert. Noch ungewisser steht es mit der Originalität eines Resultats. Dies kann man schwerlich planen und den Segen von Fördermitteln begründen mit der Absicht, Resultate solcher Kategorien im Planungszeitraum zu erbringen. Die Erwartung, aus allen möglichen Abwägungsgründen mit einiger Wahrscheinlichkeit das Richtige zu treffen, ist weniger plausibel, als wie erwähnt die Mittel durch ein Lotterie-System zu verteilen. Als Beispiel mag wieder eine Erscheinung aus der Wissenschaftsgeschichte dienen. Es kommt niemandem in den Sinn zu behaupten, das PLANCKsche Wirkungsquantum sei deshalb entdeckt worden, weil eine Bewertungsmaschine diese Entwicklung vorausgesehen und gefördert hätte. Es sei noch erinnert, dass der Zeitgenosse WALTHER NERNST[104] nicht umhin gekonnt hatte, MAX PLANCK[105] sinngemäß zu bescheinigen, dass er, nachdem er bisher keine originellen Beiträge zur Wissenschaft geleistet habe, nun erstmals mit einer eigenen Idee hervorgetreten sei. MAX PLANCK selbst hat rückblickend einmal geäußert, dass er einfach auch Glück gehabt hatte, so wie der Bergknappe in der Hoffnung auf die Hebung reicher Schätze, wenn er sich durch glückliche Fügung am richtigen Ort befindet, eben dann die Ader edlen Metalls entdeckt, während andere, nicht weniger verdient oder talentiert, in diesem Punkte leer ausgehen. Man kann dies alles in Termini des wissenschaftlichen Alltags übersetzen, und es obliegt dann dem Einfühlungsvermögen des Wissenschaftsverwalters oder Fördermittelzuteilers, sich einzugestehen, dass eine im-Vorhinein-Vergabe des Bonus auf Hirngespinsten aufgebaut ist. Weniger schonend wäre die Vorstellung, dass das Drittmittel(un)wesen wie eine biblische Plage über die Wissenschaften gekommen ist, die wie eine bleierne Decke jeden unbefangenen Gedanken erdrückt, und von denen, die in den Ring treten wollen um sich mit ihren (zukünftigen) Leistungen zu beweisen, verlangt zu erklären was sie ehrlicherweise nicht können und Kriterien zu erfüllen, die sie eventuell nicht wollen. Denn eine Inanspruchnahme des Fundamentalitäts/Originalitätskriteriums reicht in keiner Weise aus, Anträge im Umfang von Versandhauskatalogen zu füllen; sie wäre nicht mehr als ein aufgemaltes Herzchen vom Status einer bloßen Hoffnung oder Vermutung.

---

[104] W. NERNST, 1864–1941, Nobelpreis für Chemie 1920.
[105] M. PLANCK, 1848–1947, Nobelpreis für Physik 1918.

Da es also die in Anspruch zu nehmende allgemeine Qualität allein nicht sein kann, die eine Drittmittelvergabe-Industrie am Leben erhält, muss es andere Kriterien geben, als sie naive und belanglose Revolutionen in der Wissenschaftsgeschichte vorweisen können. Letztere wären auch viel zu selten, als dass sie eine raumfüllende Planungs-, Antrags-, Begutachtungs-, und Mittelverwaltungs-Maschinerie definieren könnten. Es ist daher folgerichtig, dass es allgemeine Wunschvorstellungskataloge geben muss. Bekanntlich gibt es diese in der Tat; sie bilden selbst eine Art Meta-Wissenschaft, die alles was vorgeht oder vorgehen könnte, mit Vorgaben, Absichten, Wertungsgrundlagen, Geboten, Einschränkungen, Interpretations- und Denkbeihilfen untermalt und den Zirkus mit einem übergeordneten Verwaltungsgebirge als Exekutive und mit Personal in Lohn und Arbeit am Leben erhält. Das System ist keineswegs stationär, es entwickelt sich kontinuierlich, bildet Pseudopodien, Speckringe und Klüngel heraus, die in immerwährender Wallung und Rekombination sind und der Struktur mit immer neuen Varianten und Anbauten zu Diensten sind. Damit sich die wachsende Zahl der Kostgänger immer neu und effizienter formieren kann, müssen die alten Wissenschaftszöpfe natürlich weichen. Etwas neues wissen und erforschen zu wollen setzt Langfristigkeit und Kontinuität in der Ausübung der Wissenschaften voraus. Dies steht jedoch in diametralem Gegensatz zu den inneren Bedürfnissen der in Gärung geratenen und Blasen schlagenden Wissenschaftsverwaltungspastete, die für alles und jedes reich bestückte Grabbeltische fehlsichtiger Lorgnons bereithält. Eines der Zauberworte heißt Kurzatmigkeit; hier ist man am flexibelsten, um z. B. Exzellenzinitiativen auflegen zu können oder sie ebenso zwanglos wieder verschwinden zu lassen.

Bei der Wertung einer neuen wissenschaftlichen Idee ist man erst im Nachhinein sicher, wer oder was exzellent ist. Wo man es umgekehrt haben will, kann man sich Rat suchen in analog gelagerten politischen Vorstellungen mit ungeduldiger Erwartung von angestrebtem Erfolg ohne den Schatten eines realistischen Hintergrunds. Die folgenden kurz anzudeutenden Begebenheiten haben wieder den Status von Modellierungen eines Geschehens mit immer den gleichen Merkmalen, hier zusammengefasst als das BOKASSA-Syndrom[106]. Es geht nicht darum, die Inhaber irgendeiner Eitelkeit in Verdacht zu bringen, ihre Widersacher den Krokodilen zum Fraß vorwerfen zu wollen. BOKASSA als Namenspatron der Erscheinung scheint eine griffige Vokabel zu sein für ein Phänomen, das sich in reinster Blüte überall dort entfaltet, wo kindliches Verlangen, als Held betrachtet zu werden, durch kein sonstiges Verdienst oder unnötige Detailkenntnis getrübt wird. Es ist überliefert, dass BOKASSA sich mit dem Ruhm bedeutender Herrscher hatte schmücken wollen; in diesem Fall hatte es ihm NAPOLEON angetan, und bei der Kaiserkrönung wurden dann die aufwendigen Requisiten aus Frankreich herbeigeschafft, darunter ein Thron aus Gold und mancherlei andere Elemente, die das Herz erfreuen sollten. Zu der Logik der Abläufe gehörte, da die Inanspruchnahme auf bloßen Wunschvorstellungen beruhte, dass die BOKASSA-Herrschaft ein ruhmloses frühes Ende

---

[106] nach JEAN-BÉDEL BOKASSA, 1921–1996, Präsident der Zentralafrikanischen Republik, der sich 1971 zum Kaiser krönte als BOKASSA I.

fand. Ein anders gelagertes Beispiel steht mit dem Schah von Persien in Zusammenhang. Dieser hatte zwar seinen Pfauenthron, aber damit war der Ehrgeiz noch bei weitem nicht zufriedengestellt. So hatte es ihm eines Tages gefallen, seinem Land die Karriere eines hochtechnisierten Industrie-Landes zuzuerkennen, die sich innerhalb eines von da an relativ kurzen Zeitraumes hatte vollziehen sollen. Nun war es nicht etwa ein nebensächliches Land aus Mitteleuropa, das für seine Entwicklung hunderte von Jahren gebraucht hatte, nein, es musste der Inbegriff von Hochtechnologie und innovativem Geist sein, nämlich Japan, zu dem man in der vorschriebenen Zeit aufschließen wollte. Ebenso wie der glücklose BOKASSA hatte der Schah einige Kleinigkeiten übersehen, dass nämlich selbst unter günstigsten Bedingungen die exzellente Leistung auf verschiedenen Voraussetzungen beruht, u. a. dass man den Mechanismus versteht, der die angestrebten Erfolge hervorbringt. Aber selbst diese Erkenntnis bringt nichts, wenn viele Jahrzehnte das genaue Gegenteil einer solchen Leistungsförderung praktiziert wurde. Auch dem Schah konnte keine Erfüllung seiner Industrialisierungsphantasien beschieden sein, selbst wenn diese nicht nach kürzester Zeit aus anderen Gründen wieder vergessen worden wären.

Es ist leicht zu verifizieren, dass das BOKASSA-Syndrom ein nahezu alltägliches Phänomen ist. Zu den großformatigen Beispielen gehörte auch der „Große Sprung" in MAOs China vor einigen Jahrzehnten. Selbst die ehemalige DDR hatte eine bescheidene Variante dieser Art, als es eines Tages hieß man wolle den Westen in kurzer Zeit ökonomisch überholen, ohne einzuholen. Ich erinnere mich nicht, ob seinerzeit jemand verstanden hatte, wie die Sache im Detail ablaufen sollte. Wie zu erwarten, war dann die Erscheinung auch schnell wieder verschwunden. Insgesamt scheint eine Gesetzmäßigkeit darin zu liegen, dass ein System, das die Behauptung des Vollzugs an die Stelle einer vollzogenen Tat setzt, sich unnötige Niederlagen zufügt, und nach den vorgelebten Beispielen können diese auch teuer sein.

Was ist „Gute Mathematik"?

Die Vorstellung, ob in oder an der Mathematik etwas gut oder schlecht ist, mag gegenstandslos erscheinen, wo in der Mathematik ein Kondensat von „zutreffendem" Denken gesehen wird. Ist jedoch das Gute eine Art Relevanz in Bezug auf verschiedene Zweckbestimmungen, so müssten jeweilige Bezugsgrößen definiert werden, etwa „cum praxi" zu sein. Es wäre interessant, in der Mathematik eine Art Metrik zu besitzen, die es erlaubt, die Nähe ihrer Gebiete zur Realität auszudrücken. Viel leichter haben es diejenigen, die von vornherein genau wissen, was *gute* Mathematik ist; hier darf sich die Bewunderung in luftige Höhen ranken. Vorgelagert wäre die Erkenntnis, was die Mathematik selbst ist. Man behilft sich gern mit der Erklärung, Mathematik ist, was in Mathematikbüchern steht. Blumen würde man dann dadurch definieren, dass sie in Blumenläden stehen. *Gut* müsste Mathematik sein, wenn sie nichts falsches aussagt. Davon gehen wir bei der Mathematik aber ohnehin aus, vorausgesetzt, man hat sich erklärt, was „falsch" ist. Es scheint daher generell nur gute und überhaupt keine schlechte Mathematik zu geben. Dann freilich fehlt das wünschenswerte Gegenstück an *schlechter* Mathematik, was zwar irritierend wäre, aber die Frage hätte sich bereits beantwortet: Mathematik ist grundsätzlich gut. Naheliegender wäre indes, die Mathematik ist nichts von allem, weder gut noch schlecht.

Jedoch werden die Dinge allgemein anders gesehen. Es scheint von vornherein klar zu sein, dass es zu dieser Frage keine endgültige Antwort geben kann, selbst wenn man Bezugspunkte setzt und diese relativ eng wählt. Jedenfalls entzünden sich gerade hier Konflikte in der Wahl von Forschungszielen und eingesetzten Mitteln. Es spricht für die Akzeptanz der Mathematik, dass sie nicht selten in Bezeichnungen von Projekten oder Institutionen vorkommt, auch wenn der Netto-Gehalt an Mathematik sehr unterschiedlich sein kann. Liebesheiraten dieser Art müssen nicht immer enden wie bei bestimmten Spinnenarten. Die produzierende und schaffende Mathematik in einem Gewerbe, wo sie vornehmlich angewendet wird, ist natürlich auch ein Verbrauchsartikel. Bekanntlich ist es aber typisch, dass neue mathematische Ideen aus den Herausforderungen erwachsen, konkrete Probleme des praktischen Bedarfs zu lösen. Um so mehr trifft dies auf Anwendungen in anderen

B.-W. Schulze, *Erlebnisse an Grenzen – Grenzerlebnisse mit der Mathematik,*
DOI 10.1007/978-3-0348-0362-5_19, © Springer Basel 2013

Wissenschaften zu, z. B. in der Theoretischen Physik. Auch die Ökonomie gehört zu den Wissenschaften mit einem relevanten mathematisierbaren Anteil. Ein Entwicklungsgebiet der jüngeren Mathematikgeschichte ist die Finanz-Mathematik, wo sogar das Börsengeschehen eine zuständige Differentialgleichung hat. An dem Währungsdebakel, das kürzlich die Weltwirtschaft heimsuchte, ist sie aber gänzlich unschuldig. Nicht zu vergessen ist auch die Informatik, früher ein Baby der Mathematik, jetzt aber ein Kraftprotz, dessen zukünftige Karriere noch gar nicht absehbar ist. Ein anderes Gebiet mit zahlreichen Anwendungen ist die Wahrscheinlichkeitstheorie zusammen mit der Statistik, ebenfalls vergleichsweise jüngeren Datums. Sie wird z. B. gern in Anspruch genommen, wenn für Politiker gute oder böse Nachrichten zubereitet werden.

Die Mathematik mit all ihren Beziehungen zu Bereichen des täglichen Lebens und anderen Wissenschaften trägt auch ihre inneren Organe mit sich, die „disziplinären" Bestandteile, die sie versorgen, und die ihrerseits eigenständige Entwicklungsgebiete sind, die sich in die Breite entwickeln und durchdringen und unterschiedlichste Anwendungen bedienen. Es ist wie in einem galaktischen Nebel, der ständig in Wallung ist, und der in seinen aktivsten Regionen die Sterne erbrütet, die alles überstrahlen. Auch gibt es in diesem Modell ein Analogon der Bösewichte, die schwarzen Löcher, ohne die es offenbar auch hier nicht geht, die aber nicht aus Bosheit die umliegenden Objekte unter ihrer Käseglocke verschwinden lassen. Wirklich böse ist, wenn man es mit den Analogien übertreibt und findet, dass der Kosmos seine Bestandteile an „greifbarer" Substanz nur in homöopatischer Verdünnung enthält. Jedoch auch hier findet sich Trost in der Vorstellung, dass aus dem hochgespannten flimmernden Nichts jederzeit spontan neue Erscheinungen materialisieren können.

Die Mathematik lebt mit der Vorstellung, dass sie eine lebendige sich immer neu bereichernde Wissenschaft ist, wo es Aktivitätszentren gibt, die neue Ideen hervorbringen mit einer weitläufigen Ausstrahlung. Im Unterschied zu den Erscheinungsformen kosmischer Objekte, deren Werden und Vergehen vom Betrachter unabhängig ist, liegt in mathematischen Erfindungen ein starkes subjektives Element. Auch wenn von vornherein geglaubt wird, dass die Resultate der Mathematik „zutreffen", unabhängig von der Person, die sie erzeugt oder wahrnimmt, sind die Begriffsbildungen und Strategien auch abhängig vom wissenschaftlichen Umfeld, von der individuellen Phantasie und diversen Geschmacksfragen oder Vorurteilen, etwa welche Art Hilfmittel man besitzt oder sich erlaubt, gleichgültig, ob sich nun die Zielstellungen aus der „inneren Entwicklung" der mathematischen Disziplinen herleiten, oder aus „äußeren Faktoren", z. B. Beziehungen zu außermathematischen Bereichen und Anwendungen.

Nicht dass die Forschung immer ein blindes Stochern im Nebel wäre. Aber es ist insgesamt, als zögen Glücksritter durch ein riesiges urwüchsiges Land auf der Suche nach sagenhaften Schätzen. Vielfach sind dabei weder Wege und Entfernungen bekannt, noch ob sich am Ende überhaupt etwas von Wert verbirgt. Mancher findet es dann leichter, als Raubritter aufzutreten und sich der Habseligkeiten anderer zu bemächtigen. Wer an eine unüberwindliche Schlucht gelangt, ist gescheitert, wenn er sich nicht Flügel wachsen lässt, wem ein Hindernis im Wege steht, muss sich einen Giraffenhals zulegen, um die Übersicht zu behalten. Je nach Sachlage mögen Tentakelarme, Eulenaugen, Saugnäpfe, Hamsterbacken, oder andere kontextbezogene Werkzeuge notwendig werden. Die Schaffung der Hilfsmittel kann zur erneuten Herausforderung werden, mit neuen Odysseen durch unerforschtes Land, mit Schluchten, Sackgassen und anderen Hindernissen, die ihrerseits kontextbezogene Werkzeuge erfordern. So kann es fortgehen mit immer neuen durch vorangegangene Schritte motivierte Vorhaben, wo nach einigen Generationen von Iteration niemand mehr den Ursprung kennt. Hier ist es dem individuellen Geschmack überlassen, ob man von einem beeindruckenden Vertiefungsgrad der Erkenntnis spricht oder vom Gründeln in lichtloser Ödnis, oder, wenn man bereits beim Höhenflug einer Mikrobe angekommen ist, vom Höhenrausch in unendlicher Weite.

Ist einmal die Diversifizierung der Mathematik, oder eines ihrer Teilgebiete, auf eine solche Weise in Gang gekommen, ist wiederum der Brei bereitet für neue Strukturbildungen und Zusammenschlüsse zu größeren Einheiten, wo sich unterschiedliche Gebiete in Beziehung setzen, sich vernetzen, und tatsächlich wieder in die Höhe wachsen können. In Analogie zum kosmischen Geschehen kann man sich die Bildung neuer Gestirne aus dem Staub vorangegangener Epochen vorstellen, wo nichts wirklich verlorengeht und bei hinlänglicher Verdichtung die Zündung zu wirklichen Leuchfeuern stattfindet. Viel später dann können diese wieder kollabieren zu schwarzen Theorie-Leichen, die weiterhin Kräfte verschlingen und nichts mehr entweichen lassen, oder in Stille verlöschen in erneuter Zersplitterung und Heimgang in eine neue Ursuppe.

Es ist dann stets befreiend, des Lebens gold'nen Baum zu loben[107], wo er in den fruchbaren Grund seine Wurzeln senkt und umso höher wächst, je wirksamer sich die Anstrengungen des abstrakten mathematischen Denkens auf die Lösung vitaler Probleme der realen Welt beziehen. Was konkret aus dem Reservoir von angesammelter Struktureinsicht tatsächlich zu neuen Anwendungen führt, ist normalerweise eine offene Frage. Was man allerdings sicher weiß, ist, dass eine Pyramide umso höher wachsen kann, je breiter die Grundfläche angelegt wird, die Erfolge aber auch nicht immer planbar sind, selbst wenn niemand zwischenzeitlich mit der Abrissbirne kommt. Wer hätte z. B. vor Jahrzehnten gedacht, dass das Cantorsche Diskontinuum zum begrifflichen Hintergrund für das Verständnis turbulenter Strömungen beitragen oder subtile Erscheinungen bei Attraktoren in dynamischen Systemen widerspiegeln kann? Dass man nicht immer warten will oder kann, bis man schwarz wird, ist verständlich, aber eine Pflanze wächst nicht schneller, wenn man oben an ihr zieht.

Wir dürfen dankbar sein, dass die Mathematik so reich an richtigen Standpunkten ist, dass ein jeder zufriedengestellt werden kann und die Anrufung der richtigen Persönlichkeit ein beliebiges Forschungsvorhaben unterstützen oder verhindern

---

[107] der noch dazu grün ist, Goethe/Mephisto.

kann. Auch das Missionieren gehört dazu, da sich ja das Gute nicht immer von selbst durchsetzt. Es ist dann immer auch ratsam, zu wissen, wogegen man ist. Es wäre übrigens falsch zu vermuten, dass bei der ganzen Fülle an inneren Beziehungen die Wahrscheinlichkeit groß ist, praktisch nur Feinde zu haben. Auch besteht in den Wissenschaften durchaus der Anstand, nicht immer mit Drahtbürsten auf unverstandene Werke loszugehen, sondern ihnen im Bedarfsfall ein seliges Vergessen zu bereiten. Insgesamt scheint es gut zu stehen mit der guten Mathematik wenn man sich verständigt, dass *gute Mathematik* ist, was gute Mathematiker betreiben. Es tun sich dann weite Möglichkeiten auf, in der richtigen Loge Platz zu nehmen.

Nachdem die *gute Mathematik* als Markenartikel eingeführt ist, liegt es nahe, auch an ihre *Schönheit* zu denken. Eingangs sprachen wir sogar von überirdischer Schönheit. Viele der originellen Erscheinungen, die sich zur Mathematik zusammenfügen, haben zweifellos den Anspruch, überirdisch zu sein, etwa die Cantorschen Mächtigkeiten von Mengen. Ihre Schönheit ist jedoch umso schwerer zu erschließen, je weiter sich die Abstraktionen von der gegenständlichen Anschauung entfernen. „Unterirdisch" würde dem Empfinden weniger nahe kommen, auch wenn „tiefliegend zu sein" eine Zierde mathematischer Einsicht ist. Allgemein unterliegt es keinem Zweifel, dass Schönheit sehr von der subjektiven Wahrnehmung abhängt[108]. Jedoch wenn man die „Schönheit" mit „Natürlichkeit" in Verbindung bringt, verleiht man dem Begriff etwas zwangsläufiges. Viele mathematische Konstruktionen und Veranschaulichungen sind von der Natur abgelesen. Prominente Beispiele sind hier die Symmetrien, wie wir sie in Blüten, Seesternen, oder Vergrößerungen von Plankton, wahrnehmen, oder geometrische Konfigurationen, wo der symmetrischste vorstellbare Körper, die Kugel, sich ganz wie von selbst in den Gestirnen realisiert. Kugelbäuchige Buddhas sind in der asiatischen Kultur weit verbreitet und gelten als ausgesprochen schön. Auch die Gitterstrukturen in Kristallen offenbaren Symmetrien von zeitloser Schönheit. Hier befindet man sich sogar mit der Mode im Konsens, wenn sie in schönem Geschmeide ihre spektakulären Accessoirs sieht. Die Symmetrien in der Teilchenphysik zeigen eine andere Erscheinungsform von mathematischen Strukturen, die allerdings mehr dem Spezialisten zugänglich sind. Jedoch bevölkern sie seit langem auch die populärwissenschaftliche Literatur, sowie die die Wissenschaft philosophisch kommentierende Literatur. Die Beziehungen zur Mathematik bzw. die innere Struktur der Naturgesetze haben auch eine „emotionale" Seite, etwa wenn man erklärt, dass die Natur in ihren Abläufen offenbar stets den „Weg des geringsten Widerstands" geht, oder dass „Schönheit und Nützlichkeit" Hand in Hand gehen. Während die Sache mit dem geringsten Widerstand sich noch relativ leicht einsehen lässt, hierfür ist in der Mathematik u. a. die Variationsrechnung zuständig, bietet die Nützlichkeit Raum zu Spekulationen.

Eine Mathematik, die sich aus der Schönheit ihrer Beobachtungen motiviert, ist vergleichbar mit der Kunst. Obwohl Mathematik und Kunst sich beide großer Freizügigkeit erfreuen, geht es in der Mathematik letztlich um unabänderliche Sach-

---

[108] z. B. JOHANN SEBASTIAN BACH soll die neumodische Musik seiner Zeit „als teuflisch Geplärr und Geleier" empfunden haben.

verhalte, während die Kunst auch „irrationale" Wege gehen darf, etwa Gemälde zu deklarieren, die aus einer leeren weißen Fläche bestehen. Im Schönheitswettbewerb tun sich auch unvermittelt wieder alte Befindlichkeiten auf. Einerseits scheinen Schönheit und Nützlichkeit in der Mathematik eng verwoben zu sein, auch wenn man Strukturtheorien in ihrer reinsten Form nicht immer mit Anwendungen der Mathematik in Verbindung bringt, andererseits braucht die „schöne Mathematik" die Anwendungen gar nicht immer als unbeliebten Antipoden; ihre Feindbilder, die vielen Spielarten von „hässlicher" Mathematik, liegen viel näher, und der mathematische Schöngeist kann sich durchaus in selbstgestrickten Abgrenzungen verheddern. Unabhängig davon, dass Schönheit auch in der Mathematik eine Geschmacksfrage ist, neigt die schöne Mathematik dazu, sich mit guter Mathematik zu identifizieren, und man kann sich um die oben genannten Listenplätze bemühen. Man würde hier übrigens nicht darauf bestehen, dass schöne Mathematik ist, was schöne Mathematiker/innen betreiben, denn einerseits können Mathematiker überaus höflich sein, andererseits müssen sie es nicht sein, da eben jedes Gebiet der Mathematik auf seine eigene Weise schön ist. Man gerät hier unversehens in die Wellness-Bereiche der wissenschaftlichen Kommunikation. Wenn man an den Resultaten der konkurrierenden Literatur sonst nichts auszusetzen hat oder sie womöglich nicht versteht, ist es durchaus hilfreich, ihnen Merkmale wie „zu technisch" zu sein anzuhängen oder die interessierte Gemeinde als „einelementig" zu definieren.

Wo die Schönheit wohnt ist es zur Mode nicht weit. Die Modebranche sieht es vermutlich ähnlich, wobei die Sache auf der elitären Ebene etwas willkürlich erscheint, wenn heruntergehungerte Garderobenständer über Laufstege irren. Insgesamt ist die Mode aber sehr kreativ im Uniformieren der Leute, die es auch gern mit sich geschehen lassen. Außerdem kann man sich nicht immer ganz ausschließen, und es gibt auch unabweisbare Notwendigkeiten: Wer wollte sich schließlich mit gepuderter Perücke und Reifrock in die U-Bahn drängeln.

Ein argloser Verehrer der Wissenschaften, namentlich der Naturwissenschaften und insbesondere der Mathematik, wird nicht so schnell darauf kommen, dass die Mode auch hier eine auffällige Erscheinung ist, die weitaus stärker eingreift in die Organisation der Forschung, als man es vermuten könnte, einschließlich die Akzeptanz von Forschungsthemen und letztlich auch in Stellenbesetzungen und Ausbildung an Universitäten. Man kann dies begrüßen oder verurteilen, ändern kann man es wahrscheinlich nicht, und so bleibt nur eine phänomenologische Analyse. Auch die Mathematik hat ihre ausgesprochenen Eliten, die meinungsproduzierend auftreten und sehr bewusst steuern, wer im Zirkel mit auftreten darf. Im Unterschied zu den verschlankten Schönheiten auf Laufstegen sind die Modezaren im wissenschaftlichen Geschäft, wo es mehr auf die inneren Werte ankommt, eher aufgeblasen, was aber durchaus auch als Erkennungsmerkmal gelten kann. Um das Problem weiter zu analysieren, sind, wie schon zuvor, Gedankenexperimente manchmal aufschlussreich. Die Mathematik ist in solchen Dingen begabt, und sie kann z. B. in Nullzeit auf der Zeitachse reisen. Es ist dann leicht vorstellbar, dass es ein ausgesprochen zähes Bemühen wäre, einem naturphilosophisch begeisterungsfähigen Mönch des 15. Jahrhunderts z. B. die Relevanz der NAVIER-STOKESschen

Gleichungen zu erklären und zu erwarten, dass sich sein künftiges Wirken auf dieses wichtige Thema konzentrierte. Vermutlich würden Personen der mittelalterlichen Rechtspflege erscheinen, um den Störenfried zu seinem Besten wegzusperren. Ähnlich abwegig würden dem Mönch wohl lokal-konvexe Vektorräume und Distributionentheorie vorkommen, denn nicht einmal ansatzweise wären in dieser Epoche die formalen Hilfsmittel formulierbar, abgesehen von der Nichtmitteilungsfähigkeit des Nutzeffekts. Es wird an solchen Beispielen offenbar, dass ein mathematischer Inhalt, wenn er eine Chance haben soll, als Leitmotiv einer Modeerscheinung Karriere zu machen, nur extrem wenig von dem bereits erreichten Forschungsstandard abheben darf; die Gemeinschaft der Wissenschaftler muss die neue Idee, die als Kandidat in Frage kommt, zumindest verstehen können. Ist dies der Fall, so tritt ein, was eigentlich sehr gegen die fördernde Kraft von Gleichschritt in Modethemen spricht, dass es nämlich nicht selten um Nachahmungsforschung geht, wo ein im besten Fall als genial und fruchtbar akzeptiertes Konzept oder sogar ein Durchbruch auf einem Gebiet wieder und wieder angefleht wird, auch fürderhin Publikationen zu bescheren. Es ist andererseits nicht zu leugnen, dass sogenannte *mainstreams* in der Forschung eine Bedeutung haben, aber es ist nicht immer klar auszumachen, ob eine Hauptströmung, die aus einem fundamentalen Fortschritt entsprungen ist, immer noch hauptströmt, oder ob sie im Begriff ist, wieder zu versickern und dennoch mit Getöse am Leben erhalten wird. Für den Suchenden gibt es stets unterschiedliche Orientierungen. Im Notfall kann er es mit dem Konzept *Arbeit* versuchen, in stiller Einkehr und wissenschaftlicher Versenkung, und darauf vertrauen, dass dann auch die neuen Ideen herzueilen.

Die Kultur stiftende Rolle der Festreden

Festreden zu herausgehobenem Anlass, gerichtet an eine Gemeinde von Teilnehmern, deren Herzen sich für das Kommende geöffnet haben und die anschließend für Disziplin und Geduld belohnt werden mit einem kleinen Umtrunk, im Idealfall mit einem angemessenen Buffet, werden manchmal nur als Beiwerk wahrgenommen. Nicht selten sind sie es in der Tat, denn was sie vornehmlich enthalten, sind Aussagen, die allgemein als selbstverständlich gelten. Natürlich sollen sie gut klingen und vielleicht ein wenig überzeugen, sich auf Wesentliches konzentrieren und Standpunkte zusammenfassen, Bestrebungen betonen, einen visionären Blick in die Zukunft werfen, und nicht zuletzt würdigen und danken. Naheliegenderweise hängen Festreden sehr vom Kontext ab. Die Rede eines Brautvaters an die Hochzeitsgesellschaft hat eine andere Orientierung als eine Parteitagsrede, eine Rede zu einem Jubiläum, oder anlässlich der erfolgreichen Beendigung eines wichtigen Projekts. Aber allen ist normalerweise gemeinsam, dass sie ein Einvernehmen aussprechen, das nicht in Frage gestellt wird. Auch wenn in diesem Genre die Erwartungen bescheiden sein mögen, so sollte der Brautvater die Brautleute erwähnen, die Parteitagsrede die Partei, oder die Jubiläumsrede erklären, wer oder was bejubelt wird, usw. Ich entschuldige mich im Vorhinein für die Banalität dieser einleitenden Erörterungen, aber wir zielen letztlich auf den Wissenschaftsbereich ab, wo sich Gilden höchster Gelehrsamkeit gelegentlich zelebrieren und wo in der Tat manchmal mehr über die Verfassung von Strukturen und Denkansätzen zu erfahren ist, als über die Feststellung irgendeiner Aktenlage. Damit diese Betrachtung nicht ins Trostlose abgleitet, beziehe ich auch gelegentliche öffentliche politische Bekenntnisse mit ein. Dabei ist es nicht weniger aufschlussreich, zu verfolgen, was *nicht* oder *nicht mehr* gesagt wird. Schließlich ist es auch wert, die festredenden Personen selbst wahrzunehmen. Bei Ministern für Wissenschaft, Kultur, etc., sind es womöglich die Redenschreiber, die in Wirklichkeit erklingen, so dass die vortragende Person nichts über die Dinge wissen muss, die sie erklärt.

Es kann ein Hinweis auf eine Gefahr sein, wenn ein Kontext-bezogener Konsens (nicht nonsense!) nicht mehr ausgesprochen wird, d. h. nicht mehr bekräftigt wird, was „normale" Leute als selbstverständlich ansehen. Die Situation wäre dann in

B.-W. Schulze, *Erlebnisse an Grenzen – Grenzerlebnisse mit der Mathematik,*
DOI 10.1007/978-3-0348-0362-5_20, © Springer Basel 2013

etwa so, als wären die Grundsätze soliden Wirtschaftens im Bankensektor, an die ja die Kleinsparer glauben sollen, in Vergessenheit geraten, und es wagte niemand mehr, öffentlich an sie zu erinnern, entweder aus Eigeninteresse, oder um sich nicht leichtsinnig festzulegen, oder weil sie entgegen allgemeiner Erwartung nicht mehr bestehen und sie daher nicht mehr befolgt werden.

Vor Jahrzehnten gab es einen Wissenschaftsminister RIESENHUBER, der offenbar zu dem Schluss gekommen war, dass die Windkraft zur Energieerzeugung gefördert werden müsste, nachdem zeitkritische Analysten mehr und mehr betonten, dass die traditionellen Energieträger so bald wie möglich ersetzt werden sollten. Es kam zur Vorstellung des Prototyps einer Windkraftanlage, wo aber dann im Gefolge Bedenkenhaber auf den Plan traten, die nicht nur das Prinzip für absurd erklärten, sondern auch die technischen Probleme begeistert willkommen hießen. So verschwand dann das Projekt nach kurzer Zeit aus der öffentlichen Aufmerksamkeit. Gleichzeitig aber legte RIESENHUBER sich den Ruf einer Wunderblume zu, hämisch begleitet von den Medien. Ich hätte mich damals nicht gewundert, wenn man ihn auch öffentlich geohrfeigt hätte[109]. Dies mag als ein Beispiel dienen, dass zu dieser Zeit der allgemein bekannte Sachverhalt, dass jedes Gramm an fossilem Brennstoff nur ein einziges Mal im Leben der Erde zur Verfügung steht[110], nicht zum öffentlich erklärten Ausgangspunkt (wissenschafts)-politischen Handelns werden konnte und infolgedessen auch nicht Eingang fand, bis auf die besagte Ausnahme, in die erklärten Zielvorstellungen verantwortlicher Politiker. Heute ist es natürlich einfacher, dem Chor derer beizutreten, die es wagen, das Offenkundige auszusprechen.

Es scheint, dass wir wieder einem merkwürdigen Phänomen auf die Schliche kommen, wo die Beispiele, die wir hier betrachten, zu einer formalen Modellierung führen können, wie sie ein mathematisches Herangehen nahelegen. Wenn wir uns von einfachsten und evidenten Gegebenheiten in unterschiedlichsten Situationen leiten lassen, so nicht deshalb, weil kompliziertere Sachverhalte nicht in ein solches Schema passen, sondern weil die menschliche Natur dazu neigt, einfachste Tatsachen durch verquere und komplizierte Einbildungen zu ersetzen. Wir haben uns in dieser Erörterung auf das „Festreden" als Ausgangspunkt verlegt, weil sich bereits hier in dieser allgemein zugänglichen Kategorie sanfter politischer Äußerung, wo alles nur wohlklingt und nichts die Harmonie des Augenblickes stören soll, schon eine unvermutete Tendenz materialisiert. Aus dem Reservoir bekannter naheliegender Grundsätze kann in selektiver Weise, im besten Fall in bester Absicht, das eine für die Betrachtung erlaubt, anderes vergessen werden, und so auf die Dauer ein Ungleichgewicht begründen, das, wie die falsch verteilte Last auf einem Floß zum Umkippen der ganzen Konstruktion führen kann. Ähnlich wie in der Mathematik die leere Menge existiert, ist auch in unserem Modell die leere Festrede erlaubt, die in unterschiedlicher Weise realisiert sein kann, entweder als absolut leere Aussage, oder indem sie gar nicht stattfindet.

---

[109] wie es einstmals einem Bundeskanzler Kiesinger erging.
[110] genauer, in der vor „uns" liegenden geologischen Epoche.

Um uns nicht zu sehr im Abstrakten zu verlieren, nehmen wir in bewährter Weise einige konkrete Modelle in Augenschein. Stellen wir uns vor, eine Werkzeugkiste hätte eine Festivität zu begehen, mit dem Holzhammer als Festredner. Die Kiste beherbergt Individuen unterschiedlichster Art, die alle über die Jahre ihre angestammte Pflicht tun und im Vertrauen auf ihre Nützlichkeit fröhlich klappern, wenn gerade nichts zu tun ist. Für eine solche Situation gibt es viele unterschiedliche Konfigurationen. Die klassische ist, dass man sich als Einheit sieht und anerkennt, dass alle Mitglieder für die gestellte Aufgabe, hier Möbelstücke zu fertigen, ihren unverzichtbaren Beitrag leisten. Nicht nur die Säge, auch wenn sie alle etwas nervt mit ihrer schrillen Tonlage, ist dabei wichtig, auch der Hobel, obwohl er ein bisschen eingebildet ist, weil bei ihm die Späne fallen, der Bohrer, der eine etwas verquere Verehrung für die Zahnpflege entwickelt hat, der Schraubenzieher, der als etwas überdreht gilt, die Zange, die glaubt, alles im Griff zu haben, sowie viele andere Spezialisten, die trotz mancherlei Eigenheiten insgesamt ein gutes Team bilden. Der Holzhammer, auch wenn er sich vielleicht wichtiger nimmt als nötig, weiß, wie man sich Gehör verschafft, und er tut seine Pflicht, wenn er erklärt, dass diese Werkzeugkiste, wie andere solche Einrichtungen, auf keines ihrer Mitglieder verzichten kann, und dass die erwartete Leistung nur deshalb erbracht werden konnte, weil noch nicht alles weggespart worden ist. Er deutet auch an, dass, wo bald die Säge in Pension geht, man wieder eine Säge nachbesetzen muss und schon mal über die Ausschreibung einer Stelle nachdenken muss. Dabei betont er auch vorsichtshalber, dass man wieder eine Säge braucht, und keinen Holzbock. Da der Holzhammer gut erzogen ist, sagt er nichts über die internen Querelen, wo der Holzbock anscheinend im Hintergrund intrigiert, dass in Zukunft ausschließlich Holzböcke eingestellt werden sollten, die man dann notfalls in Sägen, Feilen usw. umbenennen kann, um die vorgegebene Inventarliste einzuhalten. Auch vom Hobel sind dem Holzhammer merkwürdige Bestrebungen zu Ohren gekommen, nach denen es ausschließlich Hobel in der Werkzeugkiste geben sollte, da man ja keine antiken Möbel restauriert, sondern Späne braucht, die für die Pressplatten, die in modernen Möbeln von fundamentaler Bedeutung sind. Sogar der Stich glaubt, weitaus wichtiger zu sein, als alle übrigen Werkezeuge; hier ist keinem so richtig klar, weshalb gerade er als der dünnste von früh bis abends stichelt und fachfremden Beschaffungskommissionen stichhaltige Argumente vorgaukelt, die noch dazu angeblich von den übrigen Mitgliedern der Kiste unterstützt würden. Hier ist es also die Verantwortung des Holzhammers, dezent aber vernehmlich auf die notwendige Werkzeugkistenstruktur und -kultur hinzuweisen, um für die zukünftigen Projekte gerüstet zu sein.

Die nicht-klassische Werkzeugkiste ist hier schon einen Schritt weiter. Nach dem Vorüberziehen mehrerer Generationen von Abbau und vertanen Möglichkeiten, und weil einige in dem Fachgebiet, für die die Kiste steht, nichts von der Pieke auf gelernt haben, hat man sich bereits mit einem miniaturisierten Leistungsangebot zufriedengegeben. Der Stich ist jetzt der Nestor der Meinungseinfalt, der trotz seiner Abmessungen in die Rolle der grauen Eminenz geschlüpft ist, die aufmerksam taxiert, in wessen Gegenwart man was sagt, und die unerwartet gesetzt und pastoral werden kann, wenn eine wichtige Persönlichkeit herzutritt. Der Holzhammer, den die Holzwürmer längst pulverisert haben, hat keinen Nachfolger gefunden, der es ihm im Festreden gleich tun könnte, man würde ihm auch gar nicht mehr zustimmen in den Imaginationen, was seiner Meinung nach in einer Werkzeugkiste vorhanden sein sollte, denn solche Lehren, ehedem vielleicht von Interesse, sind nun verholzt, und man hört am besten den vergilbten Apologeten gar nicht mehr zu, sofern sie nicht ohnehin schon aus der Kiste gekrümelt sind. Die Inhalte der Arbeit sind auch folgerichtig andere geworden, jeder hobelt, piekt und dreht getrennt für sich, in kurzlebigen Dienstleistungen, die auswärtige Institutionen für anderweitige Projekte betreiben, die mit den ursprünglichen Anliegen nichts mehr zu tun haben. Streng genommen müsste man gar keine Werkzeugkiste mehr haben, denn jeder könnte in diejenige Struktur umziehen, wo diese Dienste einen Abnehmer finden. Es hätte noch sein Gutes, wenn sich dabei erweisen würde, dass die selbsterklärte Zweckbestimmung einem tatsächlichen Bedarf entspricht. Die Festreden sind im oben bezeichneten Sinne leer geworden; sie braucht keiner mehr.

Wir haben hier zwei hypothetische extreme Situationen beleuchtet S_1 und $S_\varepsilon, 0 < \varepsilon < 1$ (d.h. fast extreme, denn die letztere wäre nur noch durch eine komplette Auflösung S_0 der Struktur zu unterbieten), die ähnlich zur Interpolationstheorie eine kontiunierliche Evolution $S_{\lambda+(1-\lambda)\varepsilon}, 0 \le \lambda \le 1$, ahnen lässt, die langsame Agonie eines Corpus, der in Ermangelung an formierenden Elementen, wie von Zeit zu Zeit vernehmlich gemachte Standort-Bestimmungen und Existenz bestätigende Zeremonien, für $\lambda \to 0$ zusammenschrumpelt wie eine Backpflaume.

Analogien treffen bekanntlich nicht immer hundertprozentig die angesteuerte inhaltliche Aussage, aber auch unsere klassischen Lehrmeister haben es geschätzt, ihre Anliegen und Visionen gelegentlich in leicht verständlichen Vergleichen auszudrücken. Z.B. ist überliefert, dass Erich Kähler, der oben schon erwähnt worden ist – nach ihm sind die Kähler-Mannigfaltigkeiten benannt – bei einem einstigen Zusammentreffen mit Erhard Schmidt, einem Berliner Funktionalanalytiker – nach dem z.B. das Orthogonalisierungsverfahren benannt ist – in einem Auto, das sie zu einem akademischen Termin in Berlin transportierte, geäußert habe, dass die Mathematik in ihrer großen umfassenden Architektur zu sehen sei, und die besten Kräfte ihrer Disziplin bestrebt sind, an diesem imposanten Gebäude mitzuwirken. Dieses Gespräch war auch für den Fahrer des Wagens, der ebenfalls aufmerksam zugehört hatte, ein eindrucksvolles Erlebnis, und er konnte anschließend ehrfürchtig berichten, dass er einen hohen Fahrgast hatte, einen bedeutenden Architekten, der wie ganz nebenbei so viel wundervolles und erhebendes über seine verantwortungsvolle Arbeit erklären konnte.

Unabhängig von derartigen Episoden ist sicher überliefert, und ich selbst komme aus Augenzeuge ebenfalls in Betracht, dass an einer nicht leeren Menge von raum-zeitlichen Orten die Mathematik sich als eine Einheit verstanden hat, sie dort eine Art Kollektivintelligenz besaß bzw. besitzt, welche sich bewusst war, dass ihre innovative Kraft und ihre Dynamik trotz der unübersehbaren Fülle an Teilgebieten auf dem Zusammenwirken vieler Komponenten beruht, und dies nicht zuletzt auch die Studenten in der Ausbildung an ihrer Universiät (nicht Monität) immer neu erfahren sollten. Jetzt bin ich selbst schon pastoral geworden, aber dieser Modus ist unter „Festreden" sicherlich erlaubt. Mit dieser Überzeugung ist nicht verlangt, dass jeder Mathematiker ein Universalgelehrter in Mathematik sein sollte, dies könnte er bei dem gegenwärtigen Entwicklungsstand der Mathematik nicht sein. Jedoch glaube ich, dass sich ein wissenschaftlich und lehrend tätiger Mathematiker als ein Teil der besagten Kollektivintelligenz empfinden und nicht allein für sein abgestecktes Beet in Vorgarten eintreten sollte, sondern für den Garten als ganzes. Womöglich wird hier einer Mehrheit bitteres Unrecht getan mit der Vermutung, dass es anders wäre; jedoch mag sich diese Mehrheit fragen ob sie nicht bereits in der Minderheit ist. Mindestens scheint es mir, dass nicht nur die Autofahrer, die hochansehnliche Wissenschaftler chauffieren, mit der unterschwelligen Erwartung leben, nicht allein einem Broterwerb nachzugehen, sondern dass sie eine aus allgemeinkulturellen Gründen notwendige und berechtigte Arbeit tun, unter der hypothetischen Annahme, dass die Institutionen noch Dienstfahrzeuge haben. Ähnlich ist es mit dem übrigen dienstleistenden Personal an wissenschaftlichen Institutionen, das manchmal noch in der Tat diese altertümliche Ehrfurcht vor den (ein)geweihten Repräsentanten hoher Gelehrsamkeit hat, nicht ahnend, wie präsent die Gefahr ist, der Realisierung eines boshaften Aphorismus beizuwohnen, wonach der Odem eines entseelten Wasserbewohners immer zuerst am Kopf entweicht.

Ich erinnere mich an eine Rede anlässlich einer Jahrestagung der Max-Planck-Gesellschaft in Goslar, als der Präsident neben vielen anderen gut artikulierten Grundsätzen und Beobachtungen auch halb im Scherz sinngemäß erklärte, dass die Welt manchmal die Wissenschaftler an den Institutionen der Max-Planck-Gesellschaft wie höhere Wesen ansehe, sie aber in der Tat auch „nur" Menschen seien. Es wurden an dieser Stelle keine weiteren Schlüsse aus diesem fundamentalen Sachverhalt gezogen, aber mindestens mag implizit eingeräumt worden sein, dass man als Mensch auch Fehler macht, nicht nur im Leben, sondern auch in der Arbeit. Fehler in der Wissenschaft oder in einer wissenschaftlichen Orientierung sicher zu identifizieren – abgesehen von offenkundigen handwerklichen Fehlern – ist eine kaum lösbare Aufgabe, denn der buchstäblich sprichwörtliche Zwist unter Wissenschaftlern, wenn es um besagte Orientierungen geht, zeigt, dass es in diesem Felde meist viele „Wahrheiten" gibt. Wo aber ein absolut vermeidbarer Fehler liegen kann, ist, die vertretenen Grundsätze überhaupt nicht auszusprechen, wo andernfalls offenbar würde, dass das Problem im Bekennen einer Aussage liegt, die nur im Verborgenen Stand hält. Hier sind wir wieder bei der Rolle der Festreden, die z. B. in ganz harmloser und allgemeiner Weise erinnern oder dementieren könnten, ob sich eigentlich die Mathematik als eine Einheit versteht, ähnlich einem Organismus, z. B. einer Ente, wo die Bestandteile, etwa der große Schnabel oder der Bürzel, isoliert nicht wirklich lebensfähig wären, und die Ente erst dann gerupft werden darf, wenn sie zum alsbaldigen Verbrauch bestimmt ist. Vergleiche könnte man viele anstellen, etwa auch mit einem Gewässer, das, wenn es nicht genügend belüftet ist, dazu neigt umzukippen und nur wenigen Spezies in einem neuen Gleichgewicht das Überleben zu erlauben, wo dann höchstens die verschiedenen Blaualgensorten zufriedengestellt sind, die sich gegenseitig „Gute Nacht" wünschen.

Die süßeste Versuchung seit es Resultate gibt

Wenn diese Überschrift ein wenig an Alpenmilch Schokolade erinnert, so ist dies (k)ein Zufall. Wir erinnern hier an die Wohltaten, die in der Wissenschaft aus den Leistungen anderer erwachsen.

Die hingebungsvolle und ehrliche Arbeit gehört zweifellos zu den wünschenswerten Tugenden des schaffenden Wissenschaftlers, auch des Mathematikers. Begleiterscheinungen wie Talent, Ausdauer, und ein wenig Glück gelten ebenfalls als förderlich. Jedoch sind diese Segnungen nicht gerecht verteilt, und allzugern entziehen sich die entscheidenden Komponenten dem inbrünstigen subjektiven Wollen. Allgemein wird erwartet, dass das harmonische Zusammenwirken der erwähnten Gaben nach einiger Zeit zu interessanten, schönen, oder wichtigen Resultaten führt. Obwohl der materielle Lohn meist bescheiden ausfällt, so bleibt dem Wissenschaftler die Befriedigung seines Forscherdrangs, sowie die Hoffnung, Bleibendes zu schaffen, das sich mit seinem Namen verbindet.

Soweit zur reinen Lehre vom Erfolg haben in der Wissenschaft, nebst all den erfreulichen Inaussichtnahmen von Ehre, Anerkennung und unsterblichem Ruhm. Nun hat die Weisheit unserer klassischen Dichter schon ahnungsvoll bemerkt, dass die Regel von Lohn und Dank nach getreulich getaner Arbeit sich keiner universellen Bedeutung erfreut. Mit dem Glück kann es ohnehin hapern; an diesem Prinzip gibt es nicht viel zu entdecken. Jedenfalls passiert es, dass sich das Glück dem ehrlichen Schaffen spröde verweigert und sich lieber an Unart oder Faulheit verschenkt. Glücklicherweise ist das Glück des Tüchtigen nicht immer untätig, und so ist diese unliebsame Erscheinung wiederum ein wenig kompensiert. So oder so ist die Wissenschaft mit samt ihren angeblichen Wahrheiten in das tägliche Leben eingebettet, und in der modernen Kommunikationsgesellschaft ist mit echten Werten wenig getan, wenn man die Gunst des Publikums auch leichter erringen kann. Übertragen in die Sprache des Gourmets, mag man mit Analog-Käse oder Klebefleisch durchaus mehr verdienen als mit den echten Produkten. Was, um in diesem Bild zu bleiben, der Markt nicht hinlänglich regelt, kann bekanntlich auch durch Betrug erreicht werden, z. B. durch Aufkochen von Jahrzehnte altem Schimmelkäse oder leckere Neubereitung von Gammelfleisch, was vermutlich schon jeder einmal auf dem Tel-

B.-W. Schulze, *Erlebnisse an Grenzen – Grenzerlebnisse mit der Mathematik,* 213
DOI 10.1007/978-3-0348-0362-5_21, © Springer Basel 2013

ler hatte. Nicht nur die Kochkunst, auch andere klassische Disziplinen menschlicher Kultur wie der Sport, sind von immerwährendem Verdacht begleitet. Wenn wir hier in dieser Betrachtung in einem solchen Zusammenhang in die Welt der Wissenschaft eintauchen, so nicht um einen Einzelfall unangemessen herauszuheben, der ebensowenig Interesse verdient wie ein verfaulter Schuh aus einem trüben Teich, sondern um zu beobachten, dass auch dieser Hort von Genialität, Ethos und Aufopferung für akademische Ideale, befallen sein kann von parasitären Erscheinungen und geplantem und gelebtem Betrug.

Das Ärgernis kann beginnen mit einem Mangel an Talent, wenn er mit Eitelkeit einhergeht und mit dem Ehrgeiz in Konflikt gerät, mit brillianten Leistungen Aufmerksamkeit und Bewunderung zu erringen. Nun ist das Mittelmaß als solches kein schuldhaftes Vergehen, ebensowenig wie eine längere odere kürzere Nase, und Begabungen können ja auf ganz unterschiedlichen Gebieten liegen. Eine etwas ins Mystische entrückte Sicht der Dinge hat uns E. T. A. HOFFMANN in einem putzigen Märchen hinterlassen, das zwar nicht in allen Aspekten trifft, was zum Thema „Ausweg aus einer Situation der Benachteiligung" gesagt werden kann, aber in Hinsicht auf Inanspruchnahme fremden geistigen Eigentums von besonderer Klarheit ist. Es seien daher einige Gedanken hier zitiert, in meinen eigenen Worten und ein wenig abgewandelt.

Es begab sich, dass eine redliche Frau, bis dato nicht vom Glück verwöhnt, einem Jungen das Leben schenkte, der ihre ganze Hoffnung sein sollte. Jedoch wollte es das Unglück, dass der Sohn nicht nur missgestaltet, sondern auch mit den Gaben des Intellekts etwas kurz gekommen war. In ihrer Verzweiflung ging sie in den Wald, vertraute einer guten Fee ihren Kummer an und erflehte ihre Hilfe. Die Fee sah sich außerstande, etwas gegen die Gebrechen zu tun, aber dennoch hatte sie ein Geschenk, das all das Ungemach ins Gegenteil verkehren sollte. Sie belegte den Jungen mit einem Zauber, der ihn in den Augen der Welt als das vollkommenste Götterbildnis erscheinen ließ. Darüberhinaus enthob sie ihn der Notwendigkeit, irgendetwas bemerkenswertes im Leben leisten zu müssen; stattdessen sollte alles, was andere in seiner Umgebung erschufen, ihm allein als seine Leistung angerechnet werden. Und in der Tat, der Jüngling wuchs heran, und wo immer er sich befand und wo etwas der Kunstfertigkeit oder der Schöpferkraft eines Mitmenschen entsprang, wurden seine Taten gerühmt. Z. B. im Theater nach der Vorstellung wendete sich die Aufmerksamkeit des Publikums nicht den Künstlern zu, sondern ihm, seinerseits ein Zuschauer, und entbot ihm den Respekt mit stehendem Applaus, der eigentlich anderen gebührte.

Der Betrug im wissenschaftlichen Alltag allerdings ist etwas anders gelagert, auch wenn es vorkommt, dass der Übeltäter in zweckgebundener Blindheit und Unschuld an seinen faulen Zauber glaubt. Es ist ein wenig wie in Szenen, wo ein ulkiger Opa in seinen vier Wänden eine gewaltige Melodei, die im Radio ertönt, mitdirigiert und in ihr aufgeht und in solchen Momenten mit dem Glauben entschwebt, selbst der Schöpfer zu sein oder es ihm zumindest gleich tun zu können. So lange niemand zu Schaden kommt ist hier auch nichts zu tadeln. Übrigens taten die Mönche im Mittelalter wirklich Gutes, wenn sie Manuskripte kopierten; es ist allerdings nicht überliefert, dass einer von ihnen auf die Idee kam, die Bibel erfunden haben zu wollen. Im wissenschaftlichen Bereich liegen die Dinge nicht immer so klar, und Jünger der hohen Lehren, die als wandelnde Kopiermaschinen ihr Auskommen finden, sind manchmal schwer zu erkennen, zumal wenn große Bereiche moderner Errungenschaften oder Arbeiten aus langen Entwicklungsperioden der kongenialen Nachschöpfung zugeführt werden, wo nicht immer Spezialisten zur Stelle sind, die die Tragweite der Vorgänge beurteilen können.

An dieser Stelle der Erörterungen erlaube ich mir, nochmals zu erinnern, dass alles hier vorgetragene frei erfunden ist. Wer käme auch auf die Idee, dass in der reinsten und edelsten aller Wissenschaften andere Kräfte am Werke sind, als reinste und edelste Charaktere. Es wird aber durch bis in die Politik hereinragende Vorkommnisse geradezu erwartet, dass Forschungseinrichtungen ihre Ausnahmewissenschaftler haben. Da diese aber sehr selten sind, bleibt mir nichts anderes, als in dichterischer Freiheit dem verständlichen Wunsch des Publikums zu entsprechen und die mit ihnen verbundenen Erscheinungen nahezubringen. Ich bediene mich weiterhin er „ich"-Form, damit die Nähe zum Gegenstand erhalten bleibt.

In meiner Arbeitsgruppe durfte ich am gelebten Beispiel eine ganz eigentümliche Machart einer auf meisterhafte Verstellung und flächendeckende Kopiertätigkeit basierenden Karriere verfolgen, aufgeführt in sanften, weich gezeichneten Tönen, mit einem nimmer verlöschenden Lächeln der mitfühlenden Freundschaft und menschlichen Verbundenheit[111], das nur in flüchtigen Momenten nachlässiger Selbstkontrolle die Gier und den kaltherzigen Kalkül erkennen ließ, eingefügt in eine seltsame Groteske eingebildeter Begabung, mit Hochmut und Verachtung gegenüber dem minderbemittelten Rest des Personals. Der Leser wird bereits erkennen, dass es sich nur um eine spukhafte Erscheinung gehandelt haben kann, und sie sei mit dem Namenskürzel Napf belegt.

Begonnen hatte alles ganz harmlos, als ein Herr Napf um Mitarbeit in meiner Gruppe nachsuchte, und zwar aus einer Universität in einem großen fernen Land, wo die nähere Umgebung der Stadt die Größe von Frankreich hat, wo im Winter bei minus 50 Grad in den Außenbezirken der Stadt drollige Bären durch die Straßen hoppeln, wo Tomaten noch Tomaten und die Damenstrümpfe besonders dick und haltbar sind. Die Offenheit gegenüber Besuchern war bei uns völlig normal, und im gegenwärtigen Fall war auch toleriert, dass die mitgereiste Gattin, die dem Neuankömmling als eine Art Sekretärin und Faktotum zur Hand ging, mehr und mehr im Institut erschien. Diese Zeit liegt nun schon zurück, wo auch zahlreiche andere Besucher zu uns kamen, u. a. aus der wichtigsten und zentralsten mathematischen Einrichtung die es in dem fernen Land gab, sogar aus unterschiedlichen dort verfeindeten Lagern, einer davon Inde plus Gattin, aktiv in Index-Theorie und Deformationsquantisierung, und eine Gruppe um Nett in wechselnder Zusammensetzung, darunter Naki, Savn, Shtv, ebenfalls mit der Orientierung in Index-Theorie, die alle über viele Jahre in mit uns zusammenarbeiteten. Die Animositäten der Besucher untereinander waren nicht immer leicht zu handhaben, wenn sie sich in

---

[111] gegenüber jedermann, auch dem Hydranten auf der Straße.

gemeinsamen Seminaren in lautstarken Auseinandersetzungen entluden. Bei einer dieser Gelegenheiten, um die Leidenschaften wieder auf geistige Inhalte zu lenken, unterbrach ich das Seminar, um dann mit einer Flasche Armenischem Kognak wiederzukehren; und tatsächlich wechselten wir an diesem Tag dann in den Modus „Romantische Gastlichkeit". Eine solche Strategie konnte freilich nicht auf Dauer erfolgreich sein, denn die Probleme waren, wie mir erst später immer mehr bewusst wurde, nicht allein rein wissenschaftlicher Natur. Inde sowie Nett kannte ich schon seit Jahrzehnten. Inde hatte zu den Gutachtern der Dissertation eines meiner ersten Doktoranden am Karl-Weierstrass-Institut gehört; es ging um Inde-Formeln bei Randwertproblemen mit der Transmissionseigenschaft. Nett hatte ich einige Jahre später an der dortigen Staatlichen Universität getroffen; er hatte mir damals eine seiner Arbeiten über K-Theorie und den Index für elliptische Probleme vom Sobolev-Typ und Block Matrix-Operatoren gegeben, die eine gewisse Verwandschaft zu den Operatoren in Boutet de Monvel's Kalkül haben. Mit der Herkunftsuniversität des Neuankömmlings hatte ich vordem keine Beziehung; Napf war Schüler des Funktionentheoretikers Greb. Dieser war dann später auch mehrere Male bei uns zu Besuch und wie alle übrigen unserer Gäste mit ausnehmender Zuvorkommenheit behandelt worden.

Napf hatte sich speziell an Inde als angeschmiegsamer jüngerer Verehrer und Freund herangearbeitet; man verkehrte auch privat, und gelegentlich lud man sich gegenseitig nach Hause zum gemütlichen Abendessen ein. Zugegen waren in wechselnder Besetzung auch weitere Kollegen sowie internationale Besucher der Arbeitsgruppe, darunter auch ein Ehepaar aus Armenien Haru. Auch ich ward manches Mal geladen und fast wie eine Respektsperson behandelt; schließlich war ich der Gründer der Arbeitsgruppe, und ich wurde zu dieser Zeit auch noch für diverse Verrichtungen gebraucht. Ob ich als einziger in dieser Runde eine Sonderstellung einnahm, kann ich im nachhinein nicht mehr feststellen, jedoch gehörte ich zu denen, die für das angebotene Essen nichts zu bezahlen hatten; in dieser Hinsicht war ich völlig ahnungslos, und ich erfuhr erst viel später durch Haru von der praktischen Gepflogenheit, die Gäste nicht ganz ungerupft zu lassen. Jedoch gab es auch Gegeneinladungen, allerdings nicht in meine häusliche Umgebung. Die Aufführungen von Freundeskreis und herzlichem Einvernehmen wurden, wenn Inde mit seiner Frau zugegen war, noch bereichert durch einen musikalischen Teil. Inde hatte stets seine Gitarre dabei, und im phantasievollen Begleiten war er ein Meister. Seine Frau hatte eine schöne Stimme, und so schloss sich zu fortgeschrittener Stunde dann stets ein Hauskonzert an mit russischen und anderen Volksliedern, zum Mitsingen für alle. Es hatte für mich etwas anrührendes zu sehen, wie die Indes diese volkloristische Seite der Geselligkeit wirklich liebten, auch wenn ich selbst immer versuchte, in diesem Konzert möglichst unauffällig zu bleiben. Auch Napf mochte es nicht entgangen sein, dass die Gemeinsamkeit im Gesang für Inde eine Herzensangelegenheit war, und so kam es, dass er in Momenten des Gleichklangs der Seelen unauffällig zu Indes Füßen niedersank, mit diesem eine malerische Sitzgruppe bildete, in hingebungsvoller Geste aufschaute wie Maria Magdalena zum

Gekreuzigten, und Wehmut der Melodien und Tiefe der Empfindung zum Schwingen brachte.

Ich hatte als Arbeitsgruppenleiter, wie es Lessing vielleicht ausgedrückt hätte, die fromme Schwäche, den Mitarbeitern in der Gruppe kaum etwas abschlagen zu können, und speziell Napf, die Gattin inklusive, wurde buchstäblich auf Händen getragen, auch infolge meiner noch gegenwärtigen Erinnerung an mancherlei eigene existentielle Schwierigkeiten in der Vergangenheit. In diesem Fall wirkte eine Art Brutpflege-Verhalten, und es war dies auch erforderlich, denn Napf hätte in Deutschland schwerlich eine reguläre Professur bekommen. Zum Unglück stotterte er, wenn es darauf ankam, und die Vorträge waren verwaschen und konfus. Der begnadete Mime entwickelte aber, wie schon angedeutet, die geheime Kraft, vor Gott und Menschen angenehm zu machen[112]; man mochte ihm die diversen Gebrechen nachsehen und ihm sowie der Familie, die auf dem Mitleidstrip reiste, weitere Möglichkeiten einräumen. Ich glaubte, dass seine erhoffte Fähigkeit, die Arbeitgruppe solidarisch zu unterstützen, etwa bei unseren zahlreichen internationalen Tagungen, und seinerseits für andere da zu sein, wenn Hilfe nötig war, die sonstigen Benachteiligungen aufwiegen würden. Dazu kam der Eindruck intensiver Arbeit für die Wissenschaft, mit einem außerordentlichen Einsatz an Kraft und Zeit. Er hat sich wohl auch in das Vertrauen anderer Leute geschlichen, denn sein Freundeskreis in Potsdam wuchs zu atemberaubenden Zahlen auf, und trotz seiner Engherzigkeit anderen gegenüber kam es zu einem der runden Geburtstage zu einem richtigen Napf-Festival. Eine ältere Dame in seiner privaten Nachbarschaft muss die Intensität der Hinwendung ebenfalls mißverstanden haben, als es eines Tages hieß, die Napfs seien durch Erbschaft zu einem sehr ansehnlichen Haus in der Innenstadt von Potsdam gekommen.

Nun, um es kurz zu machen, nachdem ich ihm eine unbefristete Stelle in meiner Gruppe gegeben hatte und er auf meinen Antrag hin eine apl-Professur an der Universität Potsdam erhalten hatte, verfiel jegliches Interesse an den Belangen der Arbeitsgruppe, und die Kommunikation mit den Mitarbeitern wurde immer seltener. Dabei setzte sich ein anfangs übersehener, nun aber deutlich wahrnehmbarer und offenbar tief verwurzelter Dünkel immer mehr durch; für die Beteiligung an Arbeiten bei Tagungen war er sich zu fein, und am Ende erschien er nur noch zu seinen eigenen Vorträgen und denen von Inde. Seine Frau war in eine wissenschaftliche Hilfskraftstelle in meiner Gruppe eingesetzt, für einen sehr erheblichen Teil meines Jahresbudgets, wo sie an mehreren Tagen in der Woche stundenweise zu Verfügung stand, hauptsächlich für das Schreiben von Manuskripten, aber präsent genug für die Planung frischen Tuns. Um es dramaturgisch zu sagen, die Bühne war bereitet für die kommenden Höhepunkte, die Interessen und Möglichkeiten der handelnden Personen waren abgesteckt, und das Fiasko konnte sich entfalten.

Im Grunde genommen ist es eine Tragödie, wenn brennender Ehrgeiz in der Wissenschaft und größte Aufopferung und physische Anstrengung keine originellen Ideen hervorbringen. Ein solches Phänomen ist sicherlich nicht auf die Wissen-

---

[112] aus Lessing „Die Ringparabel“.

schaft beschränkt; in Biographien großer Komponisten wird mitunter erwähnt, dass andere Zeitgenossen, die ebenfalls mit unsterblichen Werken unsterblich werden wollten, in Ermangelung an Eingebungen das Klavier viele Stunden und Tage mit Tonfolgen traktierten, in der Hoffnung, einen zündenden Funken zu erhaschen. Die Muse küsst nicht jeden, und sie tut es auch nicht immer, und jedenfalls lässt sie sich nicht zwingen. Man kann natürlich auch Fehler in der Arbeit selbst machen, die sie zusätzlich verscheuchen. Beispielsweise ist es problematisch, sich ausschließlich mit fremden Ideen zuzudröhnen und die eigene Phantasie zu betäuben. Was soll man aber nun tun, wenn Anspruch und Wirklichkeit in unauflösbaren Konflikt geraten und man sich seinem Umfeld gegenüber erklären will. Man stibitzt ein bisschen woanders in der – anfangs bangen – Hoffnung, dass niemand etwas merkt. Für die Vertuschung gibt es unterschiedliche Möglichkeiten. Als erstes beweist man Geschmack, indem man in den kopierten Texten sämtliche Bezeichnungen ändert; schließlich muss mindestens hierin eine Verbesserung liegen. Man kann die Arbeiten auch in die Länge ziehen, Gedanken in kleinste Portionen zerhacken und diese wieder verquer zusammensetzen. Dies bietet sich immer dann besonders dann, wenn man ohnehin kein Gefühl für die Inhalte entwickelt hat. Überdies kann dieser Zugang durchaus einen Eindruck von Originalität erwecken. Wo das Verständnis völlig aussetzt, ist es auch hilfreich, dem bestohlenen Autor Fehler zu unterstellen, die man nun korrigiert. Dieser Trick ist in mathematischen Theorien von einiger Komplexität nahezu universell einsetzbar, denn Überlegungen, die auf einem Fundus an Standardmethoden beruhen, werden meist dem Leser anheimgestellt. Bekanntlich ist ein solcher Stil zwingend notwendig, es sei denn man strebt ganze Monografien über den betreffenden Gegenstand an. Die Musik kennt ein ähnliches Herangehen, wenn etwa die klassischen Komponisten dem Interpreten in ihren Stücken Kadenzen zum Ausfabulieren frei ließen. Der Komponist hat sich in diesem Zusammenhang vermutlich nicht vorgestellt, und so wird es auch kaum passiert sein, dass der Konsument die Kadenzen als seine eigenen Werke mit dem ursprünglichen Stück als Anhängsel vermarktete. Wenn man es dennoch tut, kann man übrigens auf diese Weise dieselbe Sache viele Male publizieren. Sobald man einmal mit dieser Methode Erfolge erzielt hat, ist das Verhängnis nicht mehr aufzuhalten. Man will ja schließlich nicht nur publizieren, sondern eine wirkliche Leuchte werden. Nachdem also ein Polster von Sekundärliteratur vorliegt, ist es bereits leichter, denn man kann dann auch die eigenen Werke zitieren aus einem reichlicher gewordenen Oeuvre.

Der entzückte einstige Lehrer und Mentor, dessen ganzer Stolz nun auf den Schultern von Riesen baut, darf in dieser Schaffensperiode möglichst nicht völlig ignoriert werden und sollte mindestens gelegentlich zitiert werden. Später kann er dann unauffällig und schonend entsorgt werden. Es ziert den Genius, auch wenn er sich bereits etwas vergibt, im richtigen Augenblick wohl gemessene Großmut zu üben.

In einer nächsten Phase ist schon etwas mehr Freiheit erlaubt. Wenn man findet, dass die Ideen oder Formulierungen anderer sich nicht mehr verbessern lassen, darf es auch schon mal eine wörtliche Kopie sein. Mit Quellenangaben muss man es ja nicht gleich übertreiben; schließlich gehört die Kultur der Allgemeinheit. Der wachsende Umfang der nachempfundenen Werke ist auch kein großes Problem; je länger die Arbeiten sind, umso geringer ist die Wahrscheinlichkeit, dass sie wirklich gelesen werden, ausgenommen eben von der Kopiergemeinde. Aber von dieser Seite kann mit Verständnis gerechnet werden. Umgekehrt, wenn die Länge den gesetzten Ansprüchen nicht ganz genügt, gibt auch die Option, die Arbeiten aus ganzen Zyklen bekannter Manuskripte als Buketts zu arrangieren; von einem erfahrenen Wissenschaftler wird ohnehin erwartet, dass er auch zu globalen Betrachtungsweisen kommt und unterschiedliche Ansätze in größerem Zusammenhang sieht. In jedem Fall wächst der Kopist mit einer solchen Karriere zu einem hochgebildeten Vertreter seiner Disziplin heran, wo natürlich die Studenten viel profitieren können, wenn ihnen jemand aus zweiter Hand vom Wissen der Zeit berichten kann.

Die höchste Form des Diebstahls einer Arbeit ist vermutlich relativ selten; sie ist dann erreicht, wenn man die ins Visier genommenen Vorlagen kaum noch lesen muss. Andernfalls bleibt dem Originalautor wenigstens die Bestätigung, dass sein Werk Anklang gefunden hat.Die Gattin war infolge ihrer Schreibtätigkeit für meine Arbeiten stets auf dem Laufenden, und die Tex-files befanden sich in ihrem Computer. So war diese ideale Form der schöpferischen Aneignung tatsächlich eingetreten, und es gab plötzlich eine meiner Arbeiten – zusammen mit Koautoren – zweimal, und zwar das Original, sowie ca. ein halbes Jahr später dieselbe Arbeit von Napf. Nachdem beide Artikel im Preprint-System unserer Arbeitsgruppe publiziert waren und auch in der Universitätbibliothek schon archiviert sowie international verteilt waren, bahnte sich hier ein Konflikt an, der durch Schweigen oder Aussitzen kaum zu beheben war. Letzteres lag nun allerdings auch nicht in der Absicht der Familie Napf, denn in einem lichten Moment kam es offenbar zu der Einsicht, dass, nachdem ein Höhepunkt in dieser Form einmal erreicht war, in der absehbaren öffentlichen Auseinandersetzung die Komödie „Sanftmut und Schönheit im Ausdruck leidender Ergebenheit" nicht mehr helfen konnte.

Nicht dass die Aufführungen an Perfektion verloren hätten, aber jetzt wurden die Darbietungen zunehmend in den Dienst der Diffamierung gestellt. Der persönliche Hass hatte ohnehin bereits ein Ziel gefunden; es wurde meinem Einfluss zugeschrieben, dass Napf bei der Neubesetzung der Geometrie-Professur im Institut für Mathematik keine Chance hatte, obwohl er sich für den weitaus geeignetsten Kandidaten hielt. Seine Bewerbungen an andere Universitäten in Deutschland waren offenbar ohne Erfolg geblieben, und so steigerte sich sein Empfinden, insgesamt ungerecht behandelt worden zu sein. Sprach er seit je kaum ein Wort mit den anderen Mitarbeitern der Gruppe – wer etwas wollte, hatte bei ihm zu erscheinen – kam auch ich nicht mehr häufig unter den Adressaten seiner Kommunikation vor, ausgenommen, wenn es um Finanzierungsforderungen ging. Allerdings eignete sich der diffuse Frust noch nicht als substantielles Argument, das im Falle einer offiziellen Plagiatsuntersuchung an der Universität für ihn hätte sprechen können. Was helfen sollte, war eine seitenlange Liste von Beschuldigungen gegen mich über alle möglichen Aspekte der Arbeit in der Forschungsgruppe. Diese wurde in Sitzungen des Familienrats hinter abgeschlossenen Bürotüren sorgfältig komponiert, um sie dann im richtigen Moment zu präsentieren. Die Frucht dieser Mühe hatte offenbar eine multivalente Funktion; mir wurde ganz unverblümt mit Angriffen auf einer mir damals unbekannten Ebene gedroht, wenn ich seiner für das folgende Jahr zusammengestellten Kostenaufstellung für bezahlte Dienstreisen nicht zustimme. Dieser Vorgang, nahezu zeitgleich mit der erneuten Publikation der gestohlenen Arbeit in einer internationalen Zeitschrift, war auch letztlich der direkte Auslöser, dass ich nach langem Zögern die Plagiatsaffäre als Beschwerde an die Kommission für Wissenschaftliches Fehlverhalten an der Universität einreichte. Später kam ich dann in den Besitz einer Kopie der besagten Liste, die zu Stilübungen des Fernsehens über „Nachbarschaftsstreit über den Gartenzaun" gepasst hätte.

Es fand dann in der Tat ein Verfahren statt; die Kommission stellte offiziell in einer Erklärung fest, dass hier ein Plagiat produziert worden war, und Napf erhielt die Auflage, die „plagiatsbehafteten" Teile der Arbeit überall dort, wo sie publiziert worden waren, in Gestalt eines offiziellen durch die Kommission vorgegebenen Textes zu widerrufen. Es verstand sich, dass die Manuskripte zuvor unabhängigen Gutachtern zur Prüfung vorgelegt worden waren. Wie ich später erfuhr, hatte Napf merkwürdigerweise noch während des Verfahrens mit einem der Gutachter Kontakt aufgenommen, während ich selbst nicht informiert war, wen man angesprochen hatte. In einem zweiten Verfahren, wo es um eine andere Arbeit ging und wo ein Kapitel meines Buches mit Räpl ausgeschlachtet worden war, hatte diese Methode mehr Erfolg, hier hatte ich aber selbst eine zuvor regulär begutachtete Gegendarstellung in der nämlichen Zeitschrift publiziert mit genauen Seitenangaben, woher die betreffenden Resultate stammten. Das Ende der Geschichte wurde nie erreicht; sie strebt asymptotisch der Einsicht zu, dass Diebstahl geistigen Eigentums zwar allgemein als Unrecht empfunden wird, nicht aber von demjenigen, der ihn beging. Zu den unterschiedlichen Begleiterscheinungen wie hartnäckiges Leugnen gehörten in diesem Fall auch Drohbriefe von Familienangehörigen, die sich offenbar nicht vorstellen konnten, ebenfalls belogen worden zu sein. Später gab es noch eine weitere imposante Plagiatsaffäre um einen Herrn Professor Dekl. Auch hier war aus fremden Werken nahezu wörtlich abgeschrieben worden, in diesem Fall ein ganzes Buch. Man konnte im Internet die erbosten Kommentare der Originalautoren finden, und es haben sich allenfalls andere für die Universität geschämt. Zu allem Überfluss wollte noch jemand erfahren haben, dass in dem Verfahren gegen Napf der ausgewogene Rat einer in langjähriger wissenschaftlicher Praxis gereiften Persönlichkeit aus dem Institut gesucht worden war und man hier gerade auf Dekl verfallen war. In der ganzen Geschichte gibt es nicht nur *eine* Moral, obwohl der Begriff selbst im Plural nicht vorgesehen ist. Im Bedarfsfall könnte man die guten Lehren durchnumerieren. Ein genereller Eindruck aus Misshelligkeiten dieser Art scheint zu sein, dass lahme Sanktionen eine Ermutigung zu neuen Taten in der Zukunft sind, und in der Tat hat sich seitdem eine Endlosschleife entwickelt, die nur deshalb nicht sehr auffällt, weil die Publikation bereits bekannter Ideen und Resultate eben letztlich niemanden interessiert.

Unter der Käseglocke

Der folgende kleine Ausflug in die Welt der Fabel ist keine Geschichte vom Mausen, sondern von Mäusen, die hier die Hauptpersonen sind. Ähnlich wie die Mathematik bestimmte Erscheinungen in geeigneten Koordinaten darstellt, ist es bequem, zu einer sogenannten Mausifizierung überzugehen. E. T. A. HOFFMANN hatte mit seinen „Lebensansichten des Katers Murr" in anderem Zusammenhang Bahnbrechendes geleistet. Der Ort der Handlung ist Mausheim, eine mittelgroße Stadt mit berühmter historischer Tradition, zwar nicht Partnerstadt von Entenhausen, aber eingebettet in eine Kulturlandschaft, mit Seen, Wäldern, Obstbau und anderer landwirtschaftlicher Produktion, wo die Mäuse ein glückliches zu Hause haben: „Hier bin ich Maus, hier darf ich sein!", wie es im Osterspaziergang für Mäuse zutreffend heißt. Es gibt sogar eine historische Mühle, wo noch Korn gemahlen wird, mit duftenden Mehlsäcken, die zu Exkursionen einladen. Eine der Zierden des Ortes ist eine Universität, vormals ein bemerkenswerter Ort der Lehrerbildung, aus einer Zeit, wo es hieß: „Mäuse aller Länder, vereinigt euch!" und wo nun viele derjenigen Fertigkeiten studiert werden können, die das Mäuseleben bereichern. Früher hatten ja hier die Parteikater das Sagen, was nicht immer ungefährlich war, und zu allem Überfluss gab es noch den bösen Wolf[113], der dort residierte, wo sich heute ein weiterer Campus der Universität befindet. Übrigens war dessen Vater ein Schriftsteller, der auch das anrührende Märchen von der „Weihnachtsgans Auguste" geschrieben hat. Ich vergaß zu erwähnen, dass ich nicht eine Maus schlechthin bin, sondern eine Universitätsmaus und sich unser „Institut für Erbsenzählen" auf dem Campus nahe eines wundervollen barocken Königsschlosses befindet. Der ehemalige Hausherr, der König, war sowohl musisch hoch gebildet, als auch den Wissenschaften, speziell der Erbsen- und Geld-Zählerei, sehr zugetan, und er hatte einige Jahrzehnte sogar eine berühmte Eule beschäftigt, die diese Kunst an seinem Hofe repräsentierte. Eulen sind im allgemeinen kein Umgang für Mäuse, aber diese näm-

---

[113] eine Art Ober-Geheimniskrämer, im Klartext MARKUS WOLF, einer der höchsten Geheimdienstspezialisten der ehemaligen DDR, der nach der Wende durch die Talkshows tingelte und den Eindruck eines überlegenen Gentlemen machte, der den Westen erfolgreich genasführt hatte.

B.-W. Schulze, *Erlebnisse an Grenzen – Grenzerlebnisse mit der Mathematik*, DOI 10.1007/978-3-0348-0362-5_22, © Springer Basel 2013

liche Eule gehört zur besten Tradition unseres Wissensgebietes. Es gibt in manchen Städten, wo hoch gelehrte Erbsenzähler wirkten, sogar Denkmäler, die an große Repräsentanten dieser Kultur erinnern, aber Mausheim hatte es weder vermocht, die berühmte Jahrtausend-Eule dauerhaft zu halten noch ihr ein Denkmal zu setzen. Ich hatte zusammen mit einem ehemaligen Kollegen[114] vor Jahren sogar dem Rektor der Universität die Idee vorgetragen, wenigstens dem Auditorium Maximum einen betreffenden Ehrennamen zu geben, aber wir haben uns damit wohl nur lächerlich gemacht. Immerhin gibt es eine sogenannte „Eulen-Vorlesung", die jährlich einmal stattfindet, und zwar im barocken Schlosstheater[115].

Das Erbsenzählen als Fachrichtung hat unterschiedliche Teildisziplinen, die alle notwendig sind für eine ausgewogene Ausbildung der Studenten und für ein interessantes Forschungsprofil. Dazu gehören die Analyse der Lebensmittelvorräte, die Geometrie der Löcher im Käse, die Topologie der Getreidespeicher, Statistik von Lagerkapazitäten, numerische Aspekte von Jäger-Beute-Analysen, Aufenthaltswahrscheinlichkeit von Katzen, Didaktik für elementare Erbsenerlebnisse, und vieles mehr. Zum erbsentheoretischen Hintergrund gehört auch die „Prinzessin auf der Erbse", die allerdings in Schloss Mausheim keine Rolle gespielt hatte. Hoch spekulativ ist weiterhin, ob der König in dieser Beziehung eine kleine Erbse hatte. Nahe des WOLF'schen Campus befindet sich weiterhin – neben anderen gelehrten Institutionen – ein Institut für „Relativen Käse", wo man u. a. auch der grundlegenden Frage nachgeht, ob die Welt aus winzigen quirligen Regenwürmern besteht[116] und man in jeden Quark seine Nase vergräbt. Der Ort selbst, ein wenig außerhalb von Mausheim, ist vor einigen Jahren zu Berühmtheit gekommen, als dort einmal außerplanmäßig ein ICE gehalten hat.

Was die Kater-Struktur in den Instituten anbelangt – ich gestehe, dass ich diese Bezeichnung aus naheliegenden Gründen nie gemocht habe – so gibt es neben einigen Stellen im sogenannten Mittelbau in Gestalt unbefristeter Mitarbeiter[117] und jüngeren befristet eingestellten Wissenschaftlern insbesondere die Professoren. Nach älterem Recht unterteilen sie sich in *C3*- und *C4*-Professoren, jetzt in neuerer Zeit mit fast ans Ende des Alphabets gerückten *W*-Kennzeichnungen versehen; *X*, *Y* oder *Z* schien irgendwie nicht opportun. Ein längeres Alphabet steht in Mausisch nicht zur Verfügung, sonst wäre eine Stelle zwischen dem 150. bis 200. Buchstaben auch eine Möglichkeit gewesen. Weiterhin hat sich alles um 1 auf der nach unten offenen *W*-Skala verschoben, d. h. es gibt jetzt *W2*- und *W3*-Professuren. Ich sollte auch die apl-Professoren erwähnen, weiterhin die Junior und Senior Professoren.

Es ist allgemein ein glückliches und beschauliches Leben im Institut für Erbsenzählen. Man gehört zu einem Fakultätsverbund mit einer Obermaus und einem

---

[114] der später leider an die Universität Mausthal-Kellerfeld gegangen ist.

[115] erfunden war diese Einrichtung allerdings viele Jahre zuvor vom Direktor der Maus-Akademie in Bärlinde.

[116] den Strings.

[117] die aber weitgehend ausgemistet werden sollen.

weisen Rat, der die Geschicke der Fakultät lenkt, und wo die einzelnen Institute
gar nicht mehr mitdenken müssen, obwohl sie es durchaus tun und auch dürfen.
Jeder knabbert still an seinen Vorräten, und ab und zu ist das Piepsen der Kleinen
zu hören. Es gab Zeiten, wo so wenig Studenten kamen, dass jeder von ihnen sich
einen Professor als persönlichen Mentor halten konnte. Es war sicher die Ausnahme, wenn einem Professor der Schlapphut über die Ohren gezogen wurde. Man
trägt ohnehin kaum noch Hut, in Mausheim schon gleich gar nicht, es sei denn es
kommt von auswärts königlicher Besuch zum Schloss, wo die Hüte dann zusammen
mit der übrigen Garderobe ihre Auftritte haben. Wenn es hin und wieder Aufregung
an der Universität Mausheim gibt, so bleibt sie lange in Erinnerung. Vor einigen
Jahren, als eine Hochschulreform einen Erdrutsch im Sandkasten ausgelöst hatte,
entdeckten plötzlich die Studenten, dass das Lernen eigentlich so seine Schattenseiten hat. Bis dato waren die angebotenen Lehranstrengungen so gratis wie der
Straßenbelag. Es drohten Änderungen, die eine Welle von Aufmüpfigkeit hervor-
riefen, die man den Studenten der Wohlstandsgesellschaft gar nicht mehr zugetraut
hätte. Daneben waren die Lehrinhalte selbst unzumutbar, genauer der Umfang, sowie die unangemessene Art des geprüft Werdens[118]. Dass sich Hochschule und
Ministerium bei den Studenten für irgendwelche Studienanforderungen entschul-
digt hätten, ist mir nicht zu Ohren gekommen, trotz monatelanger Besetzungen von
Räumen der Universität. Es ist in vielen Wissensgebieten, u. a. beim Erbsenzählen,
auch gar nicht schlimm, wenn man nur noch eine Micky-Maus-Ausbildung absolviert; Hauptsache, der Zahnarzt, bei dem man in Behandlung ist, weiß noch aus
seinem althergebrachten Studium, welche Zähne wo zu finden sind.

Die genannten Wissensgebiete, die unser Institut beherbergt, sind nur ein Abglanz des ganzen Reichtums an Inhalten, die dem Erbsenzählen insgesamt zuge-
rechnet werden; es ist ein wenig wie mit den vielen Spezialitäten, die wir Mäuse
als Leckerbissen empfinden und die wir aus unterschiedlichen Gründen nicht alle
haben. Dass sich Mäuse nur für Käse interessieren, ist ein Gerücht, das Kinderbuch-
autoren aufgebracht haben. In Wirklichkeit sind wir aufgeschlossen, kreativ, vielseitig und flexibel im Erkunden der Genüsse dieser Welt, seien es nun knuspriges
Gebäck, Süßigkeiten feinster Sorten, Nüsse, saftig gebratenes Hühnchen, Bio-Obst,
und, wenn es sein muss, auch ganz gewöhnliche Körner. Auf jeden Fall liegt es auf
der Hand, dass man es nur zur Supermaus bringen kann, wenn alles notwendige
vorhanden ist, am besten vereint in einem Silicon-Valley der ultimaten Genüsse.
… Upps! ich bitte um Vergebung, dass ich mich habe hinreißen lassen, ich meine natürlich das aufgeschlossene, kreative, vielseitige und flexible Handeln in der
Verfolgung neuer Forschungsziele, die auch die Inhalte der Ausbildung mitbestim-
men, wo bereits die Studenten fühlen, dass die Wissenschaft lebt und sie teilhaben
können am Besten, was eine Maus der modernen Zeit zuwege bringen kann.

Was also liegt näher, statt das Menü mehr und mehr auf die Löcher im Käse zu
reduzieren, das wenige, das man hat, zumindest zu erhalten und zu stabilisieren, um

---

[118] angeblich gab es früher hohe Professoren, die jubelten „Im Prüfen bin ich Wüterich"; heutzutage, als Maus und Professor lehnt man Übergriffe strikt ab.

nicht Generationen warten zu müssen, bis die Wüste wieder lebt? Wir Mäuse, die wir ganz nahe dran sind, sollten es am besten wissen, was passiert, wenn Wurzeln einmal herausgerissen wurden. Selbst der Magerkäse ist dann in Gefahr, und es verliert sich die Erinnerung, worin das Ziel einer Umkehr bestehen könnte. Jedoch auch die Beschränkung kann ein Quell für neues Glück bedeuten; man fühlt nur den Verzicht, um den man weiß. Sobald die Käseglocke sich geschlossen hat, ist der Frieden wieder hergestellt, und es stört nicht jedes Piepsen das von draußen kommt. Glücklicherweise hat dies alles nichts direkt mit Mausheim zu tun, es ist nur der Mausefallenhorror, der mich manchmal bis in die Träume verfolgt, obwohl er eigentlich ganz unbegründet ist und ich als Maus ohnehin nicht alles verstehe.

Optimistische Elogen

Wie eingangs erwähnt, ist das Universalwerk alles irdischen Wissens in Gestalt einer Menge endlicher Symbolfolgen von vorgeschriebener nicht zu klein bemessener Länge, ein elementares Beispiel einer mathematischen Konstruktion. Jedoch ist die Mathematik ihrerseits, mit all ihren schriftlich niederlegbaren Theorien und Strukturen, selbst darin enthalten, einschließlich alle Aussagen oder Hypothesen, die falsch sind. Bedenkt man nun, dass womöglich die wichtigsten Errungenschaften der Mathematik in der physikalischen Realität überhaupt nicht vorkommen, z. B. das Kontinuum der reellen Zahlen, der imaginären schon gleich gar nicht, und dass die Mathematik uns darüberhinaus den Trost verweigert, zu wissen, worin „Wahrheit" eigentlich besteht, so mag uns die rationalste aller Wissenschaften vorkommen, wie eine rätselhafte sinnenverwirrende Weite aus Treibsand, wo uns zwischen den Fingern zerrinnt, was wir sicher zu besitzen glauben.

Vor Jahrhunderten erschien der Kosmos dem fühlenden Dichter deterministischen Glaubens noch berechenbar: „In der Mathematik ist der Plan für das Sein und Werden des Weltalls von aller Ewigkeit bis in alle Ewigkeit im Voraus beschlossen"[119]. Auch wenn es dem Selbstwertgefühl und der eigenen Entscheidungsfreiheit Abbruch tat, man war überzeugt, dass die Welt, ausgehend von ihrem einmal erreichten Zustand und infolge der ihr auferlegten Naturgesetze eindeutig determiniert ist und nach einem Programm abläuft wie eine aufgezogene Spieldose. Dennoch, so herrlich weit man auch gekommen war, glaubte man späterhin plötzlich an Zufälligkeiten, gerade so, als könnten dieselben Voraussetzungen unterschiedliche Folgerungen haben, diese eben dem Zufall überlassen bleiben. Oder aber, man betrachtet die ganze Bandbreite an prinzipiell möglichen Folgerungen als eine einzige Konsequenz der bestehenden Voraussetzungen. Dies wäre dann etwas für Philosophen, die erlauben oder verbieten müssten, dass ein Resultat zugleich mit seinem Gegenteil aus demselben Komplex von Gegebenheiten folgen kann. Die Situation ist nicht zu verwechseln mit dem Fußball, wo es solche Dinge durchaus geben kann, denn dann treten unterschiedlich betuchte Wettgemeinschaften als ver-

---

[119] JOHANNES TRALOW in „Kepler und der Kaiser", erschienen 1961, ISBN 3373005043.

B.-W. Schulze, *Erlebnisse an Grenzen – Grenzerlebnisse mit der Mathematik*,
DOI 10.1007/978-3-0348-0362-5_23, © Springer Basel 2013

borgene Parameter auf. Zu allem Überfluss verdunkelte sich noch das klare Bild deterministischer Abläufe durch die Erfahrung, dass diese unerwartet ins Chaos münden können. Das Chaos wiederum scheint aus sich selbst heraus geheimnisvolle Botschaften zu entwickeln, mit immer wiederkehrenden fraktal blühenden Landschaften, in denen sich die Sehnsucht verliert. Schließlich hat es sich als eine absurde Hoffnung erwiesen, alles könne im Prinzip erforscht und erkannt werden, nicht allein deshalb, weil man nicht weiß, wovon beim „alles" die Rede ist, sondern infolge des Verlusts von Information, der die Spuren aller Abläufe nach einiger Zeit letztlich auslöscht[120]. Es ist übrigens völlig evident, dass die Menschen ein universales Wissen, selbst wenn es sich von selbst anböte, überhaupt nicht konsumieren könnten[121]. Auch kann man sich durchaus fragen, ob die Menschheit alles wissen sollte. Aber es ist natürlich ein wenig wie mit der Malerei. Trotzdem es schon so viele Bilder gibt, die Gemälde-Kilometer des Louvre sind ein eindrucksvolles Beispiel, wird unverdrossen weiter gepinselt, und so ist es auch mit der Forschung, die immer neue Fragen stellt und mit jeder Antwort Kaskaden neuer Fragen produziert. Mit anderen Worten, wenn man die etwas jenseitige Befindlichkeitskiste nicht so bitter ernst nimmt, lässt sich's trefflich weiterforschen, und schließlich geht es ja um die Effekte, die das Leben bereichern, wie uns die angewandten Wissenschaften ohnehin die ganze Zeit geduldig erklären. Natürlich ist mindestens einzuwenden, dass Erkenntnisse als solche das Leben ebenfalls bereichern, sonst würden wir uns ja nicht so sehr von der Raupe unterscheiden, die sich unverdrossen mit ihrer Blättermahlzeit befasst. Der Vollständigkeit halber sei noch kurz daran erinnert, dass uns die mathematische Logik durch einen fundamentalen Satz von Goedel belehrt hat, dass es, unabhängig vom Forschungsgegenstand, allein aus der Struktur des logischen Denkens heraus, stets Aussagen gibt, deren Richtigkeit wir nicht entscheiden können, etwas volkstümlich ausgedrückt. Noch merkwürdiger wird es, wenn einfach klingende und weithin im Gebrauch befindliche Aussagen ihr eigenes Gegenteil behaupten. Der Satz „Keine Regel ohne Ausnahme" ist ein derartiges Beispiel; denn der Satz ist seinerseits eine Regel, die es erlaubt, Regeln zu beurteilen. Er besagt also die Existenz von Ausnahmen dieser Regel; diese wären dann Regeln ohne Ausnahmen. Wenn aber eine Regel ohne Ausnahmen exisitiert, so widerspricht dies der Aussage des obigen Satzes, wonach es solche Regeln nicht geben kann. Bereits der Kurfürst Friedrich Wilhelm von Brandenburg hat in weiser Einschätzung der Verführung, die im naiven Volksglauben vom gesunden Menschenverstand liegt, mahnend erklärt: „Es ist dem Untertanen untersagt, den Maßstab seiner beschränkten Einsicht auf die Handlungen der Obrigkeit anzuwenden". Wenn wir die unabhängig vom Betrachter bestehenden Gesetzmäßigkeiten als die Obrigkeit anerkennen, und uns, eine Folgerung und Spezialfall, als die Un-

---

[120] Würde beispielsweise die Erde im Gluthauch einer explodierenden Sonne ins All geblasen, wäre im Nachhinein schwerlich feststellbar, was auf Seite 51 meines dritten Buches dargestellt ist, bzw. ob es dieses Buch je gab.

[121] das obige Universalwerk in Papierform würde den Umfang des bekannten Universums sprengen.

tertanen, so ziert es den gebildeten Laien ein wenig Bescheidenheit zu üben und einzuräumen, alles könne sich durchaus auch anders verhalten, als es sich durch unsere schwache Urteilskraft vermittelt.

Ich bitte um Nachsicht, wenn sich die Lobpreisung des Optimismus noch nicht recht entfaltet hat, ich kommen aber auf diesen heiklen Punkt zurück. Zunächst erlaube ich mir einige weitere Bemerkungen über den allgemeinen kulturellen Wert der Mathematik, die uns eine Insel von mentaler Stabilität sein kann, und, wenn man es mit Hinterfragungen nicht auf die Spitze treibt, Vertrauen geben kann in ihre Kraft der geistigen Durchdringung unserer Existenz. Meinen Studenten der Anfangssemester habe ich gelegentlich erklärt, dass man sich, soweit man auch gekommen zu sein glaubt, fühlen sollte, wie ein Besucher im Eingangsbereich eines riesigen Turms, den es Stockwerk um Stockwerk zu erklimmen gilt. Jedoch verschwieg ich, dass ich mir selbst noch wie beim Fließen Schrubben im Keller vorkam, wo das trübe Licht des Sousterrains kaum wirklichen Ausblick bietet. So etwas verrate ich auch jetzt nicht wirklich, und es stimmt ja auch gar nicht in dieser Form, denn die Eintagsfliege – nach allgemeiner Vorstellung von Eintagsfliegen – so klein sie auch ist, sieht ja, dass die Sonne irgendwo ist. Damit sind wir mit dem Optimismus bereits ein wenig vorangekommen; jedoch muss das Tal zunächst durchschritten werden, bevor erkennbar wird, was dennoch zu hoffen ist in Richtung der Werte, nach denen wir unser Streben messen. Gelegentlich wird behauptet, dass Reflexionen dieser Art ein ewiges Kreisen in immer gleichen Bahnen sind, ob es Glaubensbekenntnisse sind oder philosophische oder gesellschaftspolitische Konzepte, und alles sei schon tausendfach gedacht. Man könnte sich dann fragen, wo eigentlich die neuen Ideen und der Fortschritt entstehen, wenn jeder nur in der ihm bemessenen Lebensspanne seinen Text hersagt, dabei naturgemäß nicht weit kommt, bevor der nächste seinen Auftritt hat, wieder beginnend mit dem kleinen Einmaleins, wo es noch glücklich läuft, wenn die Entwicklung nicht insgesamt eine Rutschpartie nach unten ist. Wir wollen dies als kleine Denksportaufgabe dem Leser überlassen. Kürzlich in einem Seminar das ich besuchte, ging es dem von seinem Anliegen tief durchdrungenen Vortragenden darum, dass die Mathematik eigentlich überhaupt nicht wisse, ob zwei plus zwei gleich vier sei. Einige Zeit später sprach ich einen der jüngeren Teilnehmer an, der nach meinem Eindruck an philosophischen Problemen der Mathematik arbeitete und ermutigte ihn, mich zu einem lockeren Gespräch zu besuchen; er werde sehen, ob er für mich Zeit finde.

Nachdem nun mit Universen gespielt worden ist wie mit Tennisbällen, und nachdem erinnert wurde, dass mit einigem Nachdenken vieles erreicht werden kann, einschließlich die Einbildung vermeintlicher Einblicke, wären jetzt eigentlich Antworten fällig über letzte Weltweisheiten von Faustischer Größe. Hier freilich muss die Kunst des sprachlichen Ausdrucks versagen, es sei denn wir führen uns wieder zurück auf das Studierstübchen in stiller Klausur, in der Einsicht, dass gerade hier die neuen Universen geboren werden, genauer, ihre Abbilder in unserer Vorstellung, die manchmal sogar so fulminant sind, dass ihre Auswirkungen im praktischen Leben außer Kontrolle geraten. Es ist ein wenig wie in SCHILLERS[122] Gedicht über den Pilgrim, der nach weiter Wanderung und langer Suche heimkehrt und einsieht, dass er eigentlich nur die Augen hätte aufsperren müssen, um das Offensichtliche zu erkennen. Wir haben in dieser kleinen Betrachtung versucht zu erklären, dass letzteres gerade nicht zu den dominierenden Segnungen gehört. Dass es sie dennoch gibt und stets gegeben hat, scheinen bereits flüchtige Bestandsaufnahmen in historischem Kontext zu belegen. Es ist danach auch weiterhin geraten, dem Aufkeimen neuer Ideen nicht mit der Dampfwalze zu begegnen und denjenigen die Luft zum Atmen zu lassen, die ungewöhnliche Wege gehen. Was nun den Optimismus anbelangt, so spricht auch in Zukunft einiges dafür, dass Refugien natürlicher Schöpfung jenseits der erdrückenden Spur von Großgeräten stets erhalten bleiben und von da aus für neues Leben sorgen.

---

[122] F. SCHILLER, 1759–1805.

CV-bezogene mathematische Betrachtungen

Der folgende Abschnitt hat den Charakter eines Anhangs und richtet sich vornehmlich an den mathematisch vorgebildeten Leser. Da es hauptsächlich um mathematische Inhalte geht, werden hier die beteiligten Mathematiker, auf die explizit Bezug genommen wird, in einer für einen solchen Kontext üblichen Weise benannt. Aus Gründen des Umfangs wurde aber eine enge Auswahl getroffen. Weitere Referenzen über das reichhaltige Werk der genannten Autoren sind in den hier zitierten Publikationen zu finden.

Meine erste Bekanntschaft mit eigenständiger Forschungsarbeit machte ich in Berlin am Institut für Reine Mathematik der Deutschen Akademie der Wissenschaften in Berlin, dem späteren Karl-Weierstrass-Institut für Mathematik an der Akademie der Wissenschaften der DDR. Eines der Resultate meiner Dissertation bestand, anknüpfend an Vorstellungen aus [3], aus einer Charakterisierung von Mengen der Kapazität Null, assoziiert mit stetigen Potentialen einer Fundamentallösung der Wellengleichung in zwei Dimensionen. Gleichzeitig konstruierte ich auf eine neue explizite Weise Lösungen des Dirichlet-Problems für die Wellengleichung in speziellen Gebieten, vgl. [50], [51], [53]. Das Dirichlet-Problem im hyperbolischen Fall ist bekanntlich nicht korrekt gestellt und aus dieser Sicht von einer besonderen Spezifik, während es im elliptischen Fall zu den Standard Randwertproblemen gehört. Gegenüber anderen seit langem etablierten Konzepten für elliptische sowie parabolische Differentialgleichungen zweiter Ordnung, geprägt u. a. durch einen axiomatischen Zugang von M. Brelot, H. Bauer, strebte die Forschungsgruppe von G. Anger, in der ich mich befand, eine Potentialtheorie an, die auch elliptische Randwertprobleme für Operatoren beliebiger Ordnung erfasste. Dieser Aufbau sollte sich, da z. B. das Maximum-Prinzip für Lösungen in einem solchen Fall nicht zutrifft, auf die Potentiale einer Fundamentallösung des jeweiligen Operators beziehen, sowie auf a priori Abschätzungen der Lösungen des Dirichlet-Problems in Normen gleichmäßiger Konvergenz, alles unter der Voraussetzung, dass das Dirichlet-Problem für den jeweiligen Operator zu einer eindeutigen Lösung in dem betrachteten Gebiet führt. Interessant wären hier insbesondere Gebiete mit irregulärem Rand gewesen

B.-W. Schulze, *Erlebnisse an Grenzen – Grenzerlebnisse mit der Mathematik*,
DOI 10.1007/978-3-0348-0362-5_24, © Springer Basel 2013

und in diesem Zusammenhang Analogien eines bekannten Kriteriums von N. Wiener über irreguläre Randpunkte durch geeignete Kapazitätsbegriffe.

Die Analysis elliptischer Operatoren, nicht nur unter dem Aspekt der Potentialtheorie, hat sich immer wieder in der Geschichte der Mathematik als äußerst fruchtbar erwiesen, und es ist bis zum heutigen Tag erstaunlich, welche Vielfalt an eigenständigen Forschungsgebieten die Analyse des Laplace-Operators hervorgebracht bzw. stimuliert hat, sei es über die Spezifik von Randwert-Problemen, Dirichletsches Prinzip, eindeutige Fortsetzbarkeit von harmonischen Funktionen, sub- und superharmonischen Funktionen, Halbordnungen und Extremalprinzipien, das Verständnis der Braunschen Bewegung, die Rolle von harmonischen Maßen und des Balayage-Prinzips, Zusammenhänge zu inversen Problemen der Geophysik, eine alternative Definition von Hyperfunktionen, Approximationseigenschaften beliebiger Distributionen auf Hyperflächen durch Lösungen elliptischer Gleichungen im Umgebungsraum, sowie die komplexe Analysis, die Funktionalanalysis, die Maßtheorie, die Wahrscheinlichkeitstheorie, die Spektraltheorie und die Geometrie. Hinzu kommen in dieser groben Bestandsaufnahme die Randwert-Theorie, nicht nur bei erfüllter Shapiro-Lopatinskij Bedingung, sondern auch bei entarteten Bedingungen, etwa dem Problem mit schiefer Ableitung, wo durch Randreduktion ganz neuartige Prototypen von Operatoren entstehen, und vieles mehr. Weiterhin nehmen elliptische Operatoren, speziell auch der Laplace Operator, an der Formulierung anderer wichtiger Operatorklassen teil sowie ihrer Lösbarkeitsstrategien, und sie stehen auch in engem Zusammenhang mit der Charakterisierung von Sobolev-Distributionen. Bemerkenswert ist vor allem, dass neue aktive Forschungsrichtungen der singulären und geometrischen Analsis ihren Ursprung in bestimmten gemischten Randwertproblemen für den Laplace-Operator haben, z. B. das Zaremba Problem, wo es bei singulären „Interfaces“ noch wesentliche Strukturen zu entdecken gibt.

Für die Verallgemeinerungen des Balayage-Prinzips auf das Dirichlet Problem beim Bipotentialoperator hatte G. Wildenhain schöne Ergebnisse erzielt, vgl. [84], [85]. Später wurden diese zusammen mit weiteren seiner Resultate in eine gemeinsame Monografie [78] über allgemeinere elliptische Gleichungen beliebiger Ordnung einbezogen. Insbesondere wurde den notwendigen a priori Abschätzungen in Normen gleichmäßiger Konvergenz ein separater Abschnitt gewidmet, vgl. auch [52]. Solche Abschätzungen sind äußerst schwierig zu beweisen, sogar in glatten Gebieten und jedenfalls schwer ohne Anleihen aus der allgemeinen Randwert-Theorie zu haben, vgl. [1], [2]. Der nichtglatte Fall, der sich auf Whitney-Taylor-Felder beziehen müsste und zu denen G. Wildenhain sehr sorgfältig recherchiert hatte, scheint im allgemeinen nach wie vor völlig offen zu sein. Das Buch enthält neben vielen anderen Details über notwendige Strukturen einer Potentialtheorie im besagten Sinn auch eine Übersicht zu einem inversen Problem der Geophysik, das darin besteht, die Menge aller Massenverteilungen in einem Körper zu charakterisieren, die im Außenraum das gleiche Newtonsche Potential (d. h. Gravitationspotential) haben. Aus der Sicht der Potentialtheorie ist es eine triviale Beobachtung, dass diese Menge aus allen denjenigen Maßen im Gebiet besteht, die unter dem

Balayage-Operator, der Maße im Gebiet auf Maße auf der Berandung abbildet, das gleiche Bild haben. Insbesondere besitzen all diese Massenverteilungen denselben Schwerpunkt und dieselben „höheren Momente". Die Anregung, den Folgerungen aus dieser Beobachtung auf den Grund zu gehen, ging in dieser Forschungsgruppe von G. Anger aus. Konkrete Antworten über Lösungen dieses „inkorrekt" gestellten Problems sind in der Geophysik nach wie vor von großem Interesse. Ich selbst hatte ebenfalls einige Artikel in diesem Kontext publiziert, vgl. [54], [55], [56]. Der Forschungsgegenstand selbst ist bis zum heutigen Tag aktuell. Man befasst sich u. a. mit der Konstruktion spezifischer Lösungen, und es ist z. B. interessant, zu Lösungen zu kommen, die in einem – nicht leicht zu definierendem Sinne – am engsten um den all diesen Verteilungen gemeinsamen Massenschwerpunkt gelagert sind. Schließlich geht es in dem Buch auch um die Approximation von Distributionen durch Lösungen elliptischer Gleichungen. Untersuchungen in dieser Richtung sind später durch G. Wildenhain und Koautoren systematisch weiterentwickelt worden, vgl. [86].

In den folgenden Jahren konzentrierte ich mich auf den pseudo-differentiellen Kalkül von Randwertproblemen, speziell unter dem Aspekt von Operator-Algebren, Parametrizes elliptischer Randwertprobleme und die Index-Theorie. Bekanntlich kann man die klassischen Pseudo-Differentialoperatoren auf einer offenen Mannigfaltigkeit durch die Frage motivieren, eine Operatoralgebra zu organisieren, die neben allen elliptischen Differentialoperatoren auch die Parametrizes elliptischer Elemente enthält. Die Elliptizität ist durch das Nichtverschwinden des homogenen Hauptsymbols als Funktion auf dem Kotangentialbündel minus Nullschnitt definiert. Die Beobachtung der Fredholmeigenschaft elliptischer Operatoren auf geschlossenen Mannigfaltigkeiten als Operatoren zwischen Sobolev-Räumen, sowie die Tatsache, dass der Index nur von der stabilen Homotopieklasse des homogenen Hauptsymbols abhängt, war ein Ausgangspunkt für die Index-Theorie, die sowohl Mathematiker in der damaligen Sowjetunion als auch westlicher Länder zu dem Problem geführt hatten, den Index allein auf der Basis solcher stabiler Homotopieklassen auszudrücken, und zwar in rein topologischen Termen. Diese Frage ist auch unter der Bezeichnung „Gelfand-Programm" bekannt geworden, vgl. [23].

Ähnlich zur mikrolokalen Analysis, wo man durch einen Symbolkalkül innerhalb weitläufiger Symbolklassen [31], [28], [29], alle Operatoren gemeinsamer Bauart zur gleichen Zeit ins Visier nimmt und nicht nur entsprechende Lösbarkeitsaussagen allgemein ausspricht, sondern auch zu den „tatsächlichen" Gründen kommt, weshalb diese zutreffen, hat man durch die stabile Homotopie-Klassifikation elliptischer Hauptsymbole in der Index-Theorie einen Standpunkt entwickelt, der für alle elliptischen Operatoren gleichermaßen gültig ist. Insbesondere konnte man durch (stabile) Homotopien zu besonders einfachen Repräsentanten elliptischer Operatoren mit dem gegebenen Index kommen, vgl. [7]. Hier spielen gewisse „universelle" elliptische Symbole, die einer Einbettung der betrachteten Mannigfaltigkeit in den $\mathbb{R}^n$ (oder in S^n, eine n-dimensioneale Sphäre) entsprechen, eine besondere Rolle. Es gelingt dann nach dem Vorgehen in dem K-theoretischen Beweis des Atiyah-Singer Index-Theorems letztlich die Rückführung auf den Index elliptischer Operatoren auf Sphären. Hier wiederum kann dann durch Anwendung des Periodizitätssatzes von Bott und die Kenntnis der K-Gruppen auf Sphären der analytische Fredholm-Index mit einem topologisch erzeugten Index identifiziert werden. Es ist nicht beabsichtigt und in diesem Rahmen auch nicht möglich, die unterschiedlichen Beweisideen für das Index-Theorem zu beleuchten. Hierzu sei noch auf die Darstellungen [10] und [11] verwiesen. Mein eigenes Interesse konzentrierte sich in den nachfolgenden Jahren auf die Index-Theorie für elliptische Randwert-Probleme. Zunächst hatte Boutet de Monvel in [12], aufbauend auf [7], Teil I, den Fall einer Operator-Algebra von Randwert-Problemen mit der Transmissionseigenschaft am Rande betrachtet. Es handelt sich hier um eine Algebra aus 2×2 Block-Matrizen, wo in der linken oberen Ecke der betrachtete elliptische Operator selbst steht, definiert auf einer Mannigfaltigkeit mit glattem Rand, nebst sogenannten Greenschen Operatoren, die unter algebraischen Operationen und Parametrix-Konstruktionen hinzukommen, während die linken unteren Ecken der Matrix die Randbedingungen repräsentieren, z. B. Dirichlet- oder Neumann-Bedingungen, die rechten oberen Ecken sogenannte Potentialbedingungen, z. B. vom Typ eines Doppelschicht-Potentials, während die rechten unteren Ecken Pseudo-Differentialoperatoren auf der Berandung darstellen. Es ist in diesem Zusammenhang sinnvoll, die Operatoren als Abbildungen zwischen distributionentheoretischen Schnitten in komplexen Vektorbündeln zu behandeln. Die Transmissionseigenschaft stellt eine erhebliche Einschränkung an die betrachteten Operatoren dar. Genauer gesagt, sie ist „fast niemals" erfüllt, auch wenn sie im Fall von Differentialoperatoren zutrifft, aber Operatoren mit allgemeineinen Symbolen treten in unterschiedlichsten Anwendungen auf. Boutet de Monvel [12] hatte in seiner Algebra ein Analogon des Atiyah-Singer Index-Theorems bewiesen und dabei wesentlich verwendet, dass Randwert-Probleme durch ein Paar von Hauptsymbolen beschrieben werden, das „herkömmliche" innere Symbol sowie das Randsymbol. Letzteres ist operator-wertig; es nimmt in diesem Fall seine Werte in 2×2 Block-Matrix Operatoren an, hier auf der Halbachse, der inneren Normalen zur Berandung. Während die Elliptizität im unberandeten Fall als die Bijektivität des inneren Symbols definiert ist, bedeutet Elliptizität im berandeten Fall die Bijektivität beider Symbol-Komponenten. Bezogen auf die zweite Komponente spricht man auch von der Shapiro-Lopatinskii Bedingung. Boutet de Monvels Kalkül beantwortet die eingangs formulierte Frage zur Erzeugung einer Algebra mit den Parametrizes elliptischer Elemente, hier im Fall einer Mannigfaltigkeit mit glattem Rand. Auf K-theoretischem Niveau entspricht die Parametrix dem Inversen desjenigen Elements in der K-Gruppe, das zum ursprünglichen Operator gehört, und diese Elemente hängen nur von den jeweiligen Hauptsymbolen ab, genauer, von ihren stabilen Homotopie-Klassen. Die Komposition von Operatoren entspricht der Addition der betreffenden Elemente in der K-Gruppe. Trotz des noch immer relativ einfachen Kontexts einer Mannigfaltigkeit mit Rand verbergen sich in der entsprechenden Randwert-Theorie eine Reihe unerwarteter Schwierigkeiten. Diese hatten mich zusammen mit Rempel veranlasst, die Monografie [42] zu schreiben, die Boutet de Monvels Kalkül zusammen mit dem Index-Theorem ausführlich darstellt. Etwas später erschien dann die Monografie von G. Grubb [24], die sich mit weitergehenden Aspekten der pseudo-differentiellen Randwert-Theorie mit der Transmissionseigenschaft befasste, insbesondere mit dem Funktionalkalkül. Von besonderer Wichtigkeit für das grundsätzliche Verständnis pseudo-differentieller Randwert-Probleme war die Theorie von Vishik and Eskin [81], [82], zu der es auch die Monografie von Eskin [17] gibt, wo es in der Hauptsache um Randwert-Probleme ohne die Transmissionseigenschaft geht, aber auch die Teilklasse mit der Transmissionseigenschaft behandelt wird. Diese Theorie nimmt starken Bezug auf die klassische Wiener-Hopf Methode. Sie erzeugt für große Klassen von Gleichungen explizite Lösungen, und über die Faktorisierungsindizes macht sie auch Aussagen über die Asymptotik von Lösungen. Diese Methode fand in den folgenden Jahren weite Verbreitung zur Behandlung gemischter Randwert-Probleme.

Nach der Erfahrung, dass in der Index-Theorie es im wesentlichen die Symbole „getwisteter" Dirac-Operatoren sind, deren stabile Homotopie-Klassen die K-Gruppe auf dem Kotangentialbündel der betrachteten glatten Mannigfaltigkeit erzeugen und auf der der topologische Index-Homomorphismus wirkt, hat man sich in der weiteren Entwicklung stark auf derartige Operatoren konzentriert, namentlich auch im Fall von kompakten Mannigfaltigkeiten mit Rand, vgl. die Arbeiten [8] von Atiyah, Patodi, and Singer, sowie die Artikel vieler anderer Autoren. Dirac-Operatoren sowie andere wichtige geometrische Differentialoperatoren lassen keine Shapiro-Lopatinkii elliptische Randbedingungen zu und sind aus dieser Sicht nicht durch das Index-Theorem von Boutet de Monvel erfasst. Für Differentialoperatoren hatten Atiyah und Bott in [6] bereits festgestellt, dass solche Randbedingungen exakt dann gestellt werden können, wenn ein mit dem homogenen Hauptsymbol, eingeschränkt auf den Rand, assoziiertes Element in der K-Gruppe des Einheitskospärenbündels des Randes die Liftung eines Elements der K-Gruppe der Berandung ist, bezüglich der kananonischen Projektion des Sphärenbündels auf den Rand. Boutet de Monvel hatte dann dieses Kriterium auch für Pseudo-Differentialoperatoren mit der Tansmissionseigenschaft ausgesprochen. Somit ist das Kriterium eine topologische Obstruktion an das homogene Hauptsymbol in Randnähe, und es stellte sich dann die Frage, wie eine Operatoralgebra strukturiert ist, die Boutet de Monvels Kalkül verallgemeinert, die Parametrizes elliptischer Elemente enthält, usw. Eine ähnliche Frage war auch offen geblieben hinsichtlich einer Erweiterung von Boutet de Monvels Kalkül auf Operatoren ohne die Transmissionseigenschaft auf dem Rand. Vishik-Eskins Theorie war nicht als Algebra konzipiert mit glatten lokalen vollständigen Symbolen und einer Charakterisierung des Kompositionsverhaltens von Operatoren. Es blieben also die betreffenden Algebren von Operatoren aufzubauen und ihre Symbolstruktur zusammen mit Elliptizität und Parametrizes zu klären, sowohl für den Fall verletzter Transmissionseigenschaft auf dem Rand als auch, wenn die besagte topologische Obstruktion für die Existenz Shapiro-Lopatinskii elliptischer Randbedingungen nicht verschwindet.

Der Aufbau einer Operator Algebra von Randwert-Problemen im Fall der verletzten Transmissionseigenschaft und ein entsprechendes Index-Theorem wurde durch die gemeinsame Arbeit [40] mit Rempel erreicht. Das Index-Theorem für diese Algebra wurde gezeigt durch eine Zurückführung auf Boutet de Monvels Theorie durch eine Homotopie. Der Randsymbolkalkül im Fall von Operatoren nullter Ordnung erwies sich als eine Verallgemeinerung einer in der Monografie von Eskin [17] aufgebauten Operator Algebra auf der Halbachse. Diese enthält im Unterschied zur Randsymbol Algebra von Boutet de Monvel noch zusätzliche glättende Mellin Operatoren, zusammen mit den auf der Fourier Transformation basierenden Operatoren, beigetragen von den Pseudo-Differentialoperatoren im Innern. Dagegen waren die Analoga der Greenschen Operatoren in den Randsymbolen aus Boutet de Monvels Kalkül hier zunächst Hilbert-Schmidt Operatoren in L^2 auf der Halbachse. Die Präsenz von Mellin Pseudo-Differentialoperatoren zusammen mit Fourier Pseudo-Differentialoperatoren in einer gemeinsamen Operator Algebra auf der Halbachse nahe des Koordinatenursprungs deutet auf eine Verwandtschaft zwischen derartigen Operatoren hin, nicht etwa durch eine triviale logarithmische Substitution, sondern in den gleichen Koordinaten, dass man sagen kann, dass Fourier Pseudo-Differentialoperatoren nahe eines Punktes, hier dem Koordinatenursprung, im Herzen wie Mellin Pseudo-Differentialoperatoren fühlen; ansonsten wäre die Wohngemeinschaft in einer gemeinsamen Operator Algebra unerfreulich. In den folgenden Jahren baute ich zusammen mit Rempel diese Halbachsen-Algebra zu einem Prototyp einer Konusalgebra aus, wobei die Halbachse wie eine Mannigfaltigkeit mit konischer Singularität aufgefasst wird. Insbesondere entwickelten sich die erwähnten Hilbert-Schmidt Operatoren zu einer Verallgemeinerung von Boutet de Monvels Greenschen Operatoren weiter, wo hier, im Falle ohne die Transmisionseigenschaft die Taylor-Asymptotik durch allgemeinere Asymptotiken ersetzt wurde. Weiterhin erhielten die genannten Mellin Operatoren Gesellschaft durch Mellin-Operatoren niederigerer Ordnung, ebenfalls ein ursprünglich in den Hilbert-Schmidt Operatoren verbackener Anteil, der nun auf diese Weise eine explizitere Struktur annahm, vgl. [44], [47], sowie die Monografie [63].

Die Konus Algebra in dieser Form erlaubte eine Variante für einem „echten Konus", d. h. mit einer nichttrivialen Basis. Dies erwies sich als ein Schlüssel für Algebren auf höher-dimensionalen Mannigfaltigkeiten mit konischen Singularitäten, die die Parametrices elliptischer Differentialoperatoren vom Fuchs-Typ enthalten, vgl. [46]. Es gab bereits seit vielen Jahren eine Theorie von elliptischen Randwert-Problemen für Differentialoperatoren auf Mannigfaltigkeiten mit konischen Singularitäten, und zwar von Kondratiev [32], und es war wieder wünschenswert, ähnlich zu Boutet de Monvels Theorie, hier im Fall von konischen Singularitäten auf der Berandung, eine pseudo-differentielle Algebra zu organisieren mit den eingangs erwähnten allgemeinen Merkmalen. Dieses Problem wurde in [41] untersucht, und die Theorie wurde dann in [49], [48] wesentlich vervollständigt. Es stellte sich gleichzeitig heraus, dass sich die Randwert-Theorie ohne die Transmissionseigenschaft zu einer Theorie auf Mannigfaltigkeiten mit Kanten verallgemeinern ließ, und zwar durch lokales Ersetzen der inneren Normale zur Berandung durch einen nichttrivialen Konus. Diese Entwicklung wurde in [43] begonnen, und sie setzte sich in unterschiedlichen Etappen fort, zunächst in [59], und später dann in mehreren Monografien [60], [66], [15].

Gegenüber der elliptischen Regularität bei Randwert-Problemen mit der Transmissionseigenschaft auf einer Mannigfaltigkeit mit glattem Rand, wo die Glattheit von rechten Seiten und Daten die Glattheit der Lösungen bis zum Rand zur Folge hat, besteht ein solches Verhalten auf Mannigfaltigkeiten mit konischen Punkten und Kanten nicht. Hier kommt es z. B. bei konischen Singularitäten zu allgemeiner sogenannter diskreter Asymptotik in der Spitze, formuliert in Gestalt von komplexen Potenzen der Halbachsenvariablen des Abstands zur Spitze sowie logarithmischen Potenzen. Diese asymptotischen Daten hängen ab vom individuellen Operator und werden erzeugt von meromorphen Mellin-Symbolen, die bei der Parametrixkonstruktion auftreten. Für die Formulierung eines analogen asymptotischen Verhaltens von Lösungen im Fall von Mannigfaltigkeiten mit Kanten, die lokal durch Cartesische Produkte zwischen Konus und Kante modelliert sind, liegt im allgemeinen eine explizite Abhängigkeit dieser Asymptotiken von den Kantenvariablen vor, was sich dadurch äußert, dass die besagten meromorphen Mellin-Symbole von diesen Variablen abhängen, d. h. die Lage der Polstellen ist nicht konstant, und die Vielfachheiten sind variabel. Dies ist ein äußerst delikater Punkt für eine allgemeine Beschreibung von Regularität von Lösungen bei Kantenproblemen. Für die Formulierung von Antworten war es erforderlich, den Begriff der Asymptotik zur sogenannten kontinuierlichen Asymptotik zu erweitern. Solche Asymptotiken werden definiert in Termen von Familien analytischer Funktionale in der komplexen Ebene der Kovariablen der Mellin-Transformation. Der Begriff wurde eingeführt in [45], und es wurde demonstriert, welche Rolle er spielt bei der punktweise diskreten aber variablen Asympotik. Ein solches Verhalten ist bereits in der Randwert-Theorie ohne Transmissionseigenschaft zu beobachten; diese sind spezielle Kantenprobleme. In pseudo-differentiellen Kantenproblemen, wo die Asymptotik der Lösungen in der Symbolstruktur verankert ist, kommen seitdem kontinuierliche Asymptotiken insbesondere in den Greenschen und den Mellin Operatoren vor. Eine systematische Formulierung der Konusalgebra mit kontinuierlicher Asymptotik ist in [57] gegeben. In Kantenkalkülen unterschiedlicher Ausprägungen sind kontinuierliche Asymptotiken integraler Bestandteil der entsprechenden pseudo-differentiellen Theorien, vgl. insbesondere die Monografien [60], [66], [30]. Streng genommen sind Regularitätseigenschaften hauptsächlich für die punktweise diskrete Asymptotik von Interesse. Ihre allgemeine Analyse ist aufwendig, und sogar die funktionalanalytische Formulierung der Singulärfunktionen ist ein eigenständiges Resultat. Selbst die Formulierung der konstanten diskreten Asymptotik von Lösungen elliptischer Kantenprobleme liegt in keiner Weise auf der Hand, weil man hierbei verlangen sollte, dass die Singulärfunktionen, die die Asymptotik bis auf flache Reste beschreiben, selbst in den gewählten Analoga der gewichteten Sobolev Räume liegen sollten, desgleichen die Restterme. Letztere Eigenschaft trifft meines Wissens in keiner der mehr traditionellen Zugänge anderer Autoren zu, es sei denn, die betrachteten Lösungen seien im Innern glatt, und es ist daher bereits eine Frage, welche Arten von gewichteten Sobolev-Räumen selbst ohne

Beobachtung der Asymptotiken besonders natürlich sind. Die von mir aufgebaute pseudo-differentielle Theorie von Operatoren auf Mannigfaltigkeiten mit Kanten, die ihre Wurzeln in der Analysis von Randwert-Problemen ohne die Transmissionseigenschaft hat, vgl. [40], und die sich in [43] fortsetzte, verwendet wesentlich die in diesem Kontext eingeführten Sobolev Räume in Termen getwisteter Normen, d. h. einer Formulierung basierend auf Räumen auf dem unendlichen Modell-Konus lokaler Keile, die eine stark stetige Gruppenwirkung tragen und die in die Normen der betreffenden Kantenräumen eingehen. Wendet man diese Konstruktion auf Unterräume auf dem Konus mit Asymptotik in der Spitze an, ergeben sich insbesondere die Kantenräume mit Asymptotik und die besagten Eigenschaften der Singulärfunktionen. Dies gilt auch für die erwähnte kontinuierliche Asymptotik. Der Fall variabler diskreter Asymptotik kann mit Hilfe dieser Begriffsbildungen ebenfalls erfasst werden, erfordert jedoch sogfältige eigenständige Untersuchungen. Ein vollständiger Kalkül von Randwert-Theorie mit variabler diskreter Asymptotik ist in [64], [65] formuliert, und Kantenoperatoren in diesem Kontext sind u. a. in [62] untersucht. Eine systematische Analyse ist in Arbeiten mit Volpato begonnen worden, vgl. [75], [74], und diese setzt sich in verschiedenen gegenwärtig laufenden Projekten fort.

Es ist in diesem Zusammenhang wert daran zu erinnern, dass eine pseudo-differentielle elliptische Theorie anstrebt, alle Strukturmerkmale von Parametrizes in einer entsprechemden Symbolalgebra zu verankern und diese gleichzeitig im Zusammenwirken mit den gewählten Skalen von Distributionenräumen zu sehen, u. a. im Zusammenhang mit Stetigkeit der den Symbolen zugeordneten Operatoren in diesen Räumen. Dies ist besonders augenfällig in den klassischen Pseudo-Differentialoperatoren mit skalaren Symbolen und den klassischen Sobolev Räumen. Man kann es auch so sehen, dass in diesen Grundmerkmalen, nämlich dem Symbolkalül sowie den gewählten Distributionenklassen a priori alle Informationen über die Lösbarkeitseigenschaften der betrachteten Gleichungsklassen angelegt sind, insbesondere Parametrizes und die Natur der elliptischen Regularität. Wenn man ein ähnliches Programm für Operatoren auf Mannigfaltigkeiten mit konischen oder Kantensingularitäten betrachtet, insbesondere der Randwert-Theorie, wie es in den oben erwähnten Artikeln und Monografien des Autors und unterschiedlicher Koautoren dargestellt ist, so müssen die neuen Besonderheiten gegenüber dem Fall glatter offener Mannigfaltigkeiten in die Symbolstrukturen und die Beschreibung der Distributionenklassen aufgenommen werden. Wenn es z. B. um die Asymptotik der Lösungen geht, so muss die ganze individuelle Palette von Polstellen meromorpher Mellinsymbole bereits in den betreffenden Operator-Algebra vormodelliert sein. Was die Randwert- oder die Kantentheorie betrifft, müssen auch alle „vorkommenden“ elliptischen Bedingungen bereits in der jeweiligen Algebra angelegt sein, wie es auch im Fall der 2×2 Operator Blockmatrizen in Boutet de Monvels Kalkül der Fall ist, aber auch in den verschiedenen Ausprägungen von Kantentheorien. Es sei noch am Rande vermerkt, dass Index-Theorien für Elliptizität in diesen Algebren, wenigstens soweit sie sich noch an Gelfands Programm erinnern, an solche Symbolstrukturen anknüpfen müssen, und wenn man auf „typische“ Operatoren Wert legt, wie es in den Jahrzehnten nach dem klassischen Atiyah-Singer Index-Theorem geschehen ist, wäre es mindestens einen Gedanken wert, ob in singulären Fällen diese typischen Operatoren überhaupt typisch sind, und wenn ja, wofür, wenn man die Algebren eventuell gar nicht kennt. Was die in den Algebren vorgesehenen a priori Daten über die Operatoren angeht, so sind sie besonders reichhaltig, wenn es um die Widerspiegelung der variablen verzweigenden Asymptotik bei elliptischen Kantenproblemen geht. Jede denkmögliche Konfiguration von parameter-abhängigen Polstellen, plus variable Vielfachheiten, muss sowohl in den Mellin-Operatoren des Kalküls mit meromorphen operator-wertigen Symbolen als auch in den entsprechenden gewichteten Kantenräumen enthalten sein. Algebren mit diesen Informationen gibt es in der Tat, vgl. [64], [65], sowie [74], und die Entwicklung dieses Aspekts der singulären Analysis setzt sich fort.

Sowohl die Theorie elliptischer Randwert-Probleme im „herkömmlichen" Sinne als auch diejenige in Gebieten oder Mannigfaltigkeiten mit konischen Singularitäten oder Kanten sind motiviert durch vielfältige Anwendungen in den Naturwissenschaften, u. a. in der Elastizitätstheorie, Risstheorie, Teilchenphysik, und insbesondere auch in der numerischen Mathematik, wo man sich u. a. auch für die Asymptotik von Lösungen interessiert. Stichworte in diesem Zusammenhang sind insbesondere gemischte und Transmissionsprobleme, die auch Beziehungen zu Rissproblemen haben. Was die pseudo-differentielle Analysis solcher Probleme betrifft, so haben diese auch in meiner Forschungsgruppe eine Rolle gespielt, vgl. die Monografien [30] und [27].

Mathematisch sind elliptische Probleme der genannten Art, d. h. wenn sie sich auf Ränder, Kanten oder Interfaces beziehen, die ihrerseits Singularitäten besitzen können, gekennzeichnet durch zusätzliche elliptische Rand-, Kanten-, etc., Bedingungen. Klassische Vertreter bei glatten Rändern und Laplace-Operatoren sind Dirichlet- oder Neumann-Bedingungen. Ihre Existenz für den betrachteten elliptischen Operator belegt, dass die oben erwähnte topologische Obstruktion verschwindet. Einfachste Beispiele zeigen jedoch, dass diese Obstruktion keineswegs verschwinden muss, z. B. beim Cauchy-Riemann Operator in einer Kreisscheibe der komplexen Ebene. Wollte man hier das Dirichlet-Problem lösen, so würde man feststellen, dass nur „die Hälfte" der für den Laplace-Operator zugelassenen Randwerte erlaubt wären. Man kann diese Hälfte als Bild einer pseudo-differentiellen Projektion nullter Ordnung auf der Berandung darstellen. Dieses Phänomen ist von einer universellen Bedeutung für das Verständnis elliptischer Zusatzbedingungen. Eine Algebra, die Boutet de Monvels Algebra zu einer Struktur erweitert, die alle elliptischen Operatoren mit der Transmissionseigenschaft in der linken oberen Ecke enthält, ungeachtet der Eigenschaft, ob die besagte Obstruktion verschwindet oder nicht, ist in dem Artikel [67] aufgebaut. Sie ist geschlossen unter Parametrix-Konstruktion elliptischer Elemente, wobei sich die Elliptizität im Fall von nichtverschwindender Obstruktion auf globale Projektionsbedingungen auf der Berandung bezieht. Speziell enthalten sind hier auch Operatoren mit „APS"-Bedingungen, wie sie vielfach in der geometrischen Analysis reflektiert worden sind, vgl. [8]. Der allgemeine in [67] erstmalig dargestellt Zugang ist in ausführlicherer Form und zusammen mit gemeinsamen Resultaten mit Nazaikinskii, Sternin und Shatalov auch in [69] zu finden. Verallgemeinerungen auf den Fall von Randwert-Problemen ohne die Transmissionseigenschaft sowie Kantenprobleme sind in [72] und [71] publiziert. Insbesondere [71] illustriert, dass Kantenbedingungen mit globalen pseudodifferentiellen Projektionen auch in der Singulären Analysis allgemein zu erwarten sind, obwohl diese Phänomene für höhere Kanten noch nicht ausgelotet sind und man bei elliptischen Operatoren auf stratifizierten Räumen mit Hierarchien von topologischen Obstruktionen zu rechnen hat für die Existenz von Shapiro-Lopatinskii ähnlichen Kantenbedingungen, die im gegebenen Fall durch entsprechende Hierarchien von globalen Projektionsbedingungen zu ersetzen wären. Es sei hier noch erwähnt, dass dies Phänomene rein „elliptischer Natur" sind; sie haben nichts mit der gern für konkrete Operatoren in Anspruch genommenen „unique continuation property" zu tun.

Ein seit Jahrzehnten interessantes Gebiet der Forschung in Grenzgebieten der Analysis zu Geometrie, Topologie, Anwendungen in der Physik und anderen Naturwissenschaften ist die Analysis auf Konfigurationen mit Singularitäten, wozu auch konische sowie Kantensingularitäten gehören, Riss-Situationen, Randwert- und Transmissionsprobleme verschiedenster Art, oder partielle Differentialgleichungen mit singulären Koeffizienten, z. B. Unstetigkeiten längs Interfaces, konische Ausgänge nach Unendlich, und vieles mehr. Entwickelt von der Seite der Analysis in Operator Algebren mit Symbolstrukturen spielen diese Gebiete auch in meiner Forschungsgruppe eine große Rolle. Eines meiner gegenwärtigen Hauptvorhaben ist die Untersuchung von Operator Algebren mit Symbolhierarchien auf stratifizierten Räumen, genauer, mit regulären Ecken höherer Ordnung. Die Strategie des Aufbaus entsprechender Operatoren folgt einem iterativen Konzept, dem wiederholten Bilden von Kegeln, Keilen, und anschließender Globalisierung. Auf diese Weise erreicht man „geometrisch" eine bestimmte für viele Anwendungen interessante Klasse stratifizierter Räume, kurz als Mannigfaltigkeiten der Singularitätsordnung k bezeichnet, wenn die iterative Konstruktion k mal ausgefürt wurde. Ein reguläres Verhalten bei der Globalisierung der Konstruktion wird dadurch erreicht, dass man eine gewisse Transversalität der Strata formuliert durch eine Glattheitsforderung in den Übergangsfunktionen zwischen lokalen Darstellungen als Kegel oder Keile. Die lokalen Keile repräsentieren eine partielle Splittung von Variablen in Eckenhalbachsen- und Kantenvariable, plus die Variablen längs einer schon erreichten Kegelbasis, die ihrerseits Singularitäten haben kann und als globales Datum in die analytischen Betrachtungen eingeht. Ähnlich wie in der Randwert-Theorie, wo der Kante der Rand und der Halbachse die innere Normale entspricht und man dann pseudo-differentielle operatorwertige Symbole auf dem Rand für den Operator-Kalkül einsetzt, hat man im höheren Eckenfall pseudo-differentielle operatorwertige Symbole, die ihre Werte in Operatoren auf dem unendlichen singulaären gestreckten Modellkonus des betreffenden Keils annehmen und auf die sich dann die nächste Generation neuer Kantenbedingungen bezieht. Diese definieren insbesondere die Elliptizität der Operatoren und führen zur Fredholmeigenschaft in geeigneten Skalen von Sobolev Räumen mit multiplen Gewichten. Dieses Konzept ist mit einem außerordentlichen Reichtum an inneren Struktureigenschaften verbunden, die die Forschung noch für lange Zeit beschäftigen kann. Es gibt hier auch insbesondere das besonders ambitionierte Programm von Index-Theorien, ausgehend von einem Analogon des Gelfand-Programms, wo es zwar zunächst klar ist, dass der analytische Index nur von den stabilen Homotopie-Klassen elliptischer Hauptsymbolhierarchien abhängt, jedoch ist die Struktur von solchen „K"-Gruppen unbekannt, desgleichen die Natur eines topologisch erzeugten Index-Homomorphismus. Weitere interessante Probleme und Zukunftserwartungen sind im Kapitel 10 des Buches [27] dargestellt, desgleichen auch in [70]. Zahlreiche Einzelresultate zum Programm von Operator Algebren bei Ecken-Singularitäten sind in den Artikeln [58], [61], [68], [13], [14], [34], [26], [77], [25] publiziert. Höhere Eckensituationen treten in natürlicher Weise auch auf, wenn man zum Laplace-Operator im $3N$-imensionalen Euklidischen Raum, der die Ortskoordinaten von N quantenmechanischen Partikeln enthält, ein Wechselwirkungspotential addiert in Gestalt einer Linearkombination der paarweisen Teilchenabstände, zur Potenz -1. Dieses Potential ist singulär über einer singulären Teilmenge des $\mathbb{R}^{3N}$ und definiert auf diese Weise eine Eckenkonfiguration (Stratifizierung) der Singularitätsordnung N. In der Quantenchemie ist es nun interessant, die Asymptotik von Lösungen der entsprechenden ellipitschen Gleichung zu berechnen. Hierzu gibt es in der singulären Analysis in meiner Forschungsgruppe in Kooperation mit H.-J. Flad und G. Harutyunyan an der Technischen Universität Berlin ein neues Forschungsprogramm. Erste Resultate in dieser Richtung sind in [18], [19], [20], [21], [22] zu finden. Insbesondere handelt es sich bei der Asymptotik nahe höherer Singularitäten um multiple Asymptotiken, die eine bemerkenswerte funktionalanalytische Struktur aufweisen.

In meinem Forschungsumfeld am Karl-Weierstrass-Institut der Akademie der Wissenschaften in Berlin sowie später dann an der Universität Potsdam habe ich insgesamt 25 Doktoranden betreut, einige gemeinsam mit anderen Kollegen, 12 von ihnen waren ausländische PhD-Studenten. 3 Kandidaten haben ihre Arbeiten noch zu beenden. Die Betreuung erstreckte sich über Themen wie pseudo-differentielle Randwert-Theorie, analytische Index-Formeln bei Randwert-Problemen, gruppeninvariante Randwert-Probleme, Differentialgeometrie auf Supermannigfaltigkeiten, pseudo-differentieller Kalkül für Ecken-Singularitäten, parabolische Pseudo-Differentialoperatoren, Operatoren auf Mannigfaltigkeiten mit nichtkompakten Kanten, Wärmeleitungsasymptotik für Operatoren bei konischen Singularitäten, Riss-Theorie und Asymptotik von Lösungen, Elliptische Komplexe von Operatoren auf Mannigfaltikeiten mit Ecken, Operatoren auf Mannigfaltigkeiten mit Kanten und Rand unter singulären Kantenbedingungen.

Mit unseren zahlreichen nationalen und internationalen Gästen gab es teilweise langjährige und sehr aktive Kooperation. Dazu gehörten neben vielen anderen B. Sternin, V. Shatalov, V. Nazaikinskii, A. Savin, cf. [73], [37], [38], und B. Fedosov. Zu den Besuchern meiner Arbeitsgruppe im Karl-Weierstrass-Institut in Berlin gehörten C. Goulaouic, Yu. Egorov, B. Gramsch, G. Grubb, B. Helffer, A. Melin, O. A. Oleynik, J. Sjöstrand. In Potsdam besuchten uns u. a. S. Albeverio, H. Amann,

W. Arendt, M. Ben-Artzi, M. Birman, B. Bojarski, V. Burenkov, Chen Hua, Chen Shuxing, H.-O. Cordes, S. Coriasco, P. Gilkey, I. Gohberg, M. de Gosson, P. Greiner, G. Jaiani, L. Karp, Dexing Kong, O. Liess, Liu Weian, R. Nest, V. Palamodov, B. Paneah, B. Plamenevskij, P. Popivanov, V. Rabinovich, L. Rodino, V. Solonnikov, L. Tepoyan, A. Unterberger, M. Vishik, L. Volevich, M. Wodzicki, M. W. Wong, D. Yafaev, die teilweise auch zu den Gästen unser regelmäßigen Tagungen gehörten. Weiterhin waren unter den Teilnehmern verschiedener Tagungen M. Agranovich, P. Baum, M. van den Berg, J.-M. Bismut, V. Buslaev, J. van Casteren, A. Connes, V. Enss. N. Dencker, L. Hörmander, V. Ivrii, C. Iwasaki, V. Kondratiev, A. Parmeggiani, L. Rodino, G. Rozenblum, Jiang Song, P. Shapira, N. Teleman, J. Toft, V. Maslov, Long Yiming, S. Zelik.

Um diese Bestandsaufnahme nicht mit einer Statistik zu beenden, sollen noch einige Beobachtungen und Erlebnisse während verschiedener Tagungen wiedergegeben werden. Ein wichtiger Punkt ist ein historischer konischer Punkt, den einst V. Kondratiev während eines Vortrages in Potsdam mit einem Filzstift auf einem unserer Projektionsschirme für Folien hinterlassen hat. Leider haben wir dieses wichtige Objekt in der Folgezeit aus den Augen verloren. Ein Ereignis ganz anderer Art ist mir von einer Tagung in Oberwolfach in Erinnerung, die ich vor vielen Jahren zusammen mit B. Gramsch und H. Widom über „Mikrolokale Analysis" organisiert hatte, und wo ein Teilnehmer mit einem wunderschönen Vortrag über „Minilokale Analysis" aufgetreten war; auch L. Hörmander befand sich unter den Zuhörern.

Der Kultur des Zwischenfragens oder der Kommentierung nach Tagungsvorträgen könnte man eine umfangreiche Betrachtung widmen. Sie kann wie ein Brennglas auf Befindlichkeiten zwischen Wissenschaftlern focussieren, die sich ansonsten nur ganz anonym in Gutachten an den Werken ihrer Konkurrenten abarbeiten. Der Fragensteller hat hier alle Vorteile auf seiner Seite. Eine kühne Frage kann ein Überraschungsmoment enthalten, das den Angesprochenen in eine defensive Position bringt. Weiterhin ist der Vortragende auch mitunter zu höflich, eine als Frage kodierte Behauptung öffentlich zu sezieren. Natürlich sind böse Absichten die Ausnahme, und es wäre voreilig, alles ernst zu nehmen, was auf Tagungen geäußert wird. Bei einer Tagung vor einigen Jahren, wo auch der Schöpfer eines sogenannten „b-calculus", zugegen war, hielt ich einen Vortrag über pseudo-differentielle Kalküle auf Mannigfaltigkeiten mit Singularitäten. Ein Kollege aus Roskilde, mit dem ich seit vielen Jahren bekannt bin, forderte mich nun auf, die Nähe oder Ferne meines Kalküls zum „b-calculus" zu kommentieren, eine berechtigte Frage im Angesicht einer Schule, die eine bemerkenswerte Verbreitung gefunden hatte. Vergleiche oder kritische Hinterfragungen waren in diesem Rahmen nicht zu erwarten, und so gab ich eine ganz summarische Antwort, nämlich, dass ich den „bw-calculus" entwickelt habe. Es musste einfach einmal gesagt werden. Das „b" soll übrigens von „boundary" kommen, während „w" dem „wedge"-Kalkül entspricht. Zum Titel dieses Buches gibt es keinen direkten Zusammenhang, denn die besagten Grenzen waren schon vorher da.

Es gäbe noch vieles zu berichten, was bisher nicht ausgelotet wurde und wo noch erhebliche Überraschungen liegen. Z. B. scheint die Mathematik fähig zu sein, neue Entwicklungen hervorzubringen, die einen vor Jahrzehnten erreichten klassischen Erkenntnisstand auf einem Gebiet wieder verdunkeln. Wo dies nach meinem Eindruck zur Zeit geschieht, hierzu möchte ich Zurückhaltung üben, denn wir haben das Ende dieser Erzählung endgültig erreicht, auch wenn ich die Sehnsucht verstehe, gerade hierüber Näheres zu erfahren.

Chronik nationaler und internationaler Tagungen

Die folgende Chronik ist eine Ergänzung zu den gegebenen Informationen über die Aktivitäten der seinerzeitigen Arbeitsgruppe „Partielle Differentialgleichungen" am Karl-Weierstrass-Institut der Akademie der Wissenschaften in Berlin und der Nachfolgegruppe „Partielle Differentialgleichungen und Komplexe Analysis" der Max-Planck-Gesellschaft, später fortgeführt an der Universität Potsdam.

1976   International Summer School „Global Analysis"
Organizer: B.-W. Schulze (Berlin).
Ludwigsfelde 1976.

1980   Spring School „Asymptotic Methods and Feynman Integrals".
Organizer: B.-W. Schulze (Berlin).
Biesenthal, April 14–18, 1980.

1981   Spring School „Geometric Methods in Mathematical Physics".
Organizer: B.-W. Schulze (Berlin).
Biesenthal, April 6–11, 1981.

1981   International Conference „Differential Geometry and Global Analysis".
Organizing Committee: T. Friedrich (Berlin), B.-W. Schulze (Berlin), R. Sulanke (Berlin).
Garwitz, October 5–11, 1981.

1984   Spring School „Nonlinear Equations of Mathematical Physics".
Organizer: B.-W. Schulze (Berlin).
Cottbus, May 1984.

1985   International Conference „Global Analysis and Mathematical Physics".
Organizing Committee: T. Friedrich (Berlin), H. Gajewski (Berlin), H. Koch (Berlin), B.-W. Schulze (Berlin).
Reinhardsbrunn, September 23–28, 1985.

1990   International Symposion „Partial Differential Equations".
Organizing Committee: J.-M. Bony (Paris), M. Demuth (Berlin), Yu. V. Egorov (Moskau), H. Gajewski (Berlin), V. Petkov (Bordeaux), B.-W. Schulze

B.-W. Schulze, *Erlebnisse an Grenzen – Grenzerlebnisse mit der Mathematik,*
DOI 10.1007/978-3-0348-0362-5, © Springer Basel 2013

Poster einer Tagung Geometric Analysis in Potsdam 2000; der Bildhintergrund ist von Christoph Dorschfeldt aufgenommen

(Berlin), J. Sjöstrand (Paris), H. Triebel (Jena), E. Zeidler (Leipzig).
Holzhau (Hotel of the Academy of Sciences Berlin), April 25–29, 1988.

1990   International Symposion „Analysis in Domains and on Manifolds with Singularities".
Organizing Committee: M. Lorenz (Chemnitz), B.-W. Schulze (Berlin).
Breitenbrunn (Erzgebirge), April 30–May 5, 1990.

1990   Winter School „Mellin Operators, Ellipticity, Asymptotics on Manifolds with Singularities".
Organizers: M. Lorenz (Chemnitz), B.-W. Schulze (Berlin).
Chemnitz, December 3–7, 1990.

1991   International Symposion „Operator Calculus and Spectral Theory". Gefördert durch die Deutsche Forschungsgemeinschaft und das Karl-Weierstrass-Institut in Berlin.
Organizing Committee: M. Demuth (Berlin), B. Gramsch (Mainz), B. Helffer (Paris), B.-W. Schulze (Berlin), R. Seiler (Berlin), M. A. Shubin (Moskau).
Lambrecht (Pfalzakademie), December 8–14, 1991.

1992   DMV-Seminar „Pseudo-Differential Operators, Singularities, Applications".
Speakers: Yu. V. Egorov (Toulouse), B.-W. Schulze (Berlin).
Reisensburg b. Günzburg, July 11–18, 1992.

1992   International Conference „Partial Differential Equations".
Organizing Committee: M. Demuth (Potsdam), B.-W. Schulze (Potsdam).
Potsdam (Hotel „Potsdam"), September 6–12, 1992.

1993   Spring School „Analysis on Manifolds with Singularities".
Organizer: B.-W. Schulze (Potsdam).
Potsdam (University), March 15–19, 1993.

1993   Oberwolfach Conference „Topics in Pseudo-Differential Operators".
Organizing Committee: H.-O. Cordes (Berkeley), B. Gramsch (Mainz), B.-W. Schulze (Potsdam), H. Widom (Santa Cruz).
Oberwolfach, April 4–9, 1993.

1993   International Conference „Partial Differential Equations".
Organizing Committee: M. Demuth (Potsdam) B.-W. Schulze (Potsdam).
Potsdam (Residence Hotel), September 6–10, 1993.

1994   Spring School „Analysis on Manifolds with Singularities".
Organizer: B.-W. Schulze (Potsdam).
Potsdam (University), February 14–18, 1994.

1994   International Conference „Partial Differential Equations".
Organizing Committee: S. Albeverio (Bochum), L. Boutet de Monvel (Paris), M. Demuth (Potsdam), P. B. Gilkey (Oregon), B. Gramsch (Mainz), B. Helffer (Paris), S. T. Kuroda (Tokyo), B.-W. Schulze (Potsdam).
Holzhau, July 3–9, 1994.

1995   International Conference „Partial Differential Equations".
Organizing Committee: M. Demuth (Clausthal), B.-W. Schulze (Potsdam).
Caputh, July 24–28, 1995.

1995 German-Israeli Workshop „Partial Differential Equations and Mathematical Physics".
Organizing Committee: S. Agmon (Jerusalem), M. Ben-Artzi (Jerusalem), M. Demuth (Clausthal), B.-W. Schulze (Potsdam).
E. Landau Center for Research in Mathematical Analysis, Jerusalem, Israel, December 4–12, 1995.

1996 Spring School „Pseudo-Differential Calculus and Index Theory on Singular and Non-Compact Manifolds".
Organizers: E. Schrohe (Potsdam), B.-W. Schulze (Potsdam).
Potsdam (University), February 19–23, 1996.

1996 International Conference „Partial Differential Equations".
Organizing Committee: H. Amann (Zürich), M. Ben-Artzi (Jerusalem), J.-M. Combes (Marseille), M. Demuth (Clausthal), B. V. Fedosov (Moskau), H. Komatsu (Tokyo), B.-W. Schulze (Potsdam), M. van den Berg (Bristol).
Potsdam (Residence Hotel), July 29–August 3, 1996.

1996 International Workshop: NATO ASI „Microlocal Analysis and Spectral Theory".
Scientific Committee: B. Helffer (Nantes), L. Rodino (Torino), J. Sjöstrand (Paris), B.-W. Schulze (Potsdam).
Il Ciocco, Castelvacchio Pascoli. Italy, September 23–October 3, 1996.

1997 Spring School „Boundary Value Problems, Spectral Theory, Index of Singular Pseudo-Differential Operators".
Organizers: E. Schrohe (Potsdam), B.-W. Schulze (Potsdam).
Potsdam (University), February 24–28, 1997.

1997 Oberwolfach Conference „Quantum Field Theory and Wave Front Sets".
Organizing Committee: K. Fredenhagen (Hamburg), B.-W. Schulze (Potsdam), E. Zeidler (Leipzig).
Oberwolfach, March 2–8, 1997.

1997 Oberwolfach Conference „Pseudo-Differential Operators and Microlocal Analysis".
Organizing Committee: M. Beals, B. Gramsch (Mainz), B.-W. Schulze (Potsdam), H. Widom (Santa Cruz).
Oberwolfach, April 20–26, 1997.

1997 International Workshop „Partial Differential Equations", supported by the Max-Planck-Gesellschaft zur Förderung der Wissenschaften.
Organizing Committee: E. Schrohe (Potsdam), B.-W. Schulze (Potsdam).
Potsdam (University), July 13–19, 1997.

1997 International Workshop „Partial Differential Equations", supported by the Max-Planck-Gesellschaft zur Förderung der Wissenschaften.
Organizing Committee: E. Schrohe (Potsdam), B.-W. Schulze (Potsdam).
Potsdam (University), November 24–28, 1997.

1998 Spring School „Operator Algebras with Symbolic Structures on Singular Manifolds, Index Theory, and Asymptotics", supported by the Max-Planck-Gesellschaft zur Förderung der Wissenschaften.

Organizers: E. Schrohe (Potsdam) and B.-W. Schulze (Potsdam).
Potsdam (University), February 15–21, 1998.

1998 International Workshop „Partial Differential Equations" (Satellite meeting to the „International Congress of Mathematicians", Berlin, August 18-27, 1998).
Organizing Committee: E. Schrohe (Potsdam) and B.-W. Schulze (Potsdam).
Potsdam (University), August 9–15, 1998.

1999 International Conference „Operator Algebras and Asymptotics on Manifolds with Singularities", supported by the Max-Planck-Gesellschaft zur Förderung der Wissenschaften.
Organizing Committee: G. Lysik (Warsaw), V. Nazaikinskii (Moscow), E. Schrohe (Potsdam), B.-W. Schulze (Potsdam), B. Sternin (Moscow).
Stefan Banach International Mathematical Center, Warsaw, Poland, April 11–18, 1999.

1999 International Workshop „Partial Differential Equations", supported by the Max-Planck-Gesellschaft zur Förderung der Wissenschaften.
Organizing Committee: E. Schrohe (Potsdam) and B.-W. Schulze (Potsdam).
Potsdam (University), July 19–23, 1999.

1999 Workshop „Trilateral Co-operation with Israel and Palestine", supported by the Max-Planck-Gesellschaft zur Förderung der Wissenschaften.
Organizers: M. Demuth (Clausthal), B.-W. Schulze (Potsdam),
Potsdam (University), November 17–19, 1999.

2000 Spring School „Operator Algebras and Index Theory on Manifolds with Singularities", supported by the Max-Planck-Gesellschaft zur Förderung der Wissenschaften and the Deutsche Forschungsgemeinschaft.
Organizers: E. Schrohe (Potsdam) and B.-W. Schulze (Potsdam),
Potsdam (University), February 14–19, 2000.

2000 Conference „Partial Differential Equations".
Organizers: M. Ben-Artzi (Jerusalem), M. Demuth Clausthal), B. Fedosov (Moscow) ,L. Rodino (Torino), J. Sjöstrand (Paris), Chen Hua (Wuhan), T. Ichinose (Kanazawa), B.-W. Schulze (Potsdam), J. Ingvason (Vienna),
Clausthal (Technical University), July 24–28, 2000.

2000 Workshop and Fall School of the EU Research and Training Network „Geometric Analysis" and the Clay Mathematical Institute „Geometric Analysis".
Organizers: A. Connes (Paris), N. Teleman (Ancona), E. Schrohe (Potsdam), and B.-W. Schulze (Potsdam),
Potsdam (University), October 1–7, 2000.

2001 Spring School „Partial Differential Equations".
Organizers: Chen Hua (Wuhan), L. Rodino (Torino), E. Schrohe (Potsdam), and B.-W. Schulze (Potsdam).
Potsdam (University), February 19–23, 2001.

2001 International Workshop „Partial Differential Equations; Operator Algebras and Microlocal Analysis" .

Organizers: E. Schrohe (Potsdam) and B.-W. Schulze (Potsdam).
Potsdam (University), November 12–16, 2001.

2002   International Workshop „Analysis of Linear and Non-linear Hyperbolic Systems of Partial Differential Equations".
Organizing Committee: J. Haerterich (Berlin), B.-W. Schulze (Potsdam), G. Warnecke (Magdeburg), and I. Witt (Potsdam).
Potsdam (University), September 30–October 3, 2002.

2002   German-Chinese Workshop on „Partial Differential Equations".
Organizing Committee: Chen Hua (Wuhan), Chen Shuxing (Shanghai), B.-W. Schulze (Potsdam), G. Warnecke (Magdeburg), I. Witt (Potsdam).
Potsdam (University), October 7–11, 2002.

2003   International Workshop „Operator Algebras on Manifolds with Singularities".
Organizers: M. Klein (Potsdam), E. Schrohe (Hannover), and B.-W. Schulze (Potsdam).
Potsdam (University), March 17–21, 2003.

2004   Workshop and Spring School of the EU Research and Training Network „Geometric Analysis", „Operator Algebras, Singularities, Deformation Quantization".
Organizers: U. Bunke (Göttingen), B. Fedosov (Moscow), E. Schrohe (Hannover), B.-W. Schulze (Potsdam), N. Teleman (Ancona).
Potsdam (University), March 1–5, 2004.

2004   International Conference „Degenerate PDEs and Singular Geometries".
Organizers: J. Gil (Altoona), T. Krainer (Potsdam), P. Popivanov (Sofia), L. Rodino (Torino), I. Witt (London).
Potsdam (University), August 17–20, 2004.

2005   German-Chinese Workshop „Partial Differential Equations".
Organizing Committee: T. Krainer (Potsdam), B.-W. Schulze (Potsdam), Chen Hua (Wuhan), Chen Shuxing (Shanghai).
Potsdam (University), February 14–18, 2005.

2006   Workshop „Pseudo-differential Calculus with Singularities, and Applications to Quantum Chemistry".
Organizing Committee: H.-J. Flad (Max-Planck-Institute of Math. in Nat. Sc., Leipzig), T. Krainer (Potsdam), R. Schneider (Kiel), B.-W. Schulze (Potsdam).
Potsdam (University), February 27–March 1, 2006.

2006   International Conference „Partial Differential Equations on Non-compact and Singular Manifolds".
Organizing Committee: B. Fedosov (Moscow), G. Grubb (Copenhagen), T. Krainer (Potsdam), V. Nistor (Penn State), L. Rodino (Torino), B.-W. Schulze (Potsdam), N. Tose (Tokyo), M. W. Wong (Toronto).
Potsdam (University), August, 7–12, 2006.

2008   International Workshop/School „Analysis on Singular Spaces".
Organizing Committee: M. Lesch (Bonn), D. Grieser (Oldenburg), C.-

I. Martin (Potsdam), B.-W. Schulze (Potsdam), I. Witt (Göttingen).
Hausdorff Center (Bonn), February 11–15, 2008.

2008 International Conference „Partial Differential Equations and Spectral Theory".
Organizing Committee: M. Demuth (Clausthal), B.-W. Schulze (Potsdam), I. Witt (Göttingen).
Goslar, September, 01–05, 2008.

2009 International Workshop „Elliptic and Parabolic Equations on Manifolds".
Organizing Committee: Ma Li (Beijing), B.-W. Schulze (Potsdam), A. Volpato (Potsdam), Xu Xingwang (Singapore).
Potsdam, January, 05–08, 2009.

2010 International Workshop „Operators on Spaces with Singularities".
Organizing Committee: W. Bauer (Greifswald), D. Grieser (Oldenburg), T. Krainer (PENN State, Altoona), B.-W. Schulze (Potsdam), I. Witt (Göttingen).
Potsdam, March, 08–12, 2010.

2011 International Workshop „Geometric and Singular Analysis".
Organizing Committee: W. Bauer (Greifswald), K. Furutani (Tokyo), G. Harutyunyan (Oldenburg), B.-W. Schulze (Potsdam), I. Witt (Göttingen).
Potsdam, March, 07–11, 2011.

2012 International Workshop „Geometric and Singular Analysis".
Organizing Committee: W. Bauer (Göttingen), H.-J. Flad (Berlin), K. Furutani (Tokyo), I. Markina (Bergen), B.-W. Schulze (Potsdam), J. Seiler, (Torino).
Potsdam, March, 12–16, 2012.

Literaturverzeichnis

1. S. Agmon, A. Douglis, L. Nirenberg, Estimates near the boundary for solutions of elliptic partial differential equations satisfying general boundary conditions I, Comm. Pure Appl. Math. 12, 623–727 (1959)

2. S. Agmon, A. Douglis, L. Nirenberg, Estimates near the boundary for solutions of elliptic partial differential equations satisfying general boundary conditions II, Comm. Pure Appl. Math. 17, 35–92 (1964)

3. G. Anger, Stetige Potentiale und deren Verwendung für einen Neuaufbau der Potentialtheorie, Dissertation, Techn. Hochschule Dresden, 1957

4. M.F. Atiyah, Resolution of singularities and division of distributions, Comm. Pure Appl. Math. 23, 145–150 (1970)

5. M.F. Atiyah, R. Bott, L. Gårding, Lacunas for hyperbolic differential operators with constant coefficients II, Acta Math. 131, 145–206 (1973)

6. M.F. Atiyah, R. Bott, The index problem for manifolds with boundary, Coll. Differential Analysis (Tata Institute Bombay, Oxford University Press, Oxford, 1964), pp. 175–186

7. M.F. Atiyah, I.M. Singer, The index of elliptic operators I, II, III, Ann. of Math. 87(2), 483–530, 531–545, 546–604 (1968)

8. M.F. Atiyah, V. Patodi, I.M. Singer, Spectral asymmetry and Riemannian geometry I, II, III Math. Proc. Cambridge Philos. Soc. 77, 78, 79, 43–69, 405–432, 315–330 (1975, 1976, 1976)

9. M.F. Atiyah, R. Bott, L. Gårding, Lacunas for hyperbolic differential operators with constant coefficients I, Acta Math. 124, 109–189 (1970)

10. D. Bleeker, B. Booß-Bavnvbek, Topology and analysis (Springer-Verlag, Berlin, Heidelberg, New York, 1985)

11. D. Bleeker, B. Booß-Bavnvbek, Index theory with applications to mathematics and physics, (in preparation)

12. L. Boutet de Monvel, Boundary problems for pseudo-differential operators, Acta Math. 126, 11–51 (1971)

13. D. Calvo, C.-I. Martin, B.-W. Schulze, Symbolic structures on corner manifolds, RIMS Conf. dedicated to L. Boutet de Monvel on „Microlocal Analysis and Asymptotic Analysis", Kyoto, August 2004, Keio University, Tokyo, 2005, pp. 22–35

14. D. Calvo, B.-W. Schulze, Edge symbolic structure of second generation, Math. Nachr. 282, 348–367 (2009)

15. Ju. V. Egorov, B.-W. Schulze, Pseudo-differential operators, singularities, applications, Oper. Theory: Adv. Appl. 93 (Birkhäuser Verlag, Basel, 1997)

16. Ju. V. Egorov, V.A. Kondratiev, B.-W. Schulze, On the completeness of root functions of elliptic boundary problems in a domain with conical points on the boundary, Preprint 2004/17 (University of Potsdam, Institut für Mathematik, Potsdam, 2004)

17. G.I. Eskin, Boundary value problems for elliptic pseudodifferential equations, Transl. of Nauka, Moskva, 1973, Math. Monographs, Amer. Math. Soc. 52 (Providence, Rhode Island 1980)

18. H.-J. Flad, R. Schneider, B.-W. Schulze, Asymptotic regularity of solutions of Hartree-Fock equations with Coulomb potential, Math. Meth. in the Appl. Sci. 31, 18, 2172–2201 (2008)

19. H.-J. Flad, G. Harutyunyan, B.-W. Schulze, Application of the corner calculus to the helium atom, (in preparation)

20. H.-J. Flad, G. Harutyunyan, R. Schneider, B.-W. Schulze, Explicit Green operators for quantum mechanical Hamiltonians. I. The hydrogen atom, arXiv:1003.3150v1 [math.AP], 2010. Manuscripta Mathematica (to appear).

21. H.-J. Flad, G. Harutyunyan, Ellipticity of quantum mechanical Hamiltonians in the edge algebra, Proc. AIMS Conference on Dynamical Systems, Differential Equations and Applications, Dresden, 2010

22. H.-J. Flad, G. Harutyunyan, B.-W. Schulze, Asymptotic parametrices of elliptic edge operators, arXiv: 1010.1453, 2010

23. I.M. Gelfand, On elliptic equations, Uspechi Math. Nauk. 15, 3, 121–132 (1960) (Russian)

24. G. Grubb, Functional calculus of pseudo-differential boundary problems, (Birkhäuser Verlag, Boston, Basel, Stuttgart, 1986)

25. N. Habal, B.-W. Schulze, Mellin quantisation in corner operators, In a Volume dedicated to Rabinovich, Birkhäuser, (to appear 2012)

26. G. Harutjunjan, B.-W. Schulze, The Zaremba problem with singular interfaces as a corner boundary value problem, Potential Analysis 25, 4, 327–369 (2006)

27. G. Harutjunjan, B.-W. Schulze, Elliptic mixed, transmission and singular crack problems, European Mathematical Soc., Zürich, 2008

28. L. Hörmander, Pseudo-differential operators, Comm. Pure Appl. Math. 18, 3, 501–517 (1965)

29. L. Hörmander, Fourier integral operators I, Acta Math. 127, 79–183 (1971)

30. D. Kapanadze, B.-W. Schulze, Crack theory and edge singularities (Kluwer Academic Publ., Dordrecht, 2003)

31. J. Kohn, L. Nirenberg, An algebra of pseudo-differential operators, Comm. Pure Appl. Math. 18, 269–305 (1965)

32. V.A. Kondratyev, Boundary value problems for elliptic equations in domains with conical points, Trudy Mosk. Mat. Obshch. 16, 209–292 (1967)

33. S.H. Liu, An interwiew with Vladimir Arnold, Hong Kong Mathematics Society Newsletter (1996), later published also in Notices of the AMS 44, 4, 432–438 (1997).

34. L. Maniccia, B.-W. Schulze, An algebra of meromorphic corner symbols, Bull. des Sciences Math. 127, 1, 55–99 (2003)

35. V. Maslov, Daring to touch Radha (Academic Express, Lviv, Ukraine, 1993)

36. H. Meschkowski, Probleme des Unendlichen (Vieweg und Sohn GmbH, Braunschweig, 1967)

37. V.E. Nazaikinskij, B.-W. Schulze, B.Yu. Sternin, Quantization methods in differential equations, (Taylor & Francis, London, New York, 2002)

38. V.E. Nazaikinskij, B.-W. Schulze, B.Yu. Sternin, Elliptic theory on singular manifolds (Taylor & Francis, London, New York, 2006)

39. J. Osel, Vorsingen fürs Forschergeld. Wie Platzhirsche der Wissenschaft schaden, Spiegel ONLINE vom 20.12.2011

40. S. Rempel, B.-W. Schulze, Parametrices and boundary symbolic calculus for elliptic boundary problems without transmission property, Math. Nachr. 105, 45–149 (1982)

41. S. Rempel, B.-W. Schulze, Mellin symbolic calculus and asymptotics for boundary value problems, Seminar Analysis 1984/1985, Karl-Weierstrass Institut, Berlin, 1985, pp. 23–72

42. S. Rempel, B.-W. Schulze, Index theory of elliptic boundary problems (Akademie-Verlag, Berlin, 1982)

43. S. Rempel, B.-W. Schulze, Asymptotics for elliptic mixed boundary problems (pseudo-differential and Mellin operators in spaces with conormal singularity), Math. Res. 50 (Akademie-Verlag, Berlin, 1989)

44. S. Rempel, B.-W. Schulze, Complete Mellin symbols and the conormal asymptotics in boundary value problems, Proc. Journées „Equ. aux Dériv. Part.", St.-Jean de Monts, Conf. No. V, 1984

45. S. Rempel, B.-W. Schulze, Branching of asymptotics for elliptic operators on manifolds with edges, Proc. „Partial Differential Equations", Banach Center Publ. 19 (PWN Polish Scientific Publisher, Warsaw, 1984)

46. S. Rempel, B.-W. Schulze, Complete Mellin and Green symbolic calculus in spaces with conormal asymptotics, Ann. Glob. Anal. Geom. 4, 2, 137–224 (1986)

47. S. Rempel, B.-W. Schulze, Pseudo-differential and Mellin operators in spaces with conormal singularity (boundary symbols), Report R-Math-01/84 (Karl-Weierstrass Institut, Berlin, 1984)

48. E. Schrohe, B.-W. Schulze, Boundary value problems in Boutet de Monvel's calculus for manifolds with conical singularities II, Adv. in Partial Differential Equations „Boundary Value Problems, Schrödinger Operators, Deformation Quantization" (Akademie Verlag, Berlin, 1995), pp. 70–205

49. E. Schrohe, B.-W. Schulze, Boundary value problems in Boutet de Monvel's calculus for manifolds with conical singularities I, Adv. in Partial Differential Equations „Pseudo-Differential Calculus and Mathematical Physics" (Akademie Verlag, Berlin, 1994), pp. 97–209

50. B.-W. Schulze, Potentiale bei der Wellengleichung und Charakterisierung der Mengen der Kapazität Null, „Elliptische Differentialgleichungen I", Schriftenreihe der Institute für Mathematik, Reihe A, Heft 7 (Akademie-Verlag, Berlin, 1970), pp. 137–157

51. B.-W. Schulze, Mengen der Kapazität Null für nicht-elliptische Differentialgleichungen; das Dirichlet-Problem für die Wellengleichung, „Elliptische Differentialgleichungen II", Schriftenreihe der Institute für Mathematik, Reihe A, Heft 8 (Akademie-Verlag, Berlin, 1971), pp. 217–246

52. B.-W. Schulze, Abschätzungen in Normen gleichmäßiger Konvergenz für elliptische Randwertprobleme, Math. Nachr. 56, 189–194 (1973)

53. B.-W. Schulze, Bemerkungen über das Dirichlet-Problem für die Wellengleichung, Math. Nachr. 67, 303–315 (1975)

54. B.-W. Schulze, On the potentials for elliptic equations of higher order and inverse problems, (Russ.) Diff. Uravn. 12, 1, 148–158 (1976)

55. B.-W. Schulze, Potentialtheoretische Grundlagen eines inversen Problems der Geophysik, Gerlands Beiträge zur Geophysik 85, 1, 21–25 (1976)

56. B.-W. Schulze, Interpretation of an inverse problem of Geophysics by the potential theory, Gerlands Beiträge zur Geophysik 86, 4, 291–302 (1977)

57. B.-W. Schulze, Ellipticity and continuous conormal asymptotics on manifolds with conical singularities, Math. Nachr. 136, 7–57 (1988)

58. B.-W. Schulze, Corner Mellin operators and reduction of orders with parameters, Ann. Sc. Norm. Sup. Pisa Cl. Sci. 16, 1, 1–81 (1989)

59. B.-W. Schulze, Pseudo-differential operators on manifolds with edges, Teubner-Texte zur Mathematik 112, Symp. „Partial Differential Equations, Holzhau 1988" (BSB Teubner, Leipzig, 1989), pp. 259–287

60. B.-W. Schulze, Pseudo-differential operators on manifolds with singularities (North-Holland, Amsterdam, 1991)

61. B.-W. Schulze, The Mellin pseudo-differential calculus on manifolds with corners, Teubner-Texte zur Mathematik 131, Symp. „Analysis in Domains and on Manifolds with Singularities", Breitenbrunn 1990 (BSB Teubner, Leipzig, 1992), pp. 208–289

62. B.-W. Schulze, The variable discrete asymptotics of solutions of singular boundary value problems, Oper. Theory: Adv. Appl. 57 (Birkhäuser Verlag, Basel, 1992), pp. 271–279

63. B.-W. Schulze, Pseudo-differential boundary value problems, conical singularities, and asymptotics (Akademie Verlag, Berlin, 1994)

64. B.-W. Schulze, The variable discrete asymptotics in pseudo-differential boundary value problems I, Adv. in Partial Differential Equations „Pseudo-Differential Calculus and Mathematical Physics" (Akademie Verlag, Berlin, 1994), pp. 9–96

65. B.-W. Schulze, The variable discrete asymptotics in pseudo-differential boundary value problems II, Adv. in Partial Differential Equations „Boundary Value Problems, Schrödinger Operators, Deformation Quantization" (Akademie Verlag, Berlin, 1995), pp. 9–69

66. B.-W. Schulze, Boundary value problems and singular pseudo-differential operators (J. Wiley, Chichester, 1998)

67. B.-W. Schulze, An algebra of boundary value problems not requiring Shapiro-Lopatinskij conditions, J. Funct. Anal. 179, 374–408 (2001)

68. B.-W. Schulze, Operators with symbol hierarchies and iterated asymptotics, Publications of RIMS, Kyoto University 38, 4, 735–802 (2002)

69. B.-W. Schulze, Toeplitz operators, and ellipticity of boundary value problems with global projection conditions, Oper. Theory: Adv. Appl. 151, Advances in Partial Differential Equations „Aspects of Boundary Problems in Analysis and Geometry" (J. Gil, T. Krainer, I. Witt, Hrsg.) (Birkhäuser Verlag, Basel, 2004), pp. 342–429

70. B.-W. Schulze, The iterative structure of the corner calculus, Oper. Theory: Adv. Appl. 213, Pseudo-Differential Operators: Analysis, Application and Computations (L. Rodino et al. Hrsg.) (Birkhäuser Verlag, Basel, 2011), pp. 79–103

71. B.-W. Schulze, J. Seiler, Edge operators with conditions of Toeplitz type, J. of the Inst. Math. Jussieu 5, 1, 101–123 (2006)

72. B.-W. Schulze, J. Seiler, Pseudodifferential boundary value problems with global projection conditions, J. Funct. Anal. 206, 2, 449–498 (2004)

73. B.-W. Schulze, B.Ju. Sternin, V.E. Shatalov, Differential equations on singular manifolds (Wiley-VCH, Berlin, 1998)

74. B.-W. Schulze, A. Volpato, Branching asymptotics on manifolds with edge, J. Pseudo-Differ. Oper. Appl. 1, 433–493 (2010) arXiv: 1004.0332 [math.DG] 02. April 2010

75. B.-W. Schulze, A. Volpato, Green operators in the edge calculus, Rend. Sem. Mat. Univ. Pol. Torino 66, 1, 29–58 (2008)

76. B.-W. Schulze, L. Tepoyan, in: Oper. Theory: Adv. Appl., Pseudo-Differential Operators, Generalized Functions and Asymptotics hrsg. von S. Molahajloo, S. Pilipovic, J. Toft, M.W. Wong, The singular functions of branching edge asymptotics (Birkhäuser Verlag, Basel, 2012)

77. B.-W. Schulze, Yawei Wei, The Mellin-edge quantisation in corner operators, arXiv:1201.6525v1 [math.AP]

78. B.-W. Schulze, G. Wildenhain, Methoden der Potentialtheorie für Elliptische Differentialgleichungen beliebiger Ordnung, Akademie-Verlag, Berlin (Birkhäuser Verlag, Basel, 1977)

79. R T. Seeley et al., Recollections from the early days of index theory and pseudo-differential operators, manuscript from a private communication by B. Booß-Bavnbek, January 2012

80. SPIEGEL ONLINE, Bericht vom 01. Juli 2011

81. M.I. Vishik, G.I. Eskin, Convolution equations in a bounded region, Uspekhi Mat. Nauk 20, 3, 89–152 (1965)

82. M.I. Vishik, G.I. Eskin, Convolution equations in bounded domains in spaces with weighted norms, Mat. Sb. 69, 1, 65–110 (1966)

83. WElT ONLINE, Bericht vom 12. November 2011

84. G. Wildenhain, Potentialtheoretiche Betrachtungen bei der Bipotentialgleichung, Ann. Math. 161, 1–23 (1965)

85. G. Wildenhain, Über das Dirichlet-Problem bei der Bipotentialgleichung, Ann. Math. 161, 1–23 (1965)

86. G. Wildenhain, Approximationseigenschaften der Lösungen elliptischer Differentialgleichungen und die Eindeutigkeitseigenschaft im Kleinen, Math. Research 53 (Akademie-Verlag, Berlin, 1989)

87. G. Wildenhain, With disgust and outrage. Comment on. „Life in and after the GDR. Interviews with Horst Sachs and Gustav Burosch", Mitt. Dtsch. Math.-Ver. 3, 23–33 (1997)